1

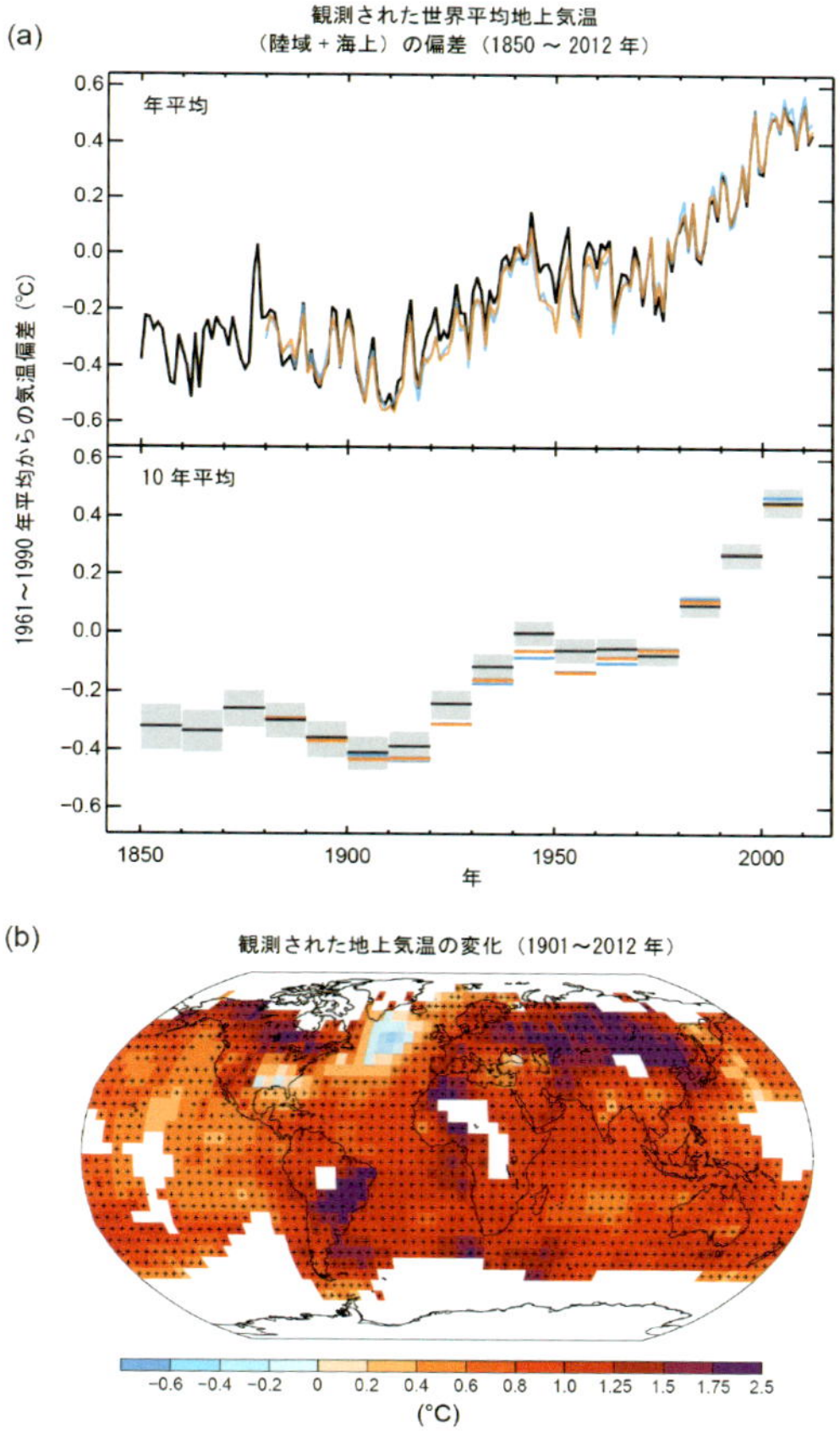

図1–1　1850年から2012年までに観測された陸域と海上とを合わせた世界平均地上気温の偏差（本文6ページ参照）

(a) 上図：年平均値　下図：10年ごとの平均値。1961～1990年平均からの偏差。(b) 1901年から2012年の地上気温変化の分布。

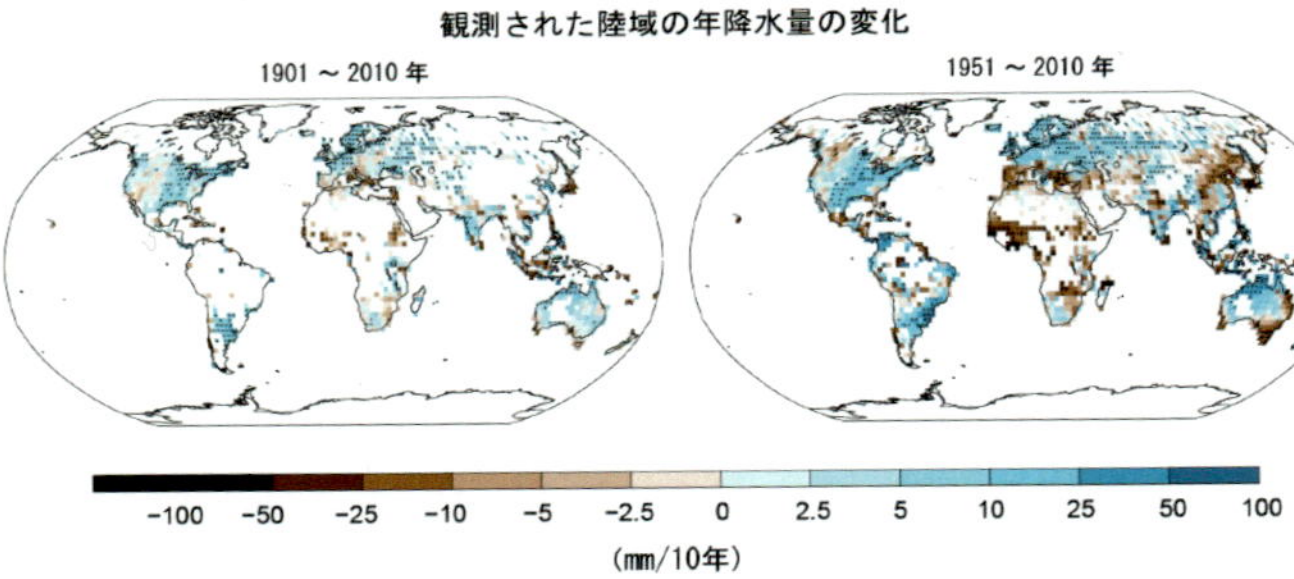

図 1−2　1901 年から 2010 年および 1951 年から 2010 年の期間に観測された、降水量変化の分布図（本文 8 ページ参照）

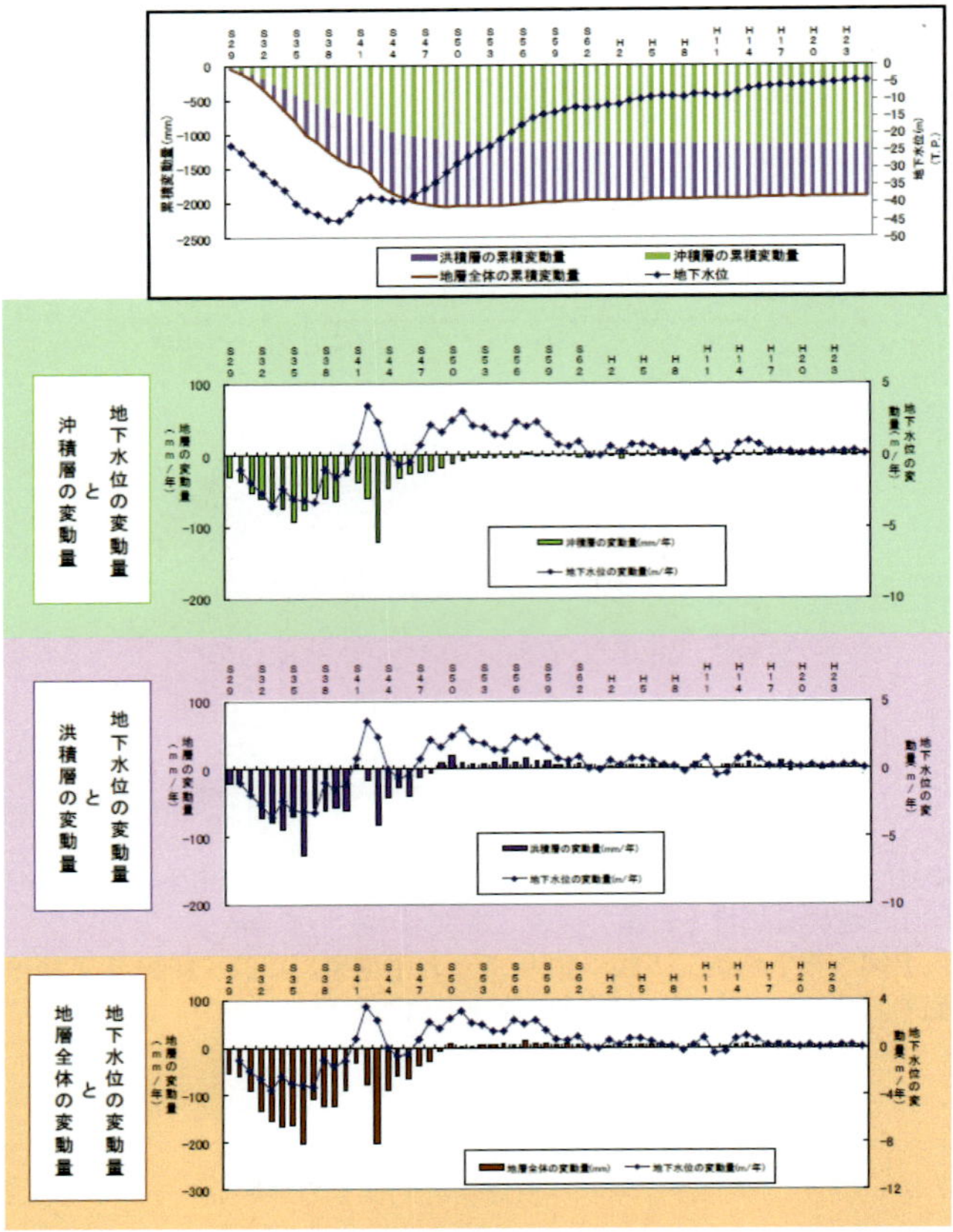

図 1−3　地盤と 地下水位の推移（江東区亀戸第 1）（本文 11 ページ参照）

	観測地点名	地盤高 (T.P.) (m)
1	南砂町	−2.2
3	吾嬬	−1.0
4	両国	1.9
5	新江戸川	−1.6
6	小岩	2.5
7	江戸川東部	1.3
8	小島	0.1
9	篠崎	1.5

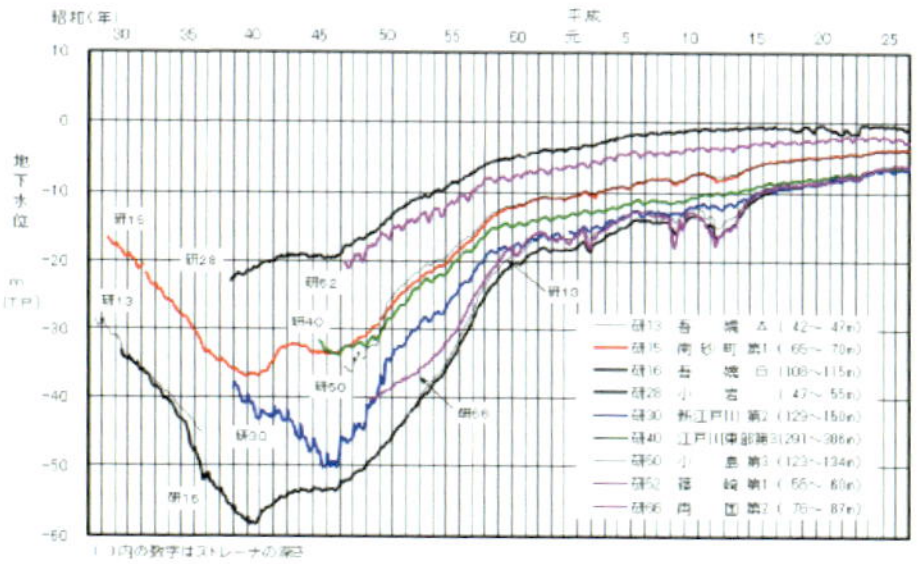

	観測地点名	地盤高 (T.P.) (m)
10	新足立	0.0
11	伊興	3.4
12	神明南	1.2
13	小台	1.5
14	舎人	3.4
15	高砂	1.3
	足立	
旧13	宮城	

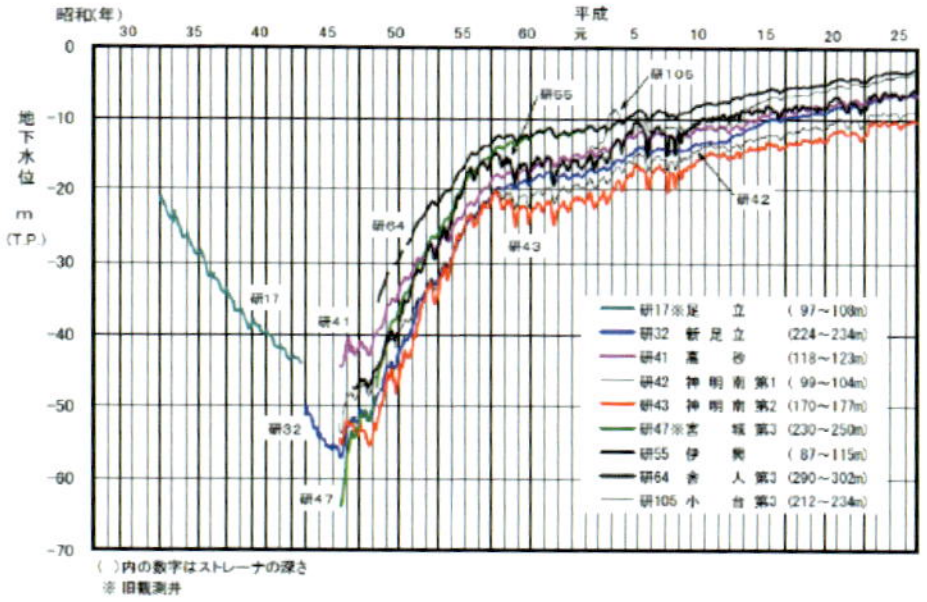

図 1-4　区部低地部の主要観測井の地下水位の推移（本文 12 ページ参照）

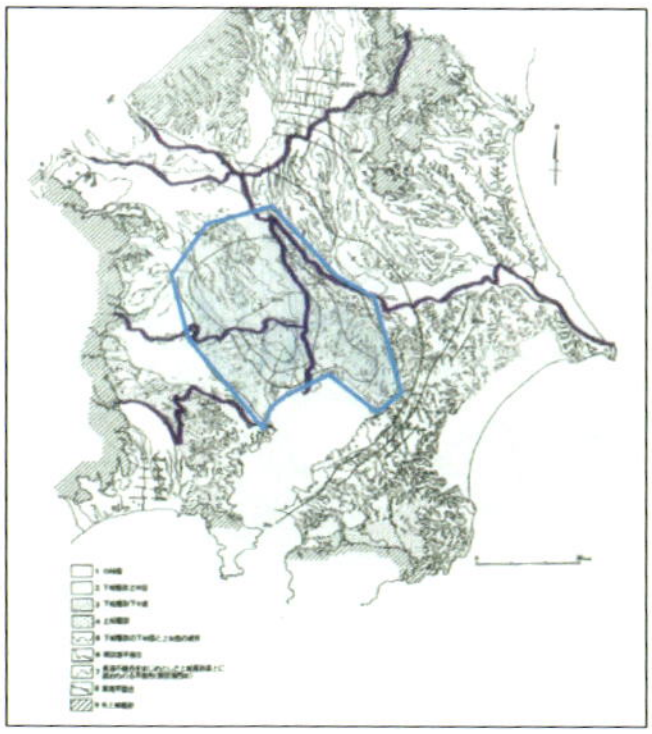

（a）1975（昭和 50）年 7 月

（b）2008（平成 20）年 7 月

図 1-5　関東平野の地下水盆の地下水位分布の長期変化（本文 13 ページ参照）
（注）図中の水色部分は、地下水位が－10m 以下の地域を示す。

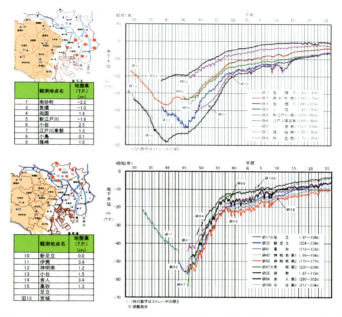

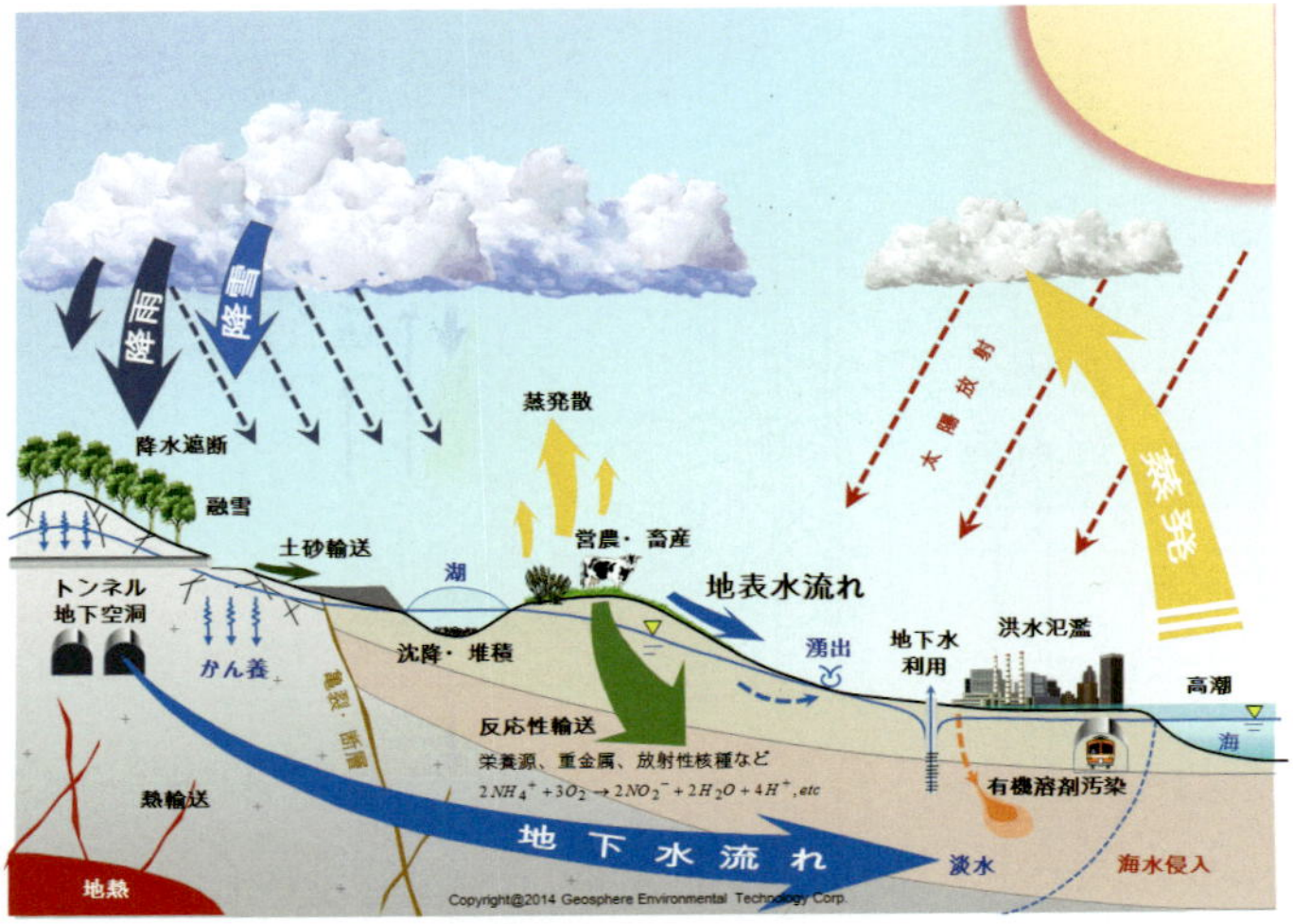

図 1-6　水の循環の概念図（本文 15 ページ参照）

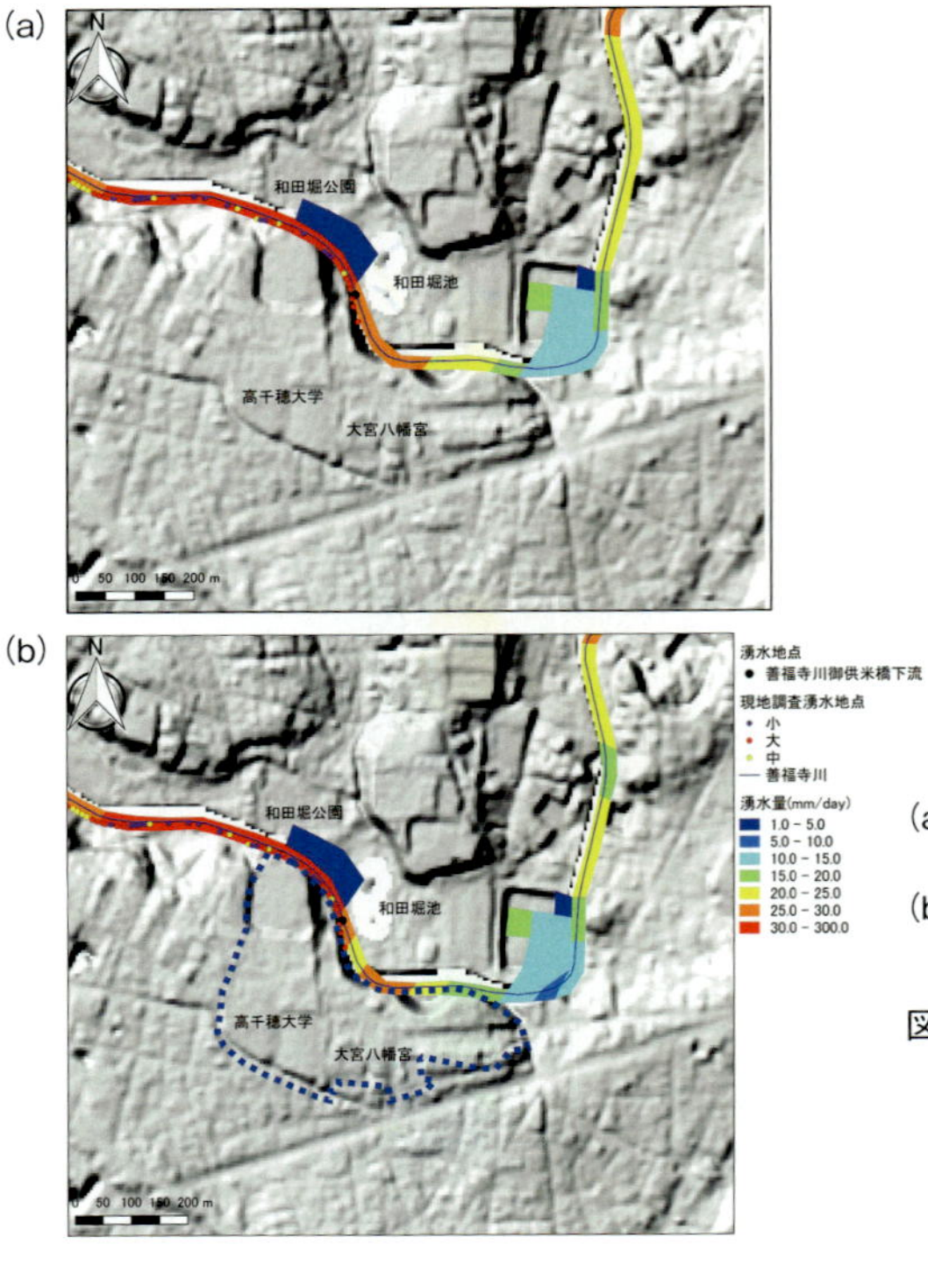

(a) 現在の土地利用における湧水量

(b) 湧水量（青色点線域が不浸透域になった場合）

図 1-7　シミュレーションによって得られた湧水量の分布と観測結果（本文 19 ページ参照）

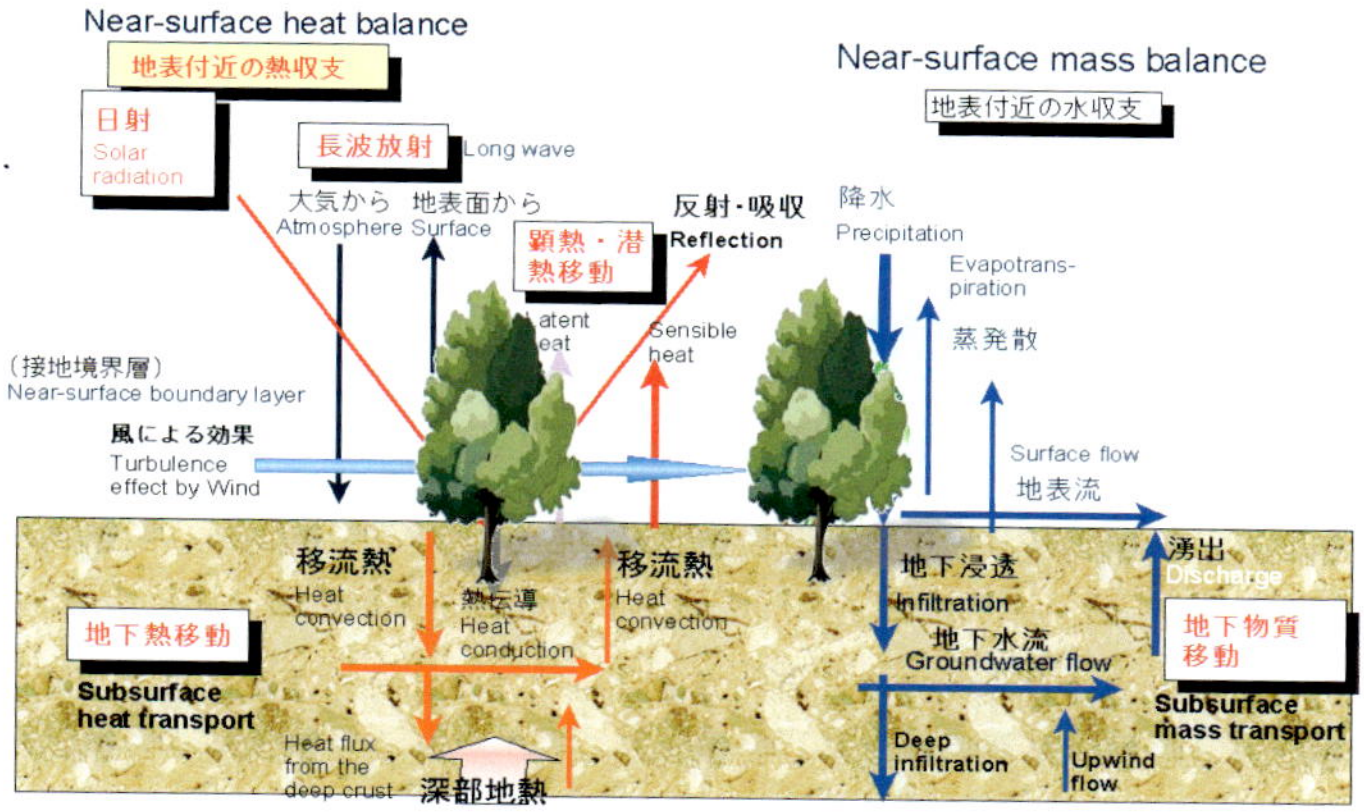

図 2-6　自然の場の蒸発散プロセス（本文 36 ページ参照）

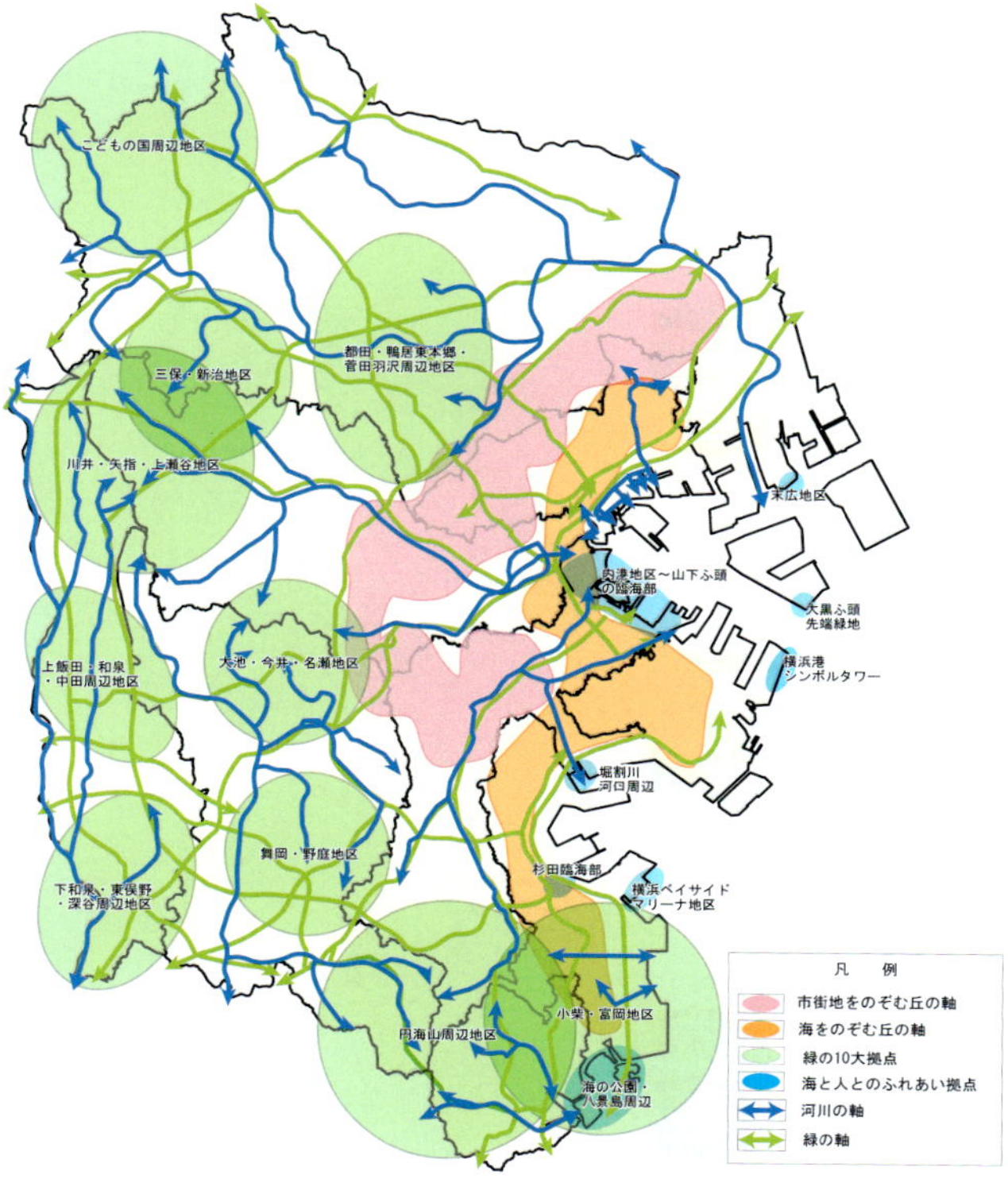

図 3-2　横浜市水と緑の基本計画（本文 71 ページ参照）

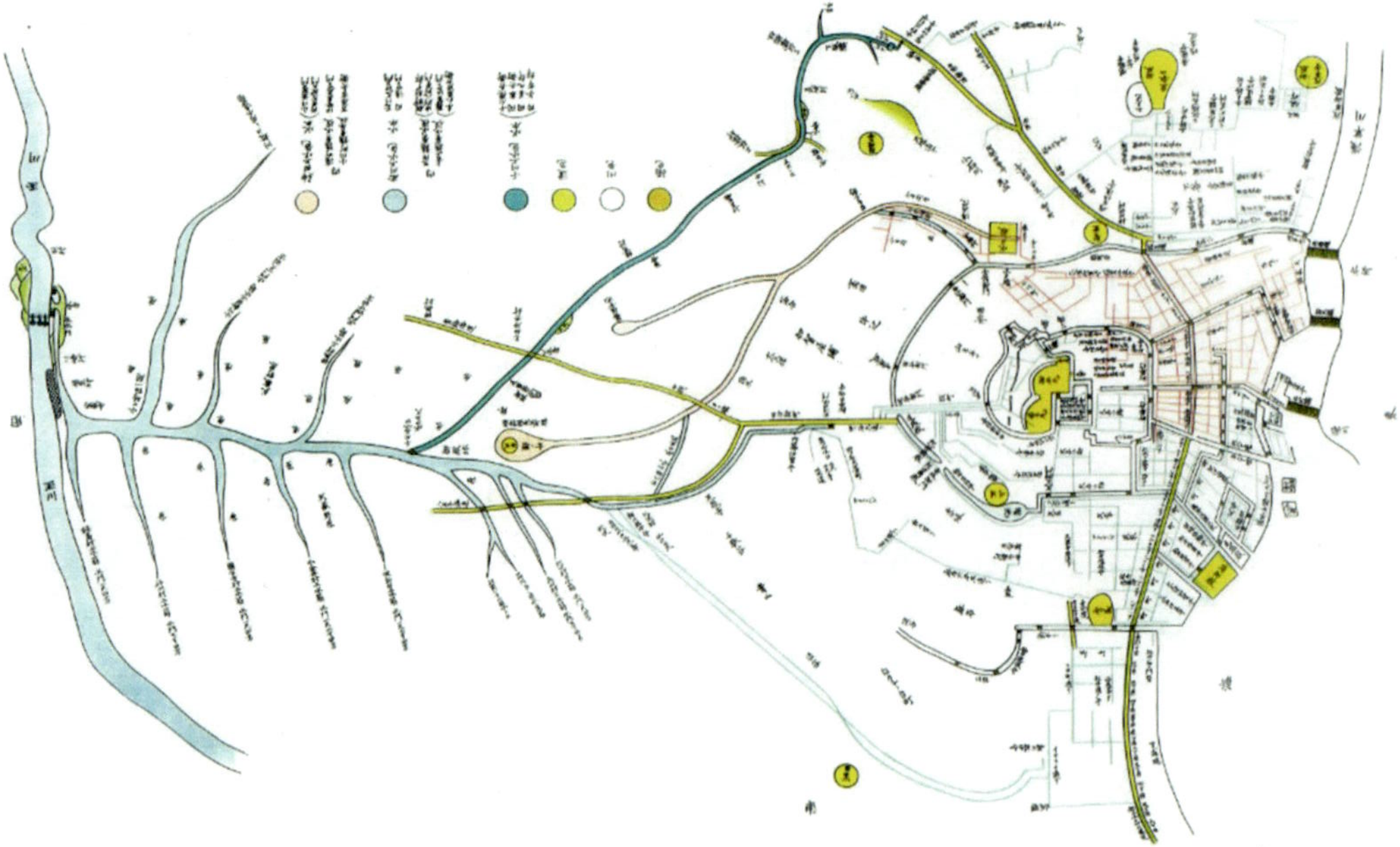

図 4-1　玉川上水（本文 82 ページ参照）

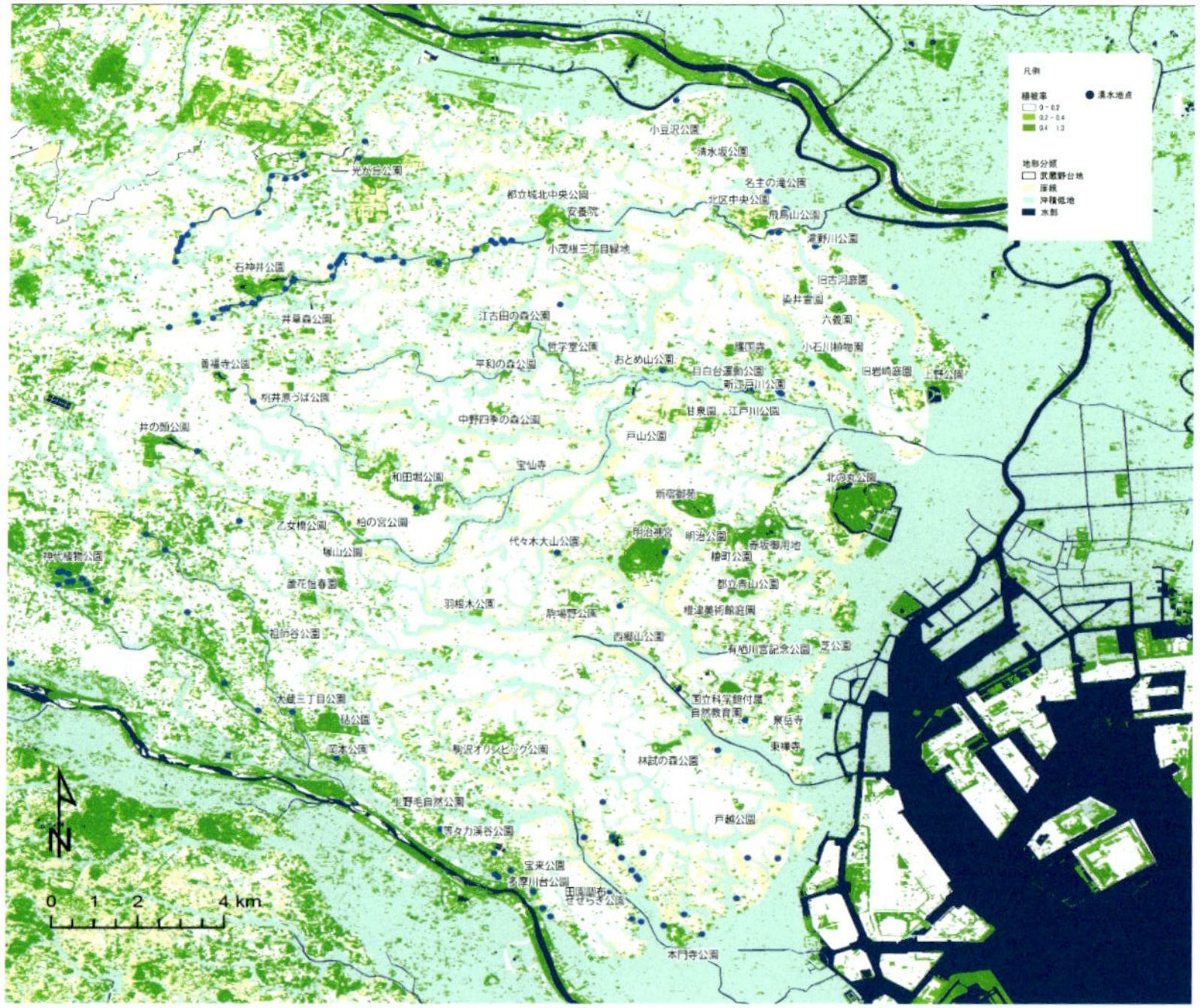

図 4-2　武蔵野台地の崖線と緑地の分布（本文 84 ページ参照）

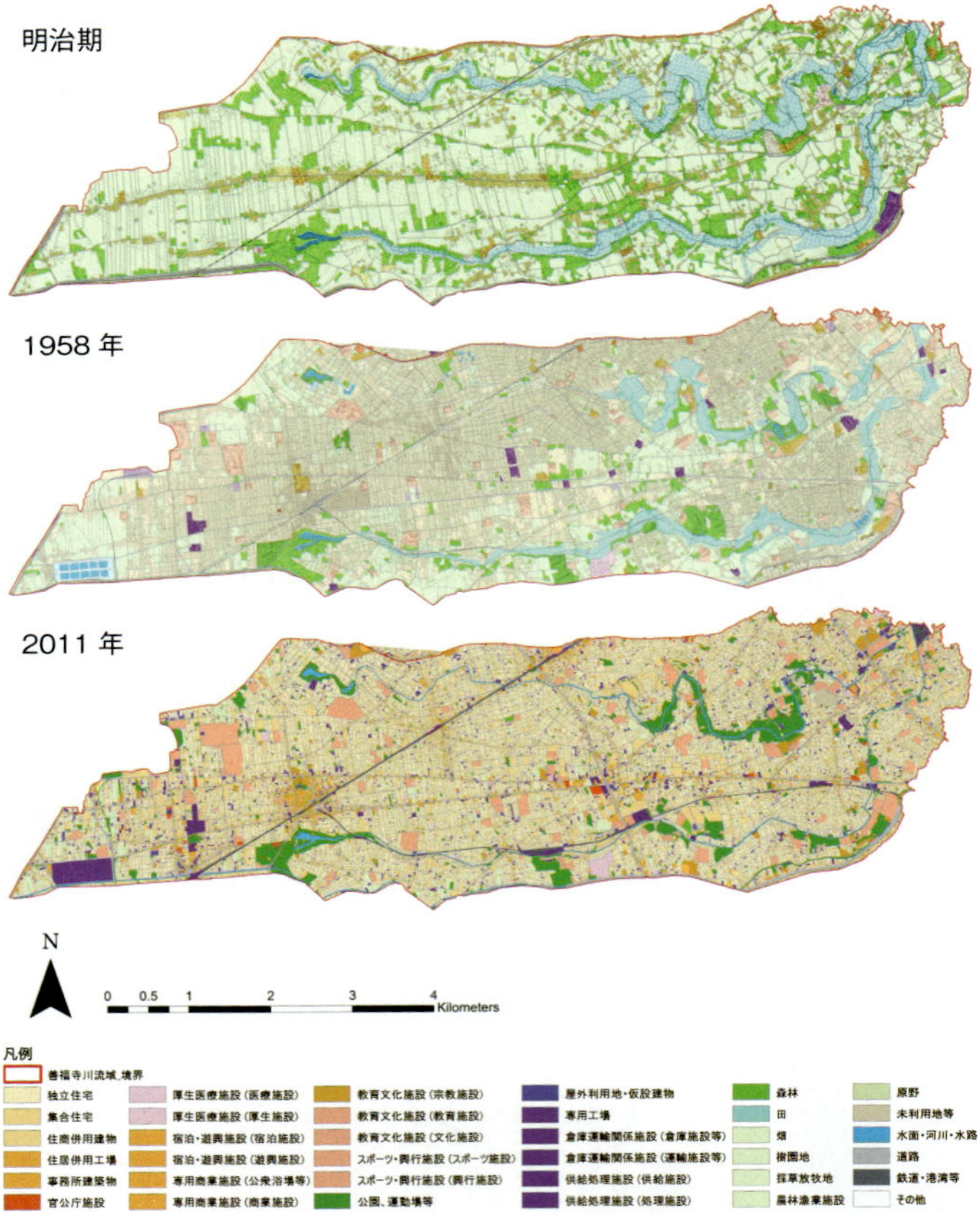

図 4–5　神田川上流域の土地利用の変遷（本文 89 ページ参照）

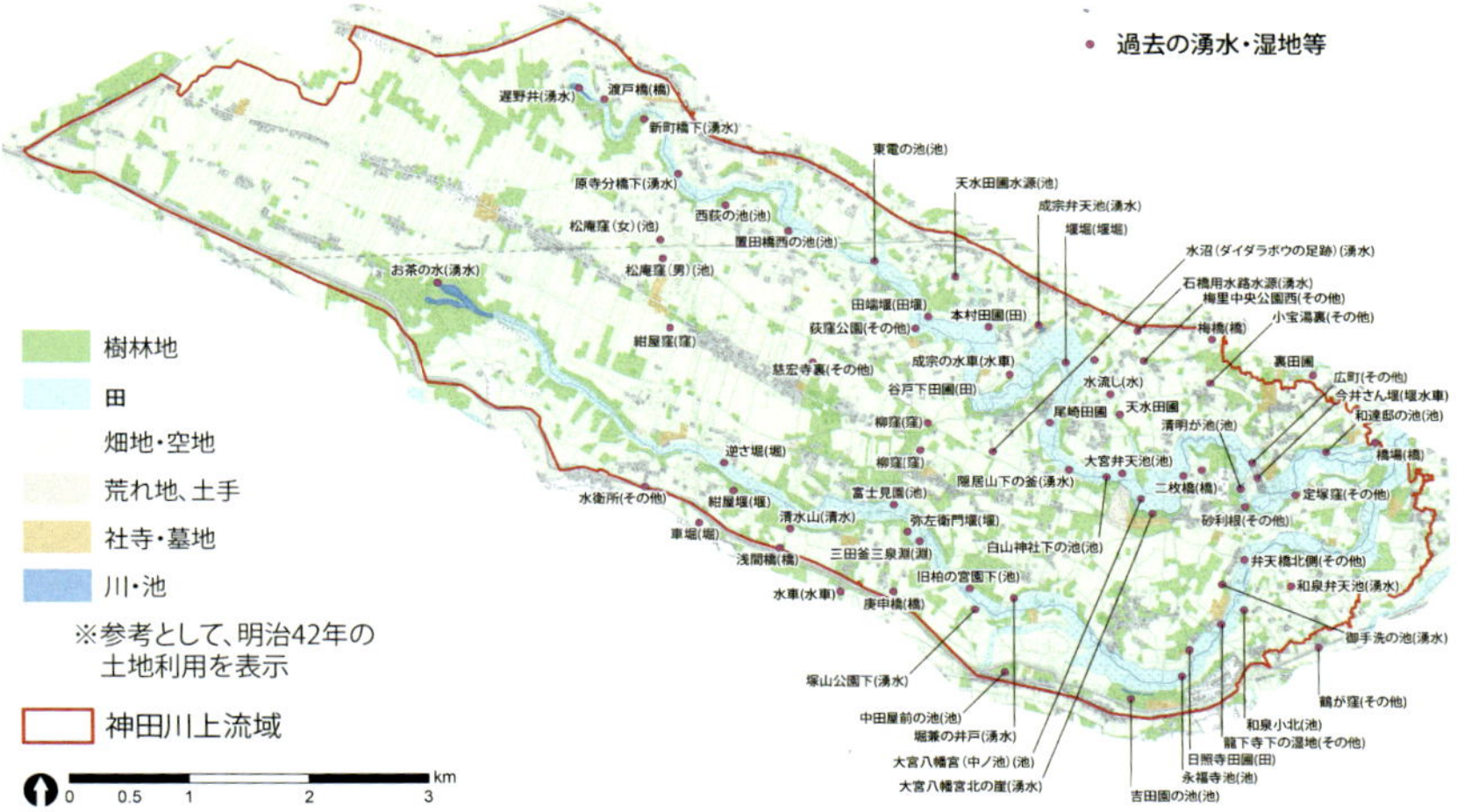

図 4-9 明治期の湧水・湿地など（本文 94 ページ参照）

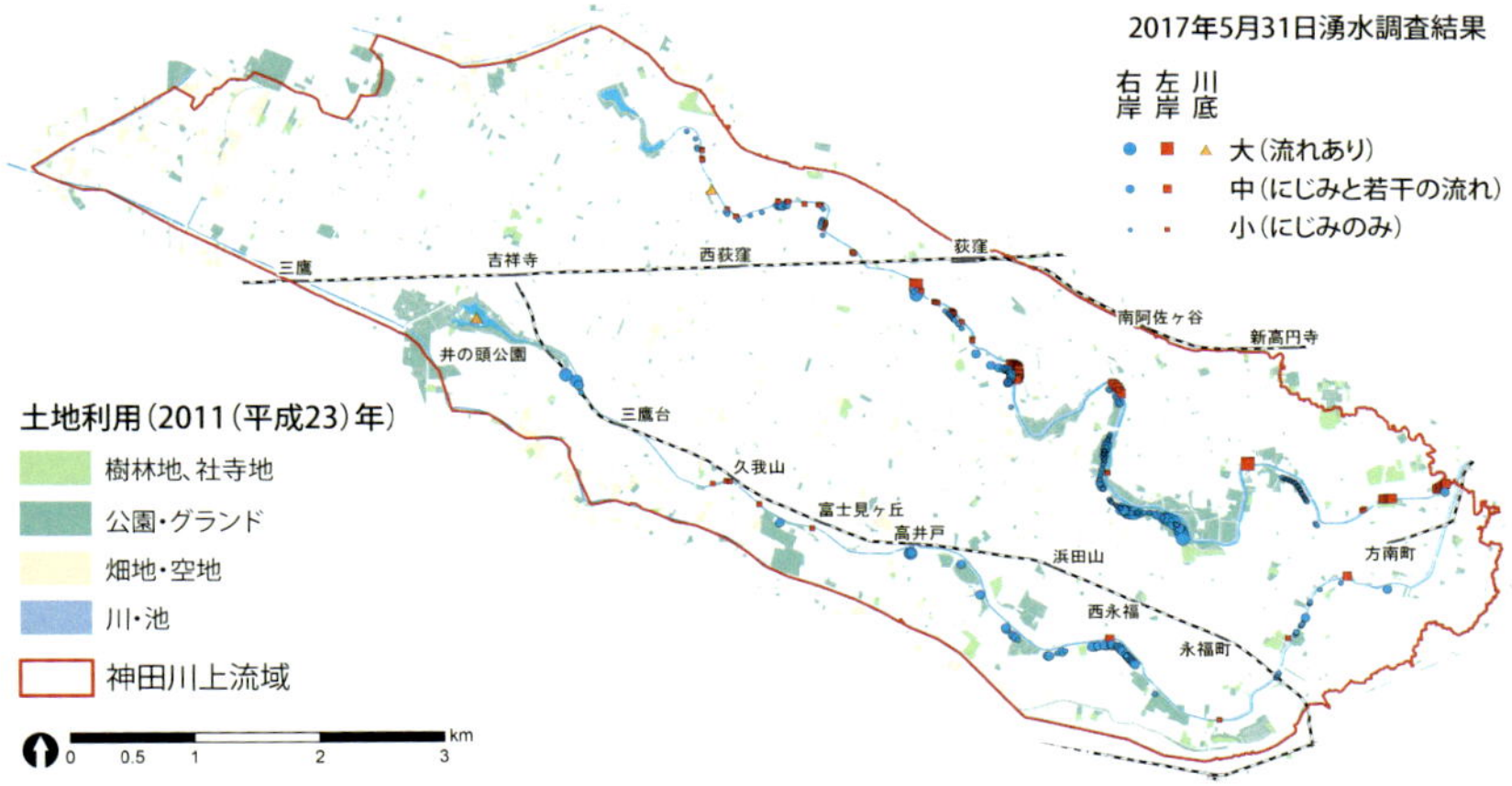

図 4-10 現在の湧水（本文 95 ページ参照）

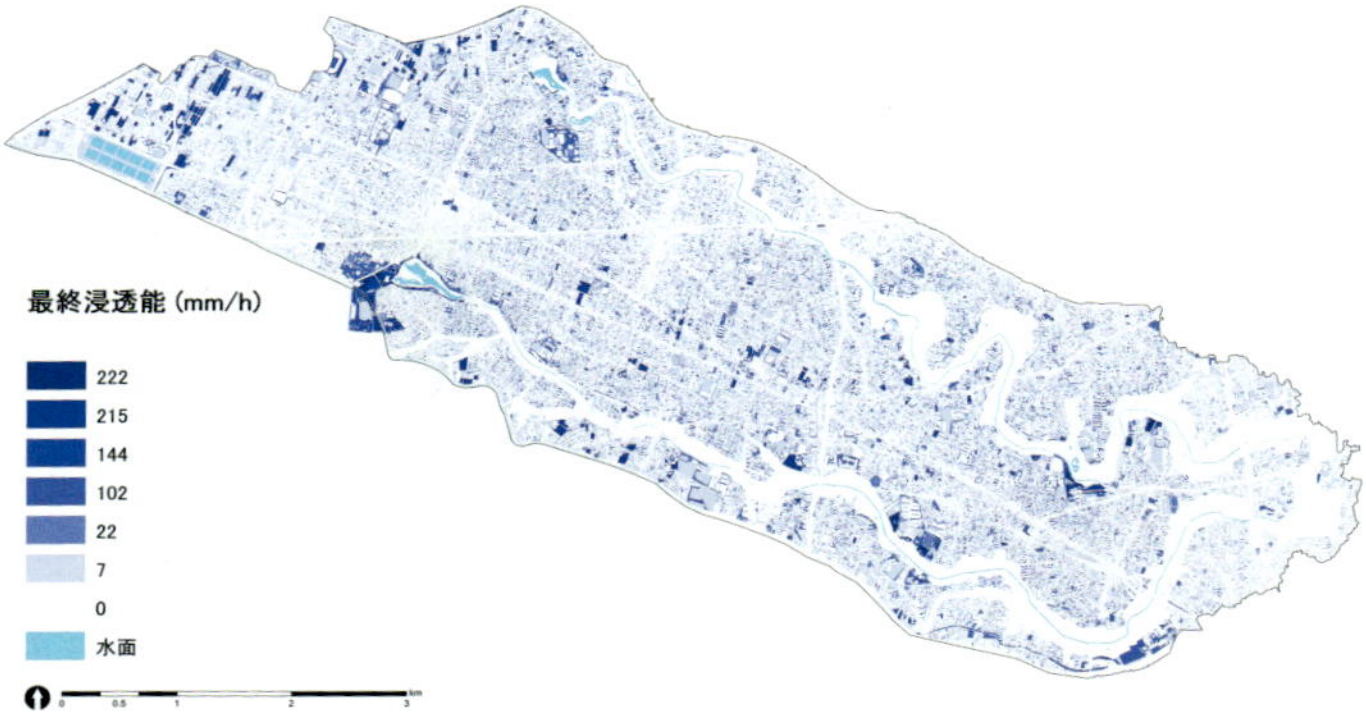

図 4-11　水循環基盤情報図　雨水浸透ポテンシャル図（本文 96 ページ参照）

写真 4-2　井の頭公園のカイボリ（2018 年 2 月）（本文 97 ページ参照）

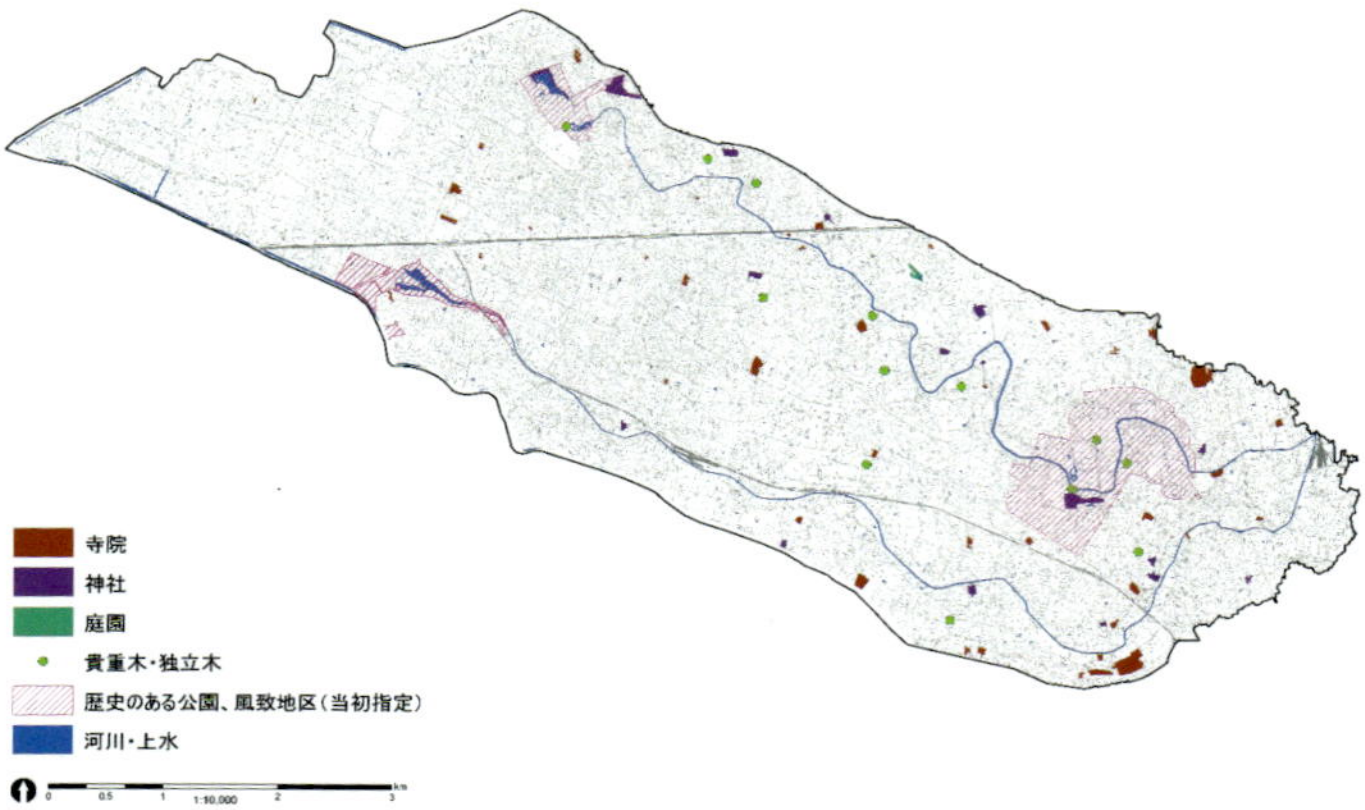

図 4-12　文化的景観基盤情報図（本文 97 ページ参照）

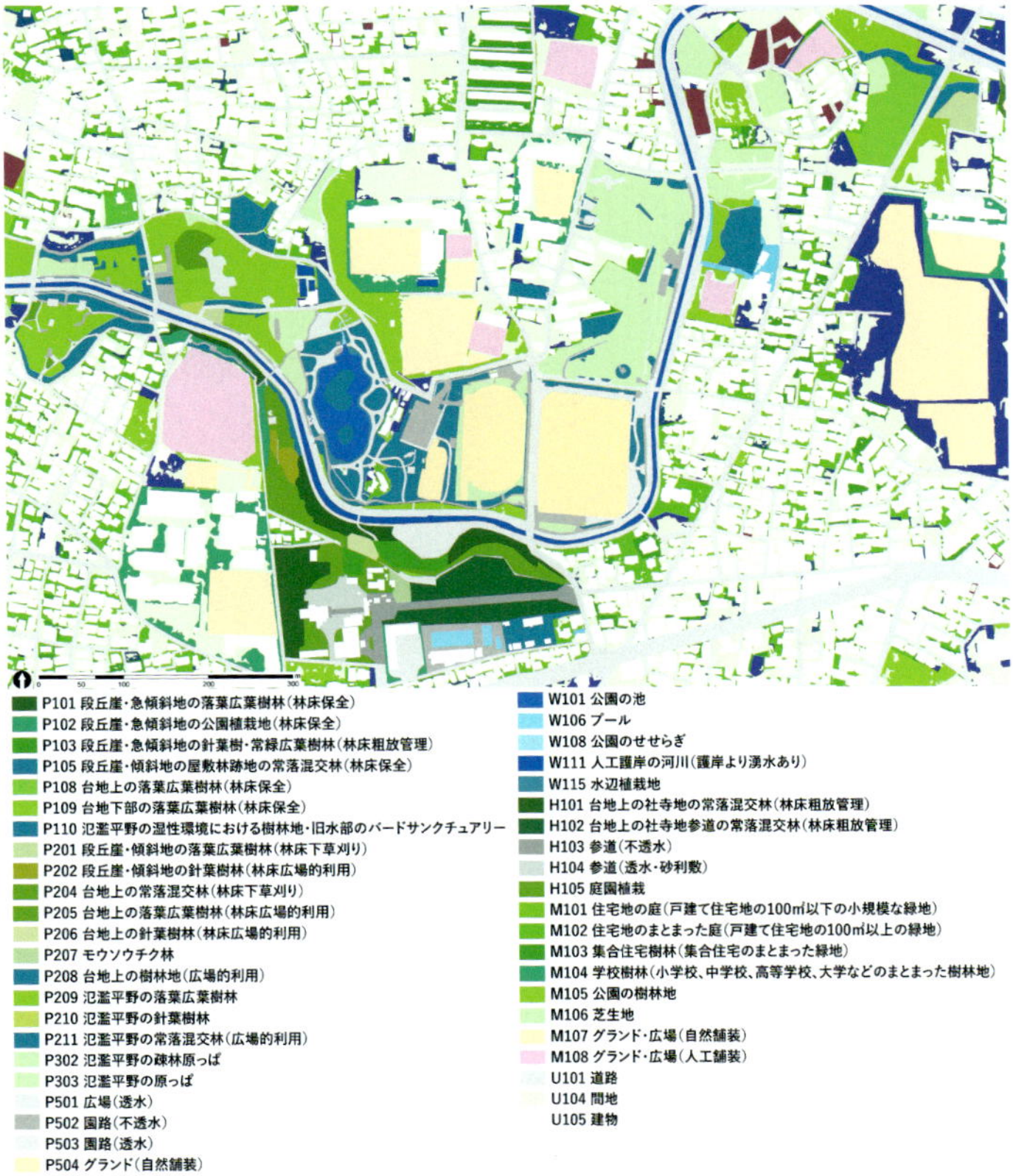
P101 段丘崖・急傾斜地の落葉広葉樹林（林床保全）
P102 段丘崖・急傾斜地の公園植栽地（林床保全）
P103 段丘崖・急傾斜地の針葉樹・常緑広葉樹林（林床粗放管理）
P105 段丘崖・傾斜地の屋敷林跡地の常落混交林（林床保全）
P108 台地上の落葉広葉樹林（林床保全）
P109 台地下部の落葉広葉樹林（林床保全）
P110 氾濫平野の湿性環境における樹林地・旧水部のバードサンクチュアリー
P201 段丘崖・傾斜地の落葉広葉樹林（林床下草刈り）
P202 段丘崖・傾斜地の針葉樹林（林床広場的利用）
P204 台地上の常落混交林（林床下草刈り）
P205 台地上の落葉広葉樹林（林床広場的利用）
P206 台地上の針葉樹林（林床広場的利用）
P207 モウソウチク林
P208 台地上の樹林地（広場的利用）
P209 氾濫平野の落葉広葉樹林
P210 氾濫平野の針葉樹林
P211 氾濫平野の常落混交林（広場的利用）
P302 氾濫平野の疎林原っぱ
P303 氾濫平野の原っぱ
P501 広場（透水）
P502 園路（不透水）
P503 園路（透水）
P504 グランド（自然舗装）
W101 公園の池
W106 プール
W108 公園のせせらぎ
W111 人工護岸の河川（護岸より湧水あり）
W115 水辺植栽地
H101 台地上の社寺地の常落混交林（林床粗放管理）
H102 台地上の社寺地参道の常落混交林（林床粗放管理）
H103 参道（不透水）
H104 参道（透水・砂利敷）
H105 庭園植栽
M101 住宅地の庭（戸建て住宅地の100㎡以下の小規模な緑地）
M102 住宅地のまとまった庭（戸建て住宅地の100㎡以上の緑地）
M103 集合住宅樹林（集合住宅のまとまった緑地）
M104 学校樹林（小学校、中学校、高等学校、大学などのまとまった樹林地）
M105 公園の樹林地
M106 芝生地
M107 グランド・広場（自然舗装）
M108 グランド・広場（人工舗装）
U101 道路
U104 間地
U105 建物

図 4–13　和田堀公園周辺のグリーンインフラ・マップ（本文 99 ページ参照）

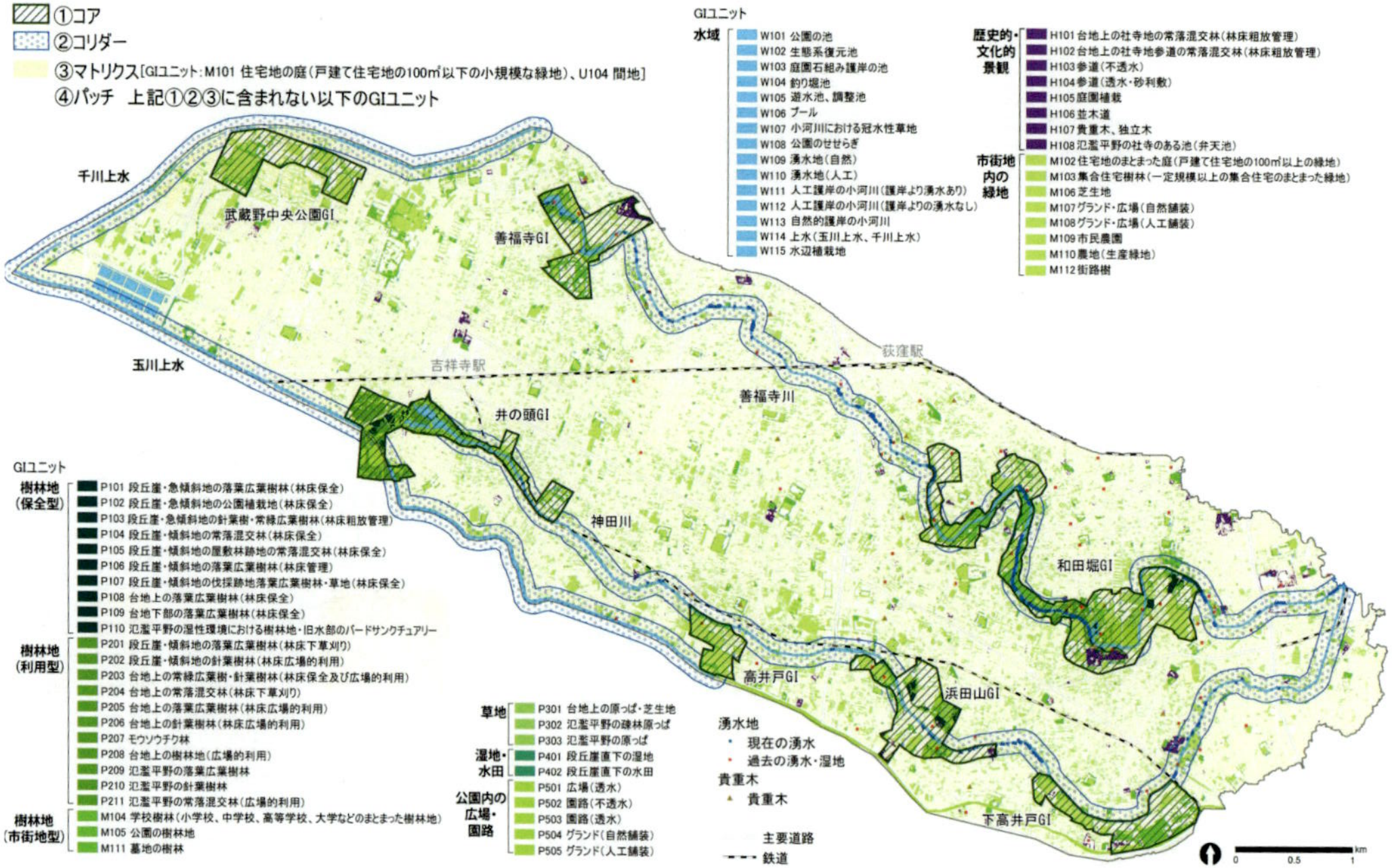

図 4-14　グリーンインフラ・マップ（神田川上流域）（本文 101 ページ参照）

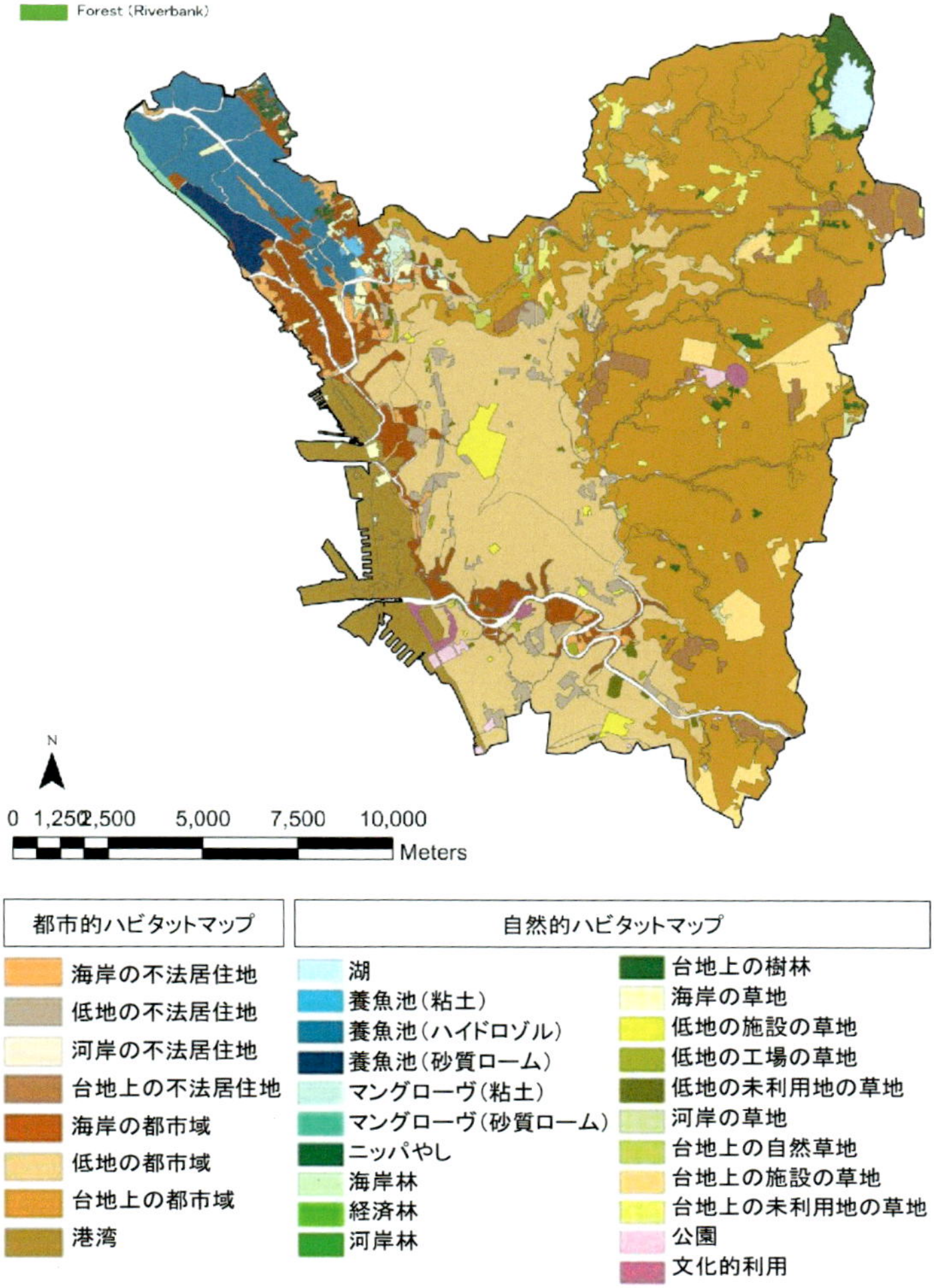

図 5–3　マニラ首都圏のハビタット・マップ（本文 111 ページ参照）

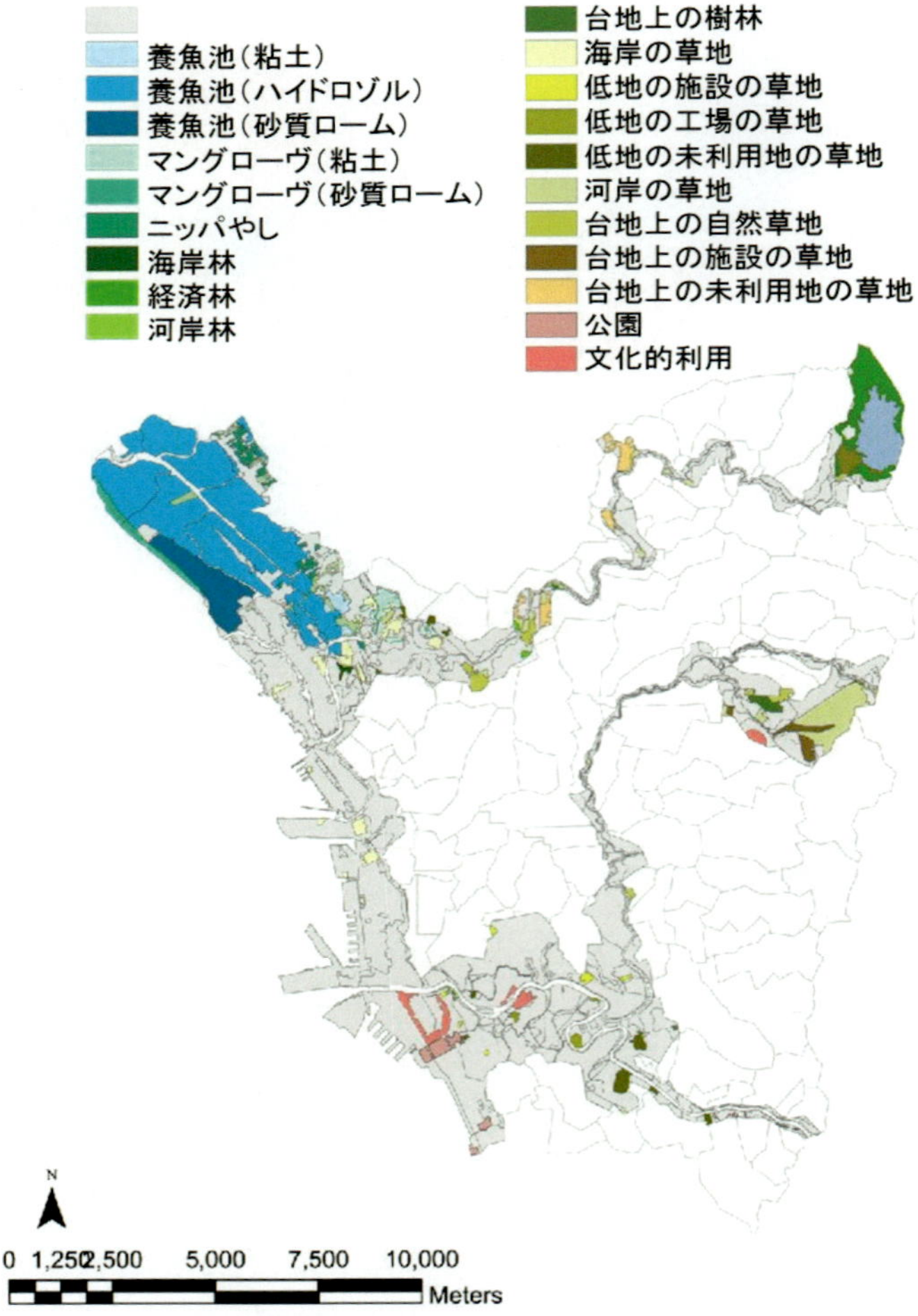

図 5-7　マニラ首都圏におけるエコロジカル・プランニング計画図
(本文 119 ページ参照)

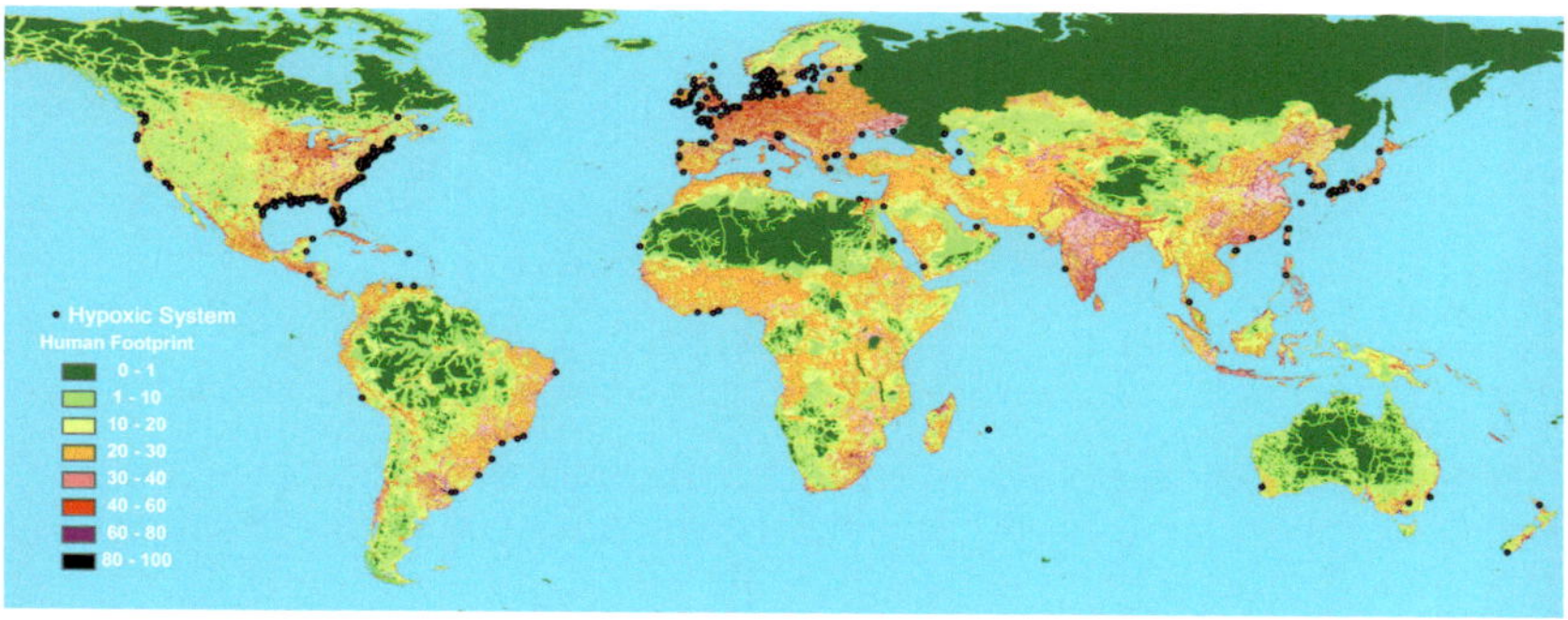

図 6−1　人間活動、主に農業による陸地および沿岸生態系の破壊状況（本文 123 ページ参照）
陸域の色勾配は、主に農地転換による陸域生態系の破壊の度合いを示している。沿岸部の黒円は、低酸素化により海洋生態系が壊滅的な打撃を受けていることが報告されている場所を表す。

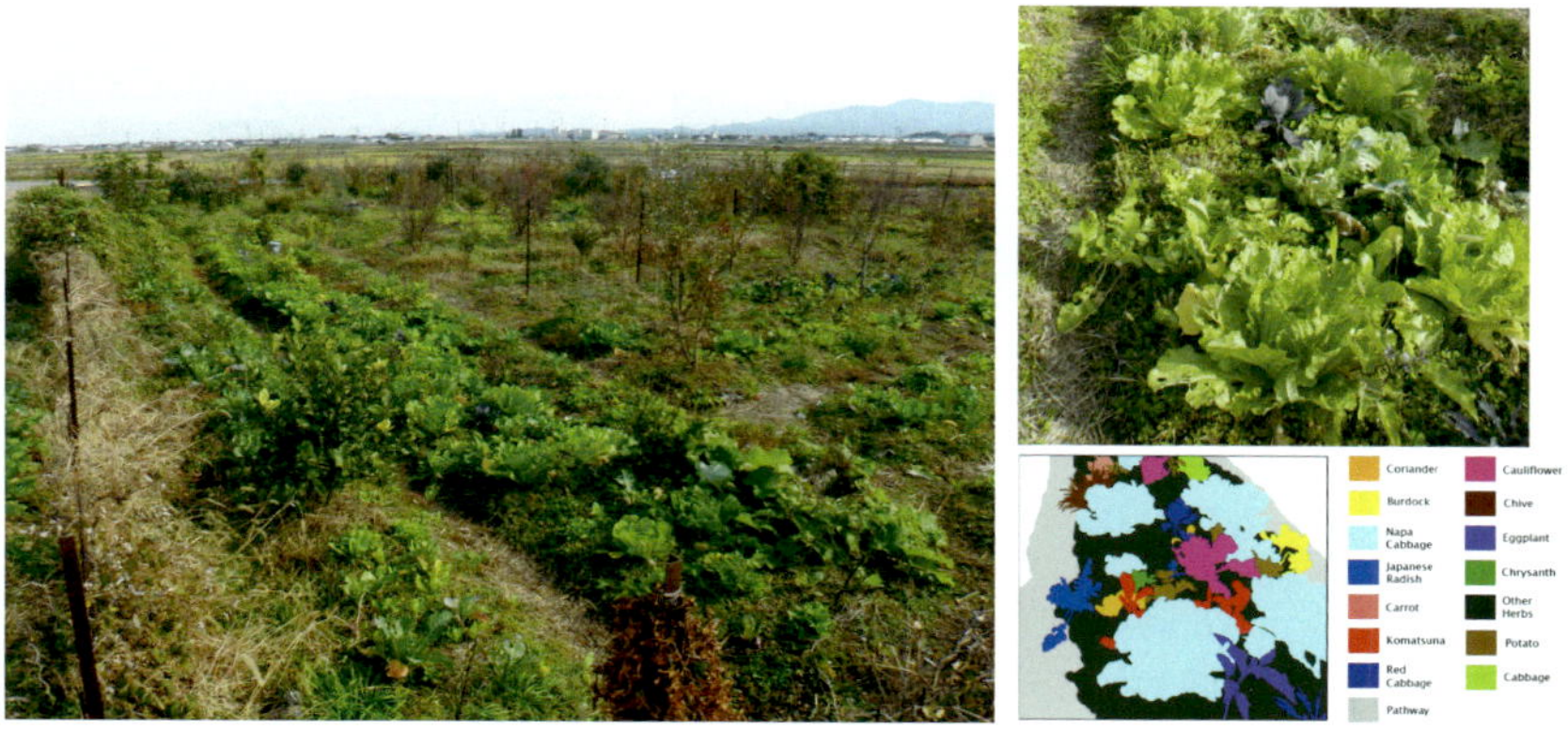

図 6−2　三重県伊勢市にある協生農法の実験農園（（株）桜自然塾による運営）
（本文 125 ページ参照）
1,000㎡に 200 種類以上の有用植物を混生密生させている（左図）。典型的な生産面では、4㎡に 14 種類程度の野菜類が混生している様子が見て取れる（右図）。

図 6–4　気候変動に最も脆弱な 10 カ国とその社会的腐敗率（本文 133 ページ参照）
サブサハラとアジアにおける、人口増加率と社会腐敗率が高い地域を赤円で囲んでいる。

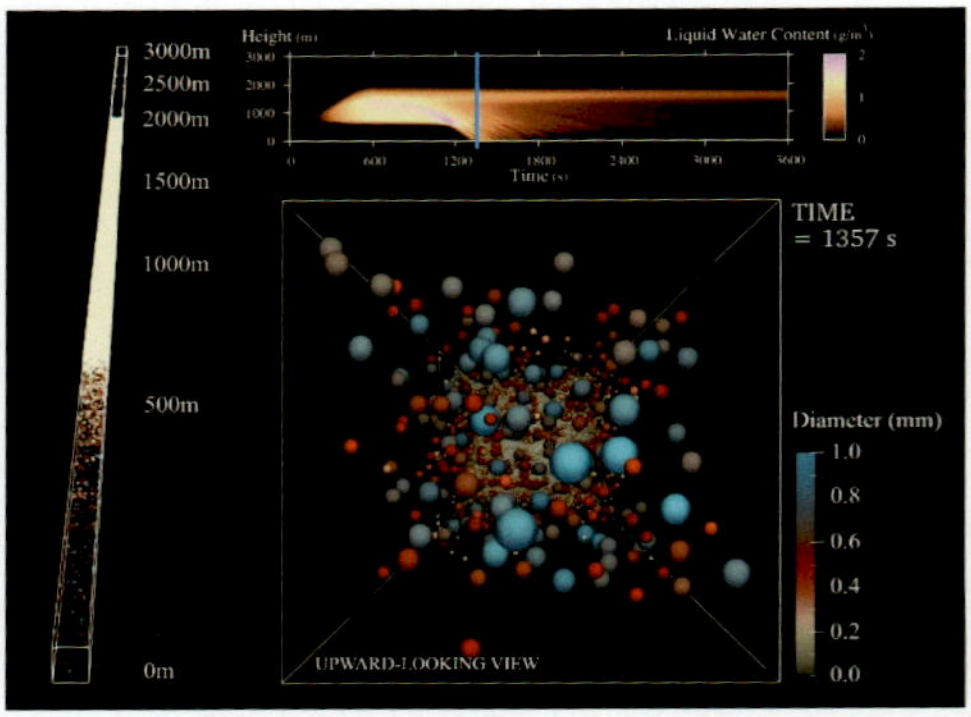

図 7–1　鉛直方向に極端に引き伸ばされた 3 次元領域の中で、エアロゾルが雲粒、雨粒に成長し、地表にまで落下する様子を再現したシミュレーションの可視化（本文 152 ページ参照）

図中右側にあるように計算開始から 1,357 秒後の様子を示している。左は 1cm × 1cm × 3km の計算領域の中での水滴分布の様子、右上はその計算領域内に含まれる液水量の時空間分布、右下は地上から上空を見上げた画面をそれぞれ図示している。水滴は大きさに応じて着色されている。なお、エアロゾル粒子は描画されていない。

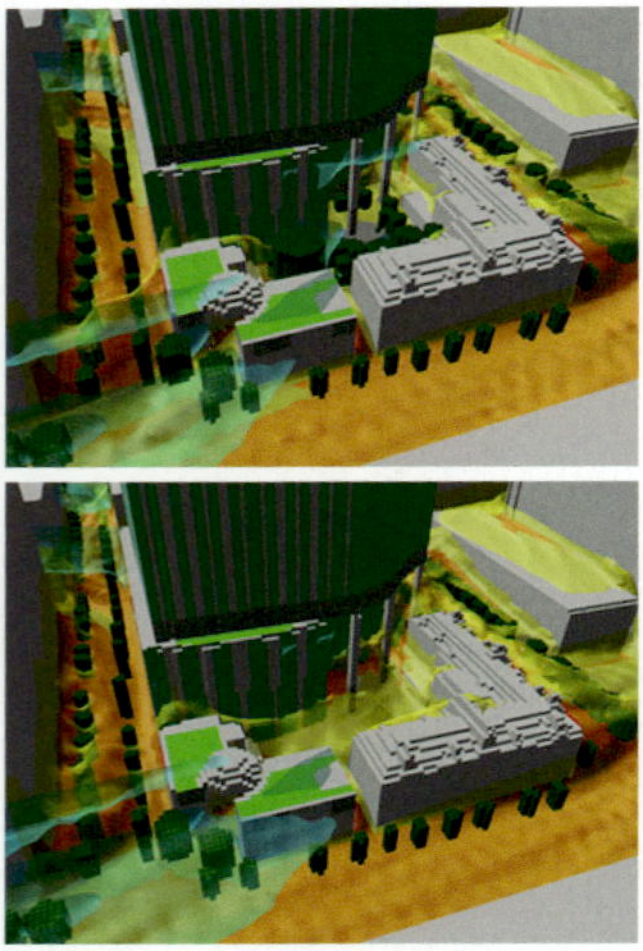

図 8–4　丸の内パークビル中庭周辺の気温分布（本文 180 ページ参照）

（上）中庭に樹木があるケース、（下）中庭に樹木がないケース。午前 2:30 頃の気温（10 分間平均値）の等値面を半透明曲面（青、黄、赤の順に気温が高くなる）で 3 次元表示している。

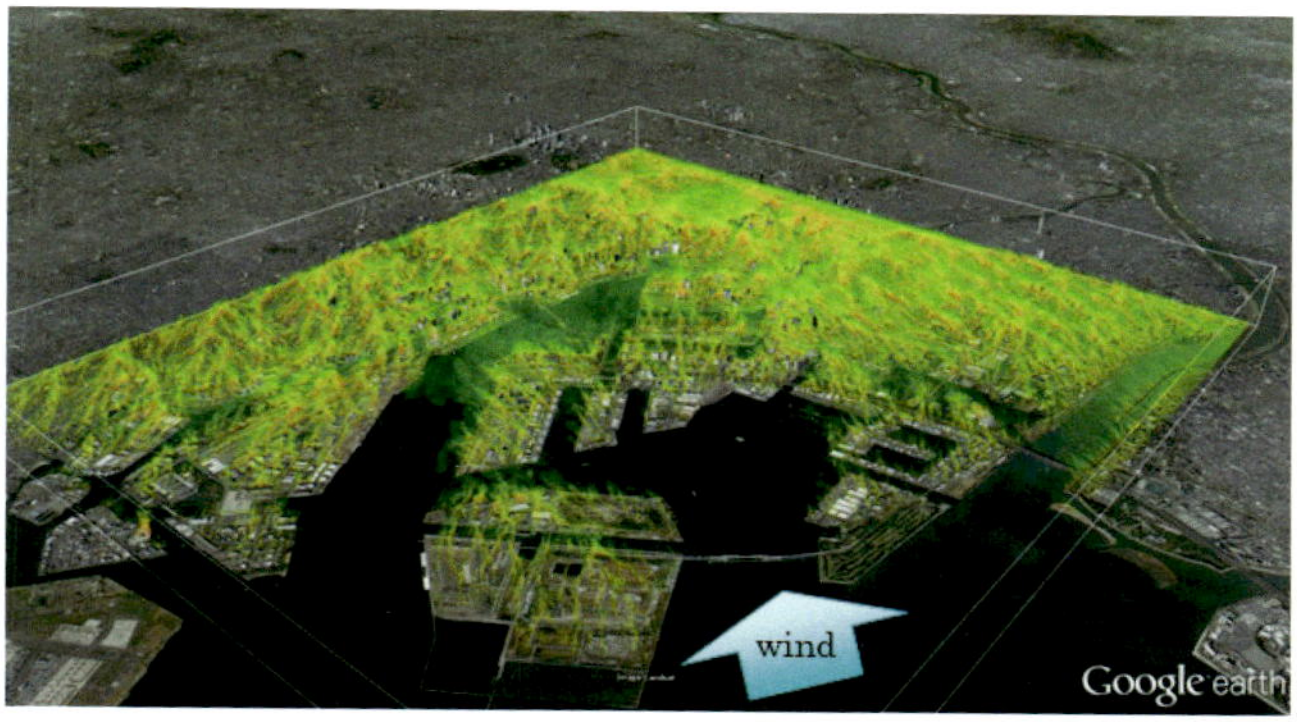

図 8-5　東京湾臨海部の 3 次元の気温分布（本文 181 ページ参照）
南東から北西方向に海風が流入している。カラーは透明から緑、黄緑、オレンジ色になるにつれて気温が高いことを示す。

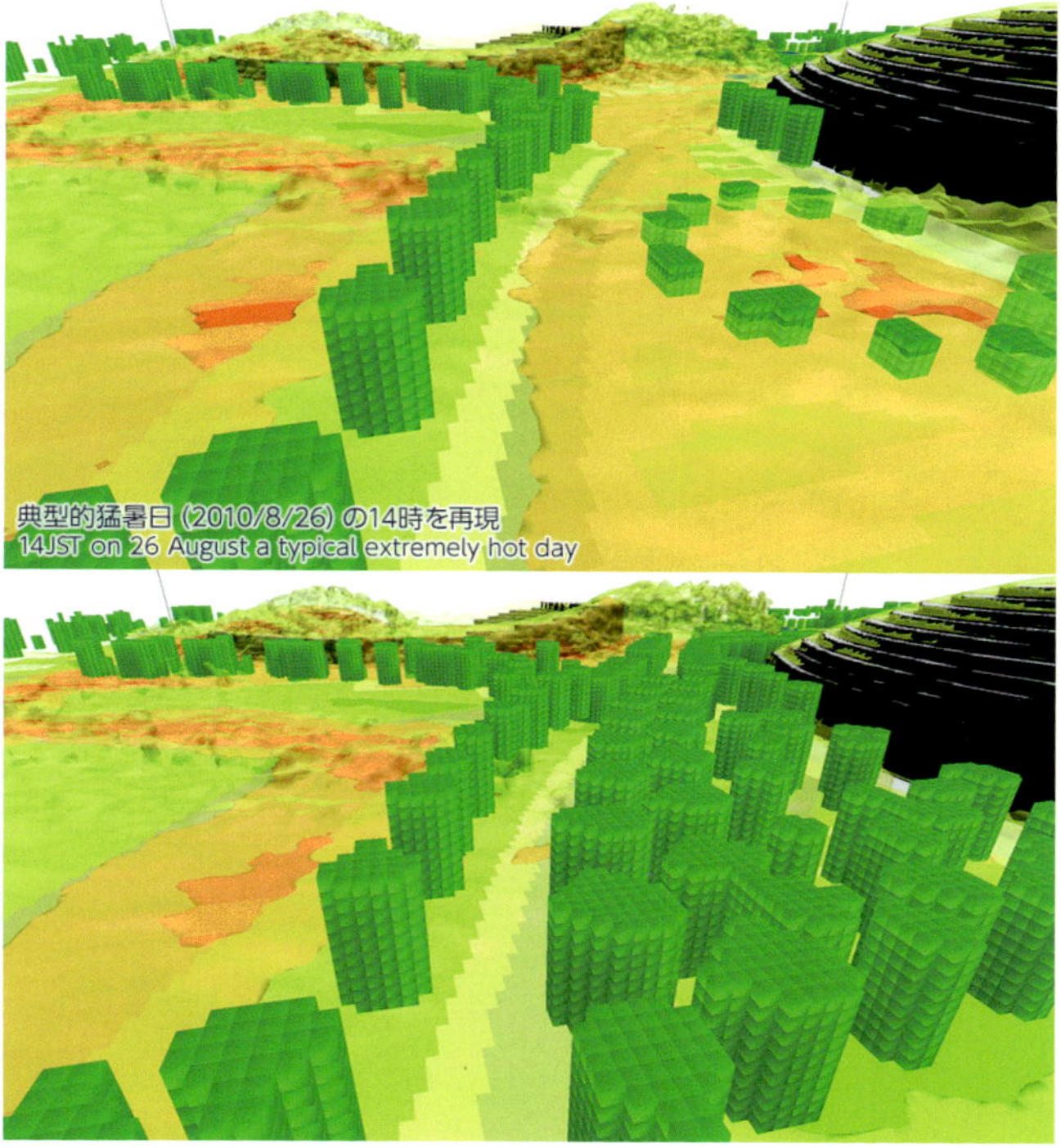

図 8-6　熊谷スポーツ文化公園の暑熱対策が気温の分布に及ぼす効果の事前評価（本文 183 ページ参照）

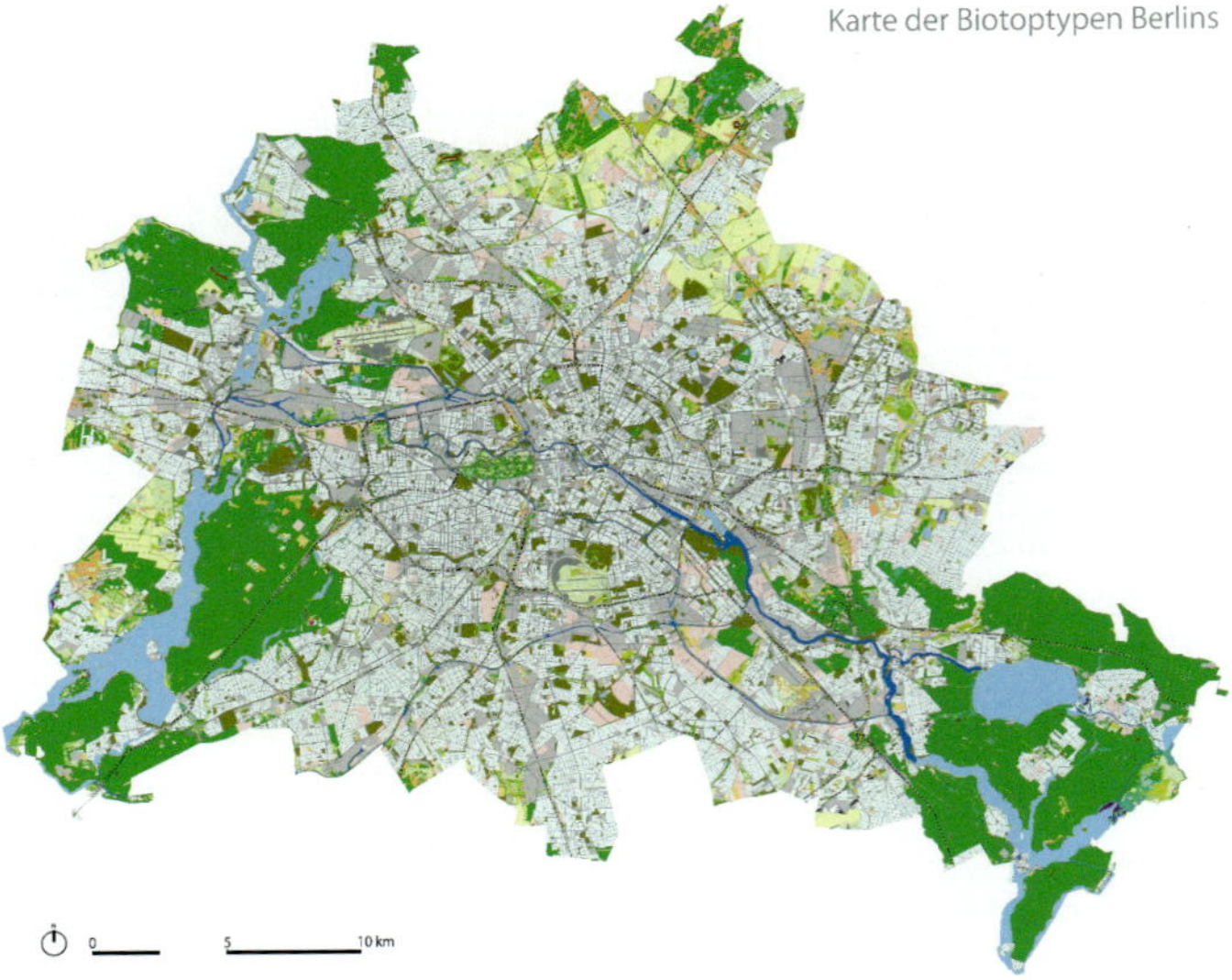

図 9-1　ベルリンのハビタットマップ（本文 192 ページ参照）

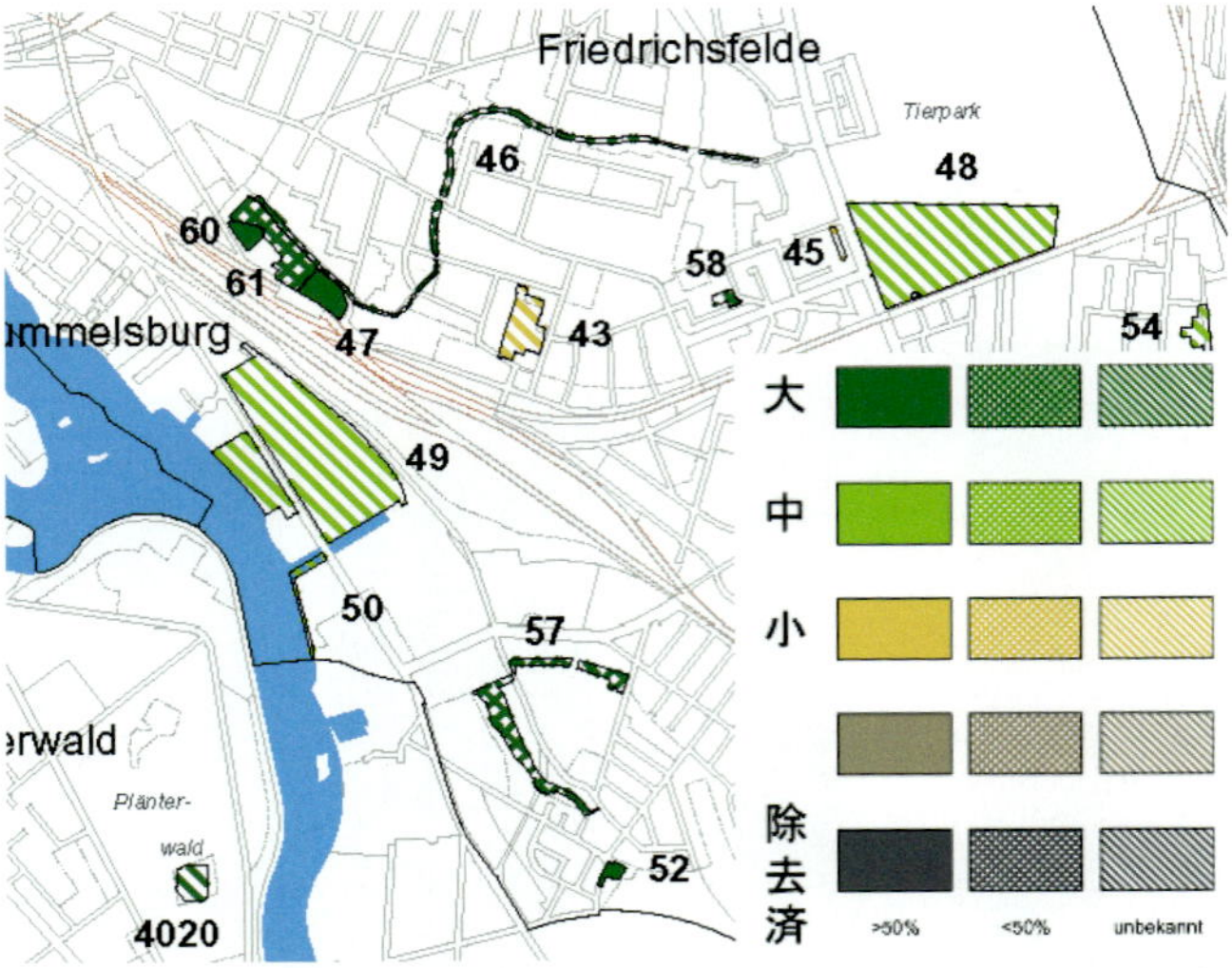

図 9-3　人工面の除去ポテンシャル（本文 195 ページ参照）

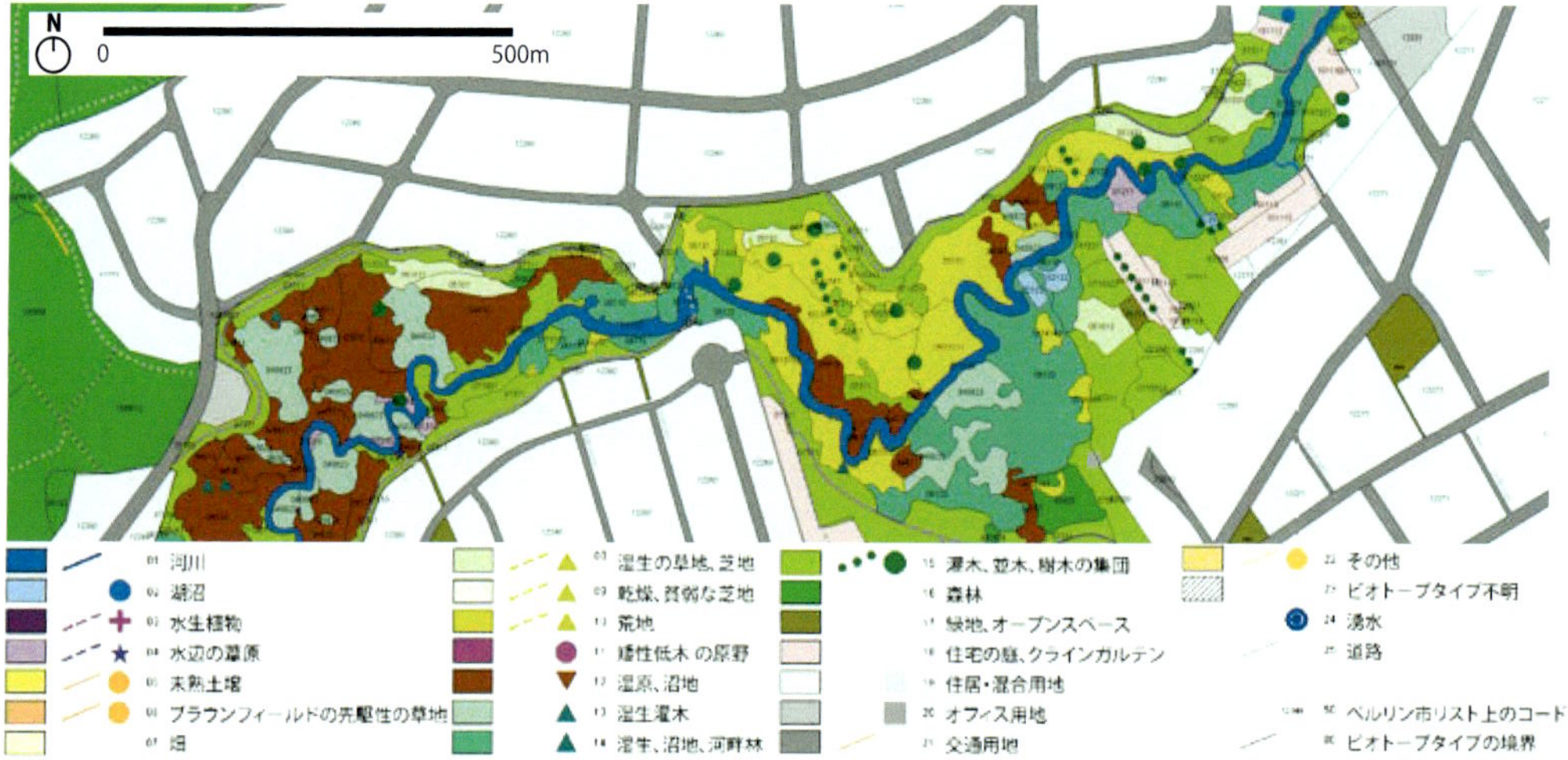

図 9-2　ベルリンのハビタットマップ拡大図（テーゲル川）（本文 193 ページ参照）

図 9–4　ドイツの主要な水路網（本文 196 ページ参照）

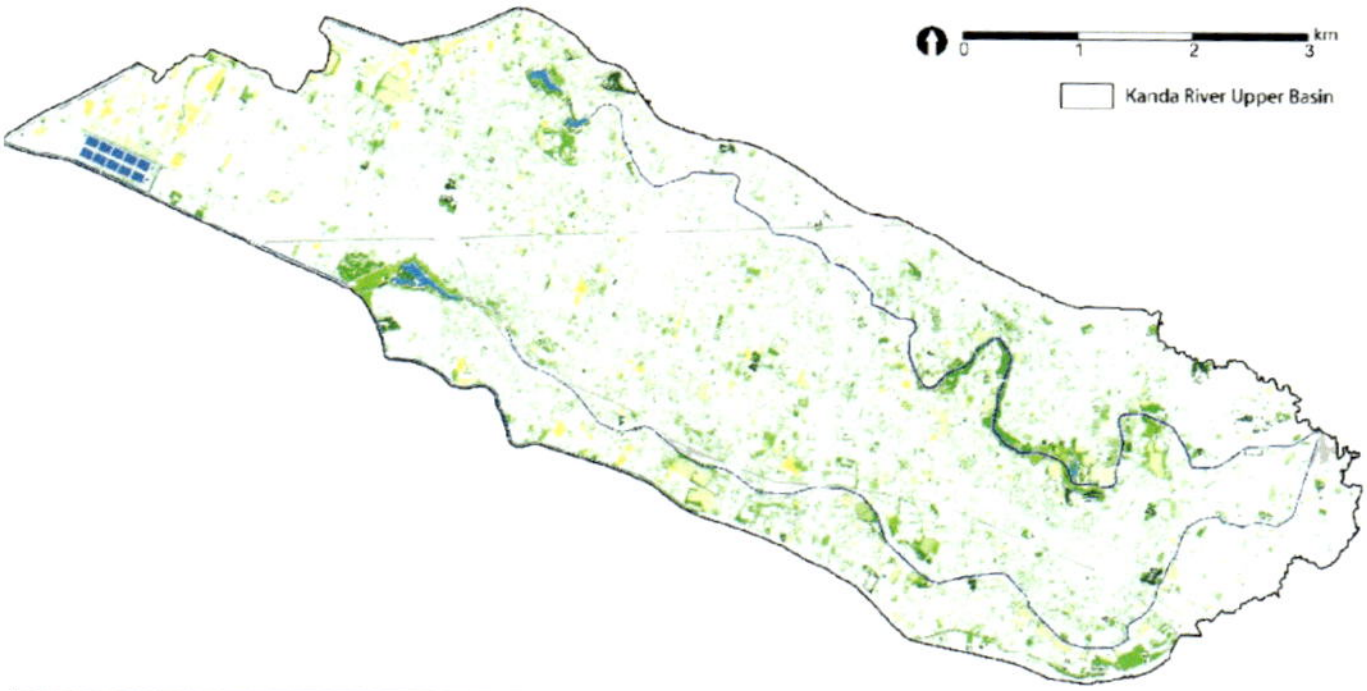

大分類	名称
樹林地系（林床保全・粗放管理型）	段丘崖・急傾斜地の落葉広葉樹林（林床保全）
	段丘崖・急傾斜地の公園植栽地（林床保全）
	段丘崖・急傾斜地の針葉樹・常緑広葉樹林（林床粗放管理）
	段丘崖・傾斜地の常落混交林（林床保全）
	段丘崖・傾斜地の屋敷林跡地の常落混交林（林床保全）
	段丘崖・傾斜地の落葉広葉樹林（林床管理）
	段丘崖・傾斜地の伐採跡地落葉広葉樹林・草地（林床保全）
	台地上の落葉広葉樹林（林床保全）
	台地下部の落葉広葉樹林（林床保全）
	氾濫平野の湿性環境における 樹林地・旧水部のバードサンクチュアリー
樹林地系（林床利用型）	段丘崖・傾斜地の落葉広葉樹林（林床下草刈り）
	段丘崖・傾斜地の針葉樹林（林床広場的利用）
	台地上の常緑広葉樹・針葉樹林（林床保全及び広場的利用）
	台地上の常落混交林（林床下草刈り）
	台地上の落葉広葉樹林（林床広場的利用）
	台地上の針葉樹林（林床広場的利用）
	モウソウチク林
	台地上の樹林地（広場的利用）
	氾濫平野の落葉広葉樹林
	氾濫平野の針葉樹林
	氾濫平野の常落混交林（広場的利用）
草地系	台地上の原っぱ・芝生地
	氾濫平野の疎林原っぱ
	氾濫平野の原っぱ
湿地・湿田系	段丘崖直下の湿地
	段丘崖直下の水田
公園内の広場・園路	広場（透水）
	園路（不透水）
	園路（透水）
	グランド（自然舗装）
	グランド（人工舗装）

大分類	名称
水域系	公園の池
	生態系復元池
	庭園石組み護岸の池
	釣り堀池
	遊水池、調整池
	プール
	小河川における冠水性草地
	公園のせせらぎ
	人工護岸の小河川（護岸より湧水あり）
	人工護岸の小河川（護岸よりの湧水なし）
	自然的護岸の小河川
	上水（玉川上水、千川上水）
	水辺植栽地
市街地内の緑地	住宅地の庭（戸建て住宅地の100㎡以下の小規模な緑地）
	住宅地のまとまった庭（戸建て住宅地の100㎡以上の緑地）
	集合住宅樹林（一定規模以上の集合住宅のまとまった緑地）
	学校樹林（小学校、中学校、高等学校、 大学などのまとまった樹林地）
	公園の樹林地
	芝生地
	グランド・広場（自然舗装）
	グランド・広場（人工舗装）
	市民農園
	農地（生産緑地）
	墓地の樹林
	街路樹
	庭園植栽
都市系（人工面）	道路
	駐車場
	鉄道敷
	間地
	建物

図 9–8　神田川上流域ハビタットマップ（本文 204 ページ参照）

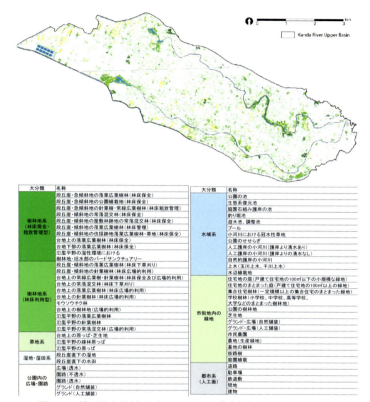

図 9-9　ハビタットマップ（浜田山地区）（本文 205 ページ参照）

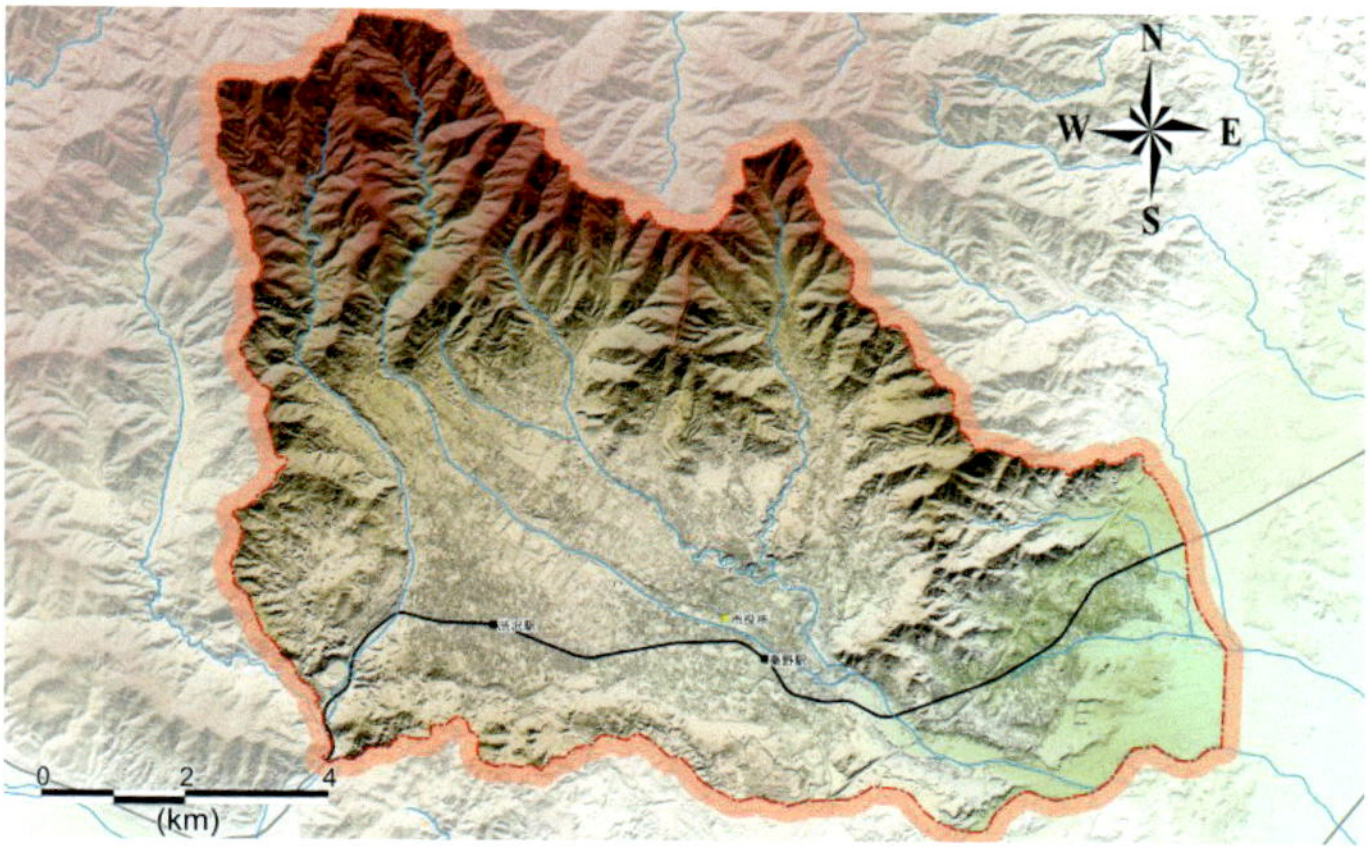

図 10−2　秦野市の取り組み実施地域（本文 217 ページ参照）

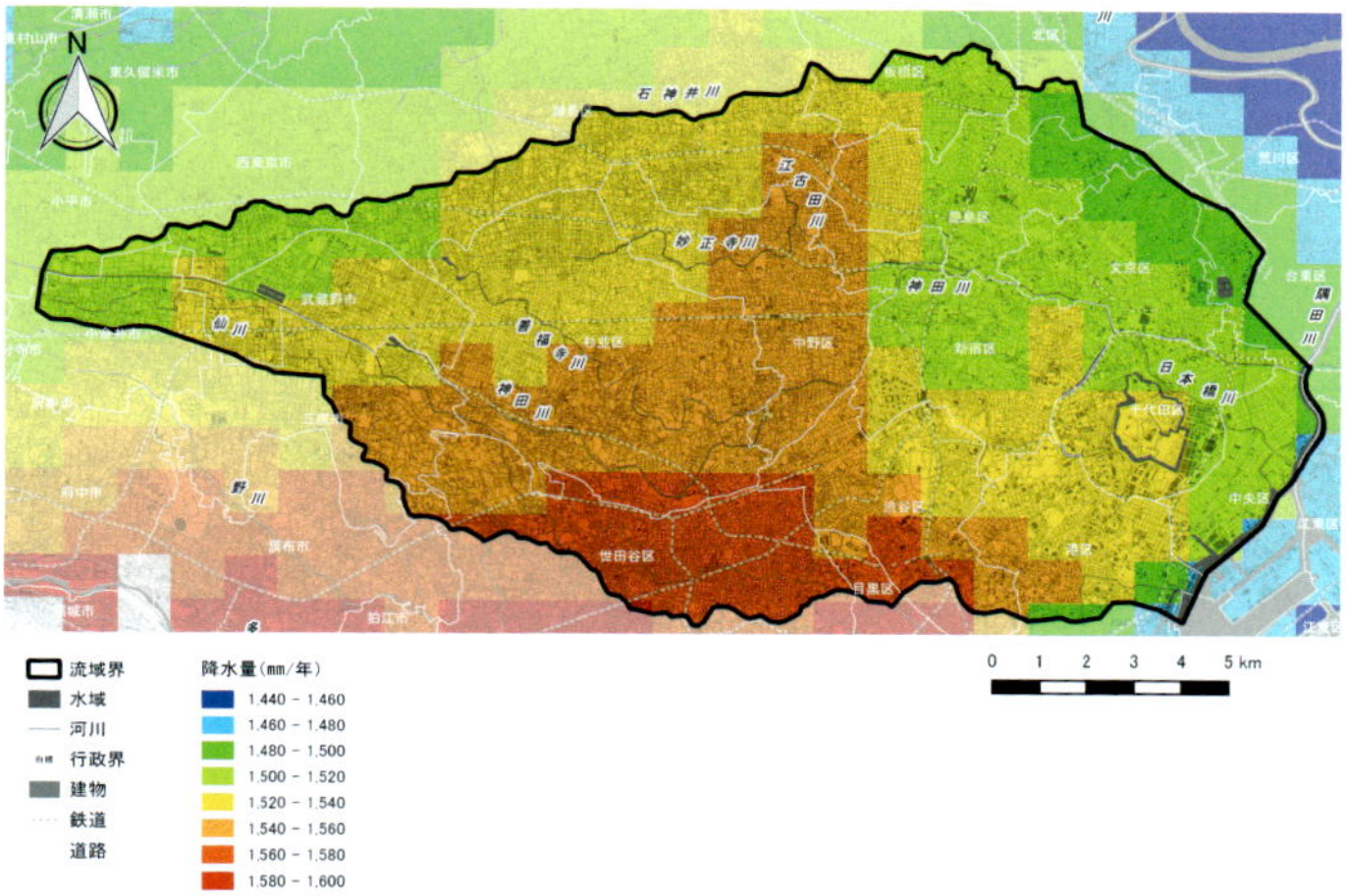

図 10−4　降水量（気象庁、メッシュ平年値 2010）（本文 224 ページ参照）

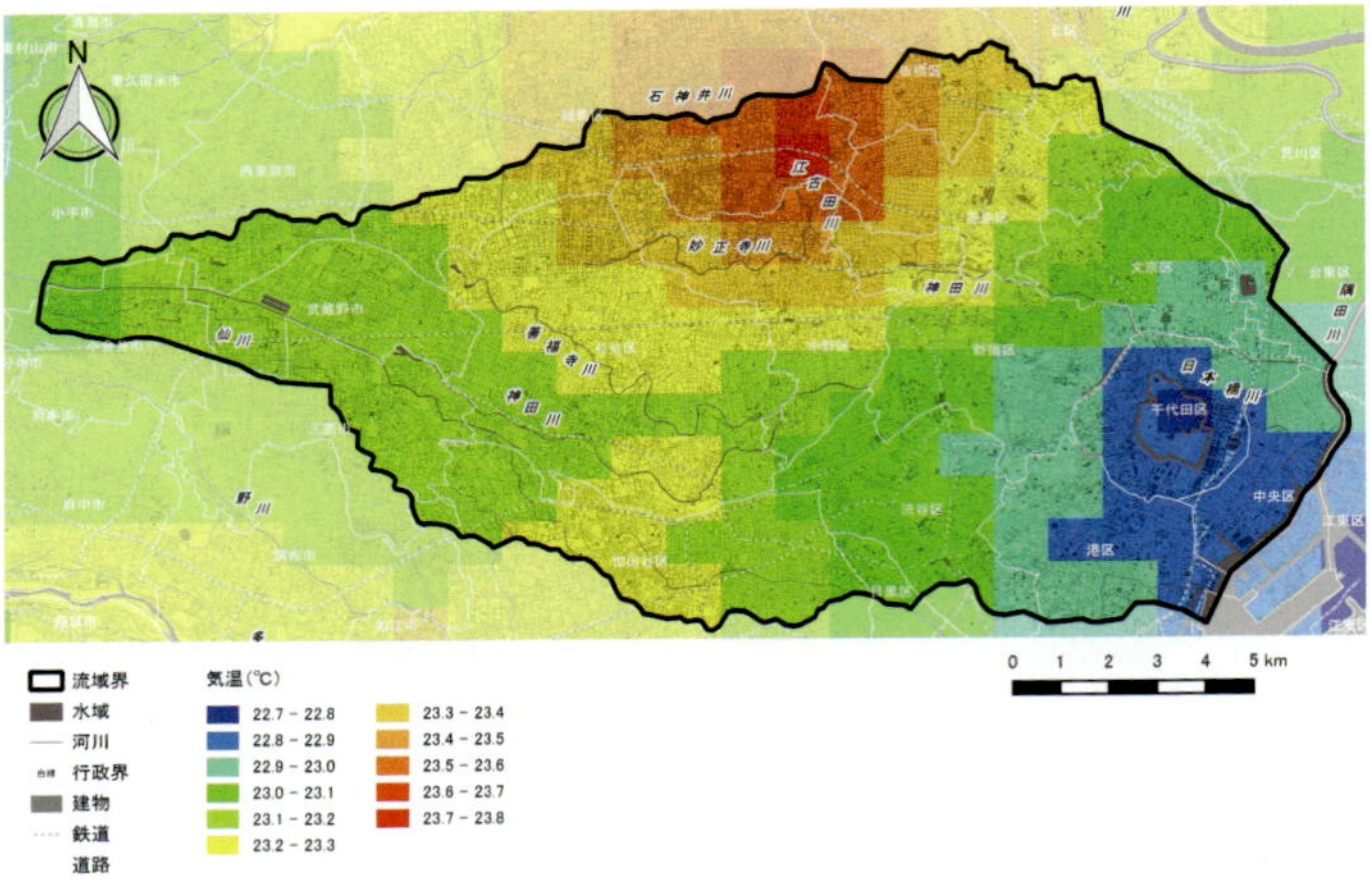

図 10–5　気温（気象庁、メッシュ平年値 2010）（本文 224 ページ参照）

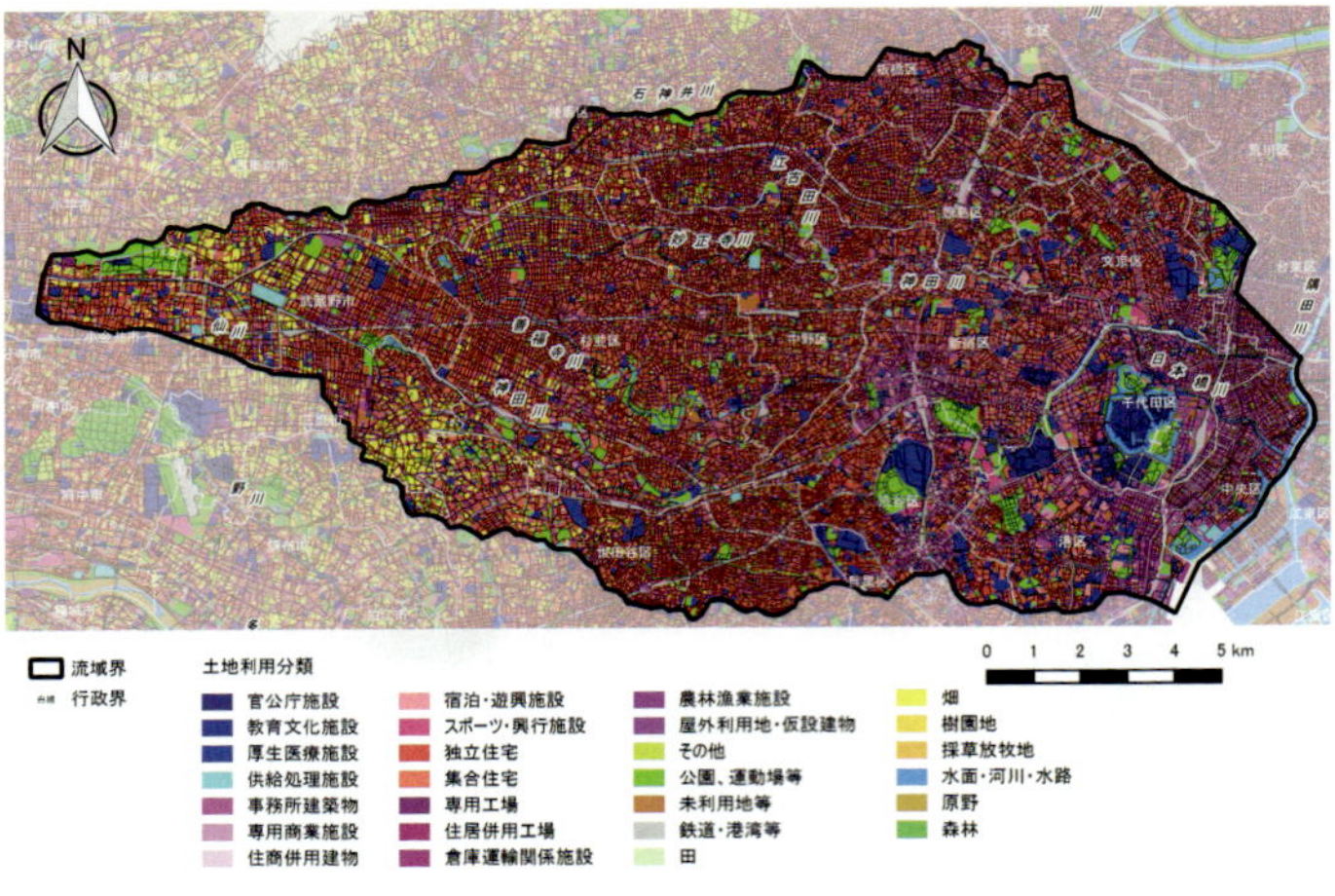

図 10–6　土地利用（東京都都市計画基礎調査土地利用現況データ）
（本文 225 ページ参照）

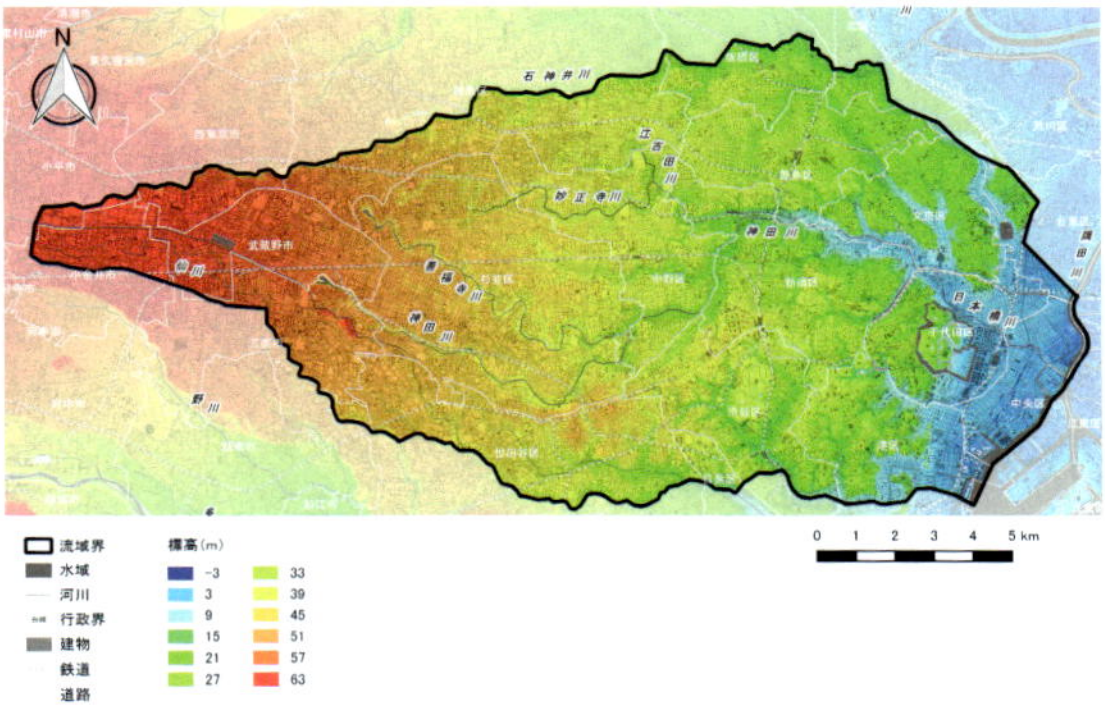

図 10–7　地形（国土地理院基盤地図情報数値標高モデル 5m メッシュ）（本文 225 ページ参照）

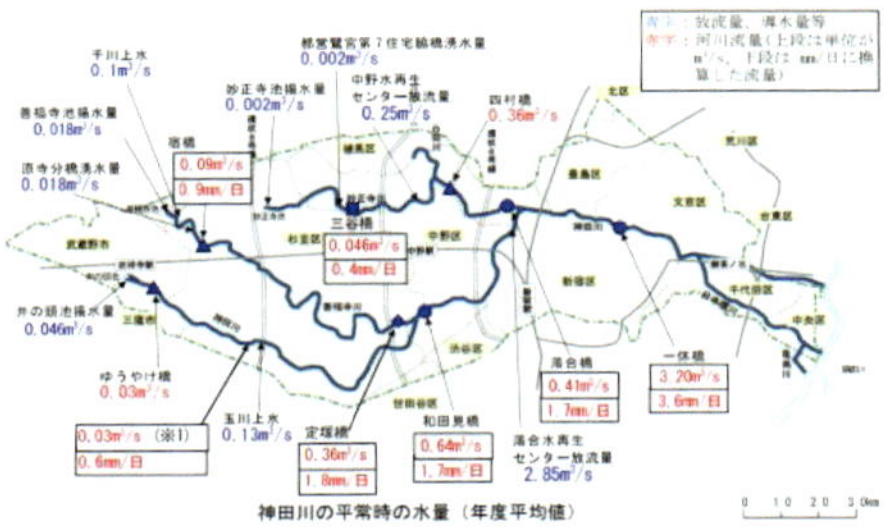

〔出典〕
井の頭池、善福寺池、妙正寺池揚水量：東京都河川部により管理者にヒアリング（H26.8）
河川水量（▲）：平成 12 年度　中小河川環境実態調査報告書　神田川編　東京都環境局
河川水量（◆）：平成 6 年平均流量
河川水量（●）：平成 25 年度公共用水域水質調査結果　東京都環境局
河川水量（■）：平成 8 年度神田川水系水質合同調査結果　神田川水系水質監視連絡協議会
玉川・千川上水導水量：H2～H7 の多摩川上流水再生センターからの日平均送水量を計画配分により分配
湧水量：東京の湧水（平成 12 年度調査報告書）　東京都環境局
水再生センター放流量：東京都下水道局 HP（「平成 24 年度の下水処理の状況」）
（※1）ゆうやけ橋の流量が玉川上水導水地点上流まで変らないとした場合。

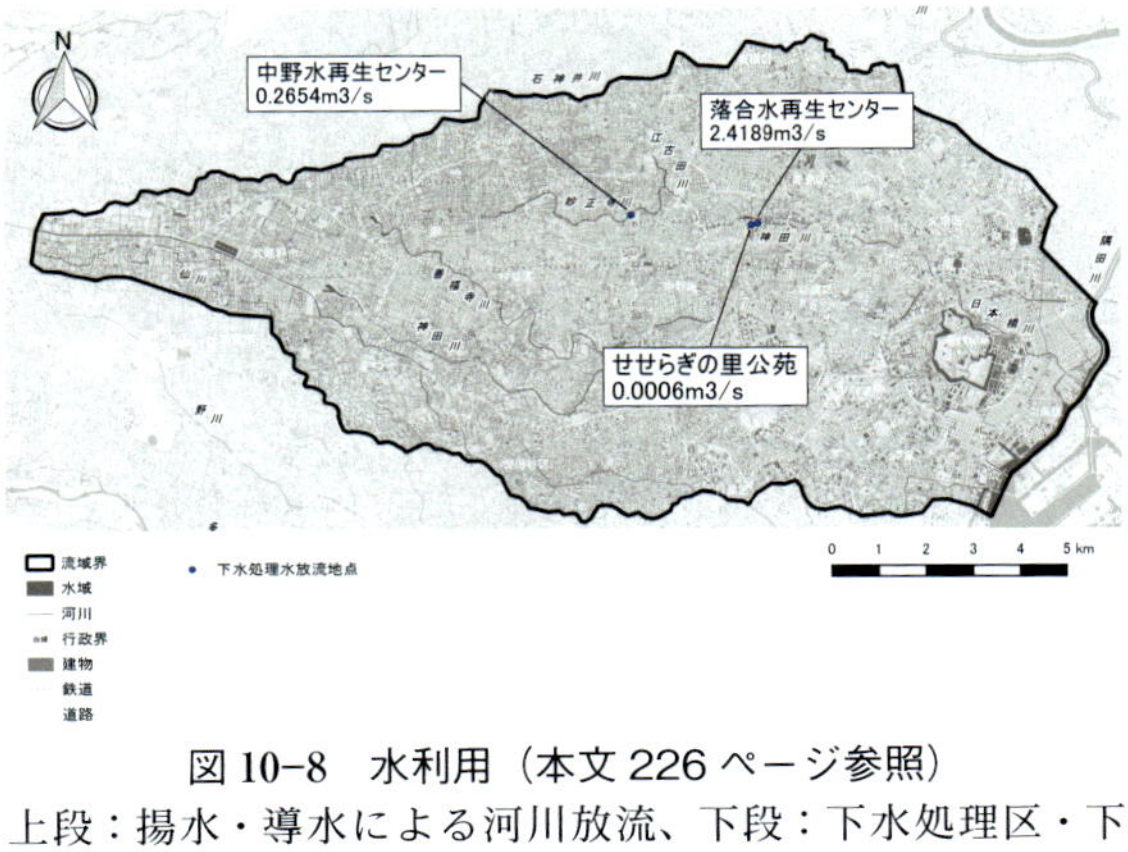

図 10–8　水利用（本文 226 ページ参照）
上段：揚水・導水による河川放流、下段：下水処理区・下水処理による河川放流

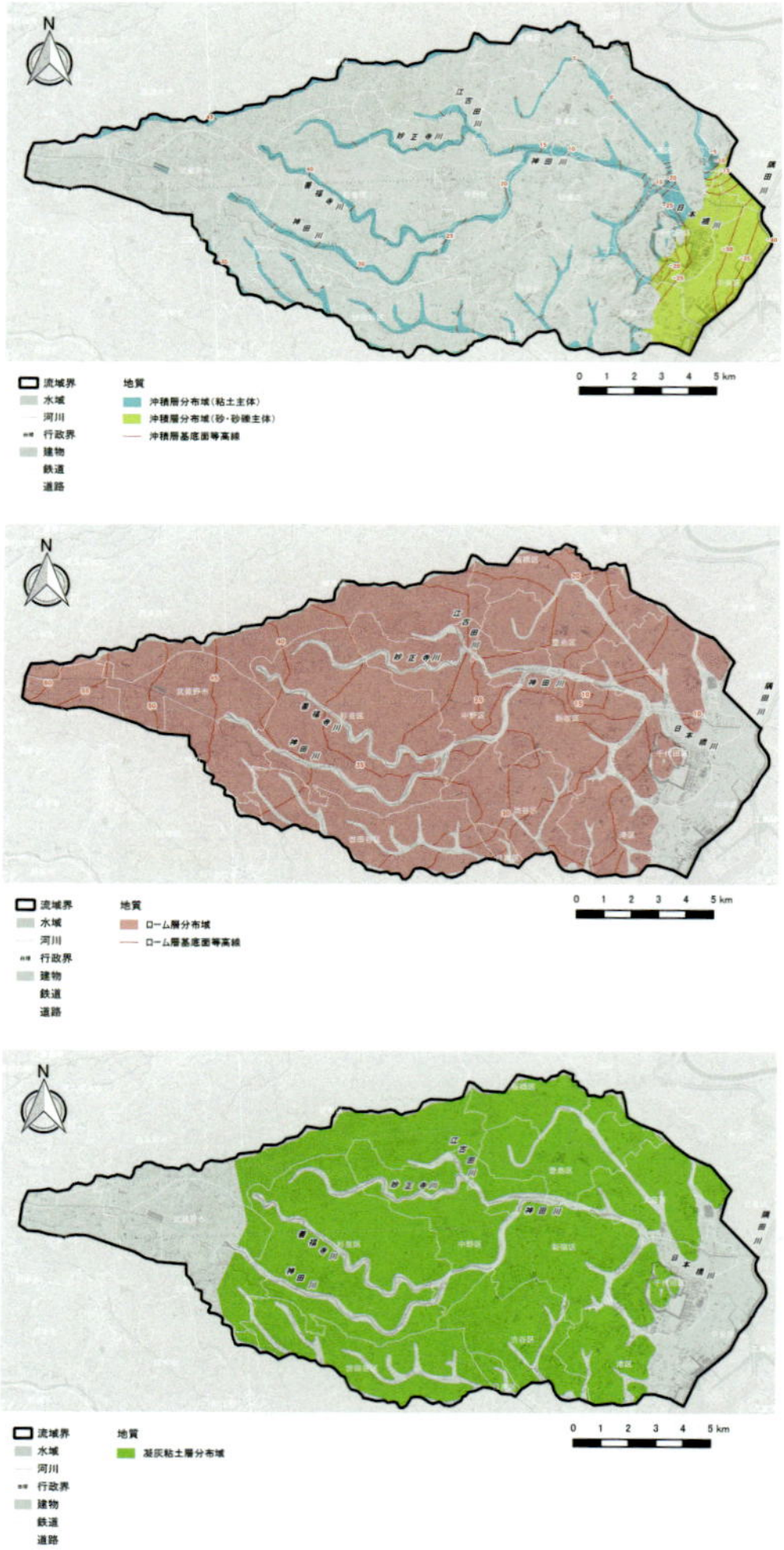

図 10-9 地質（本文 228 ページ参照）

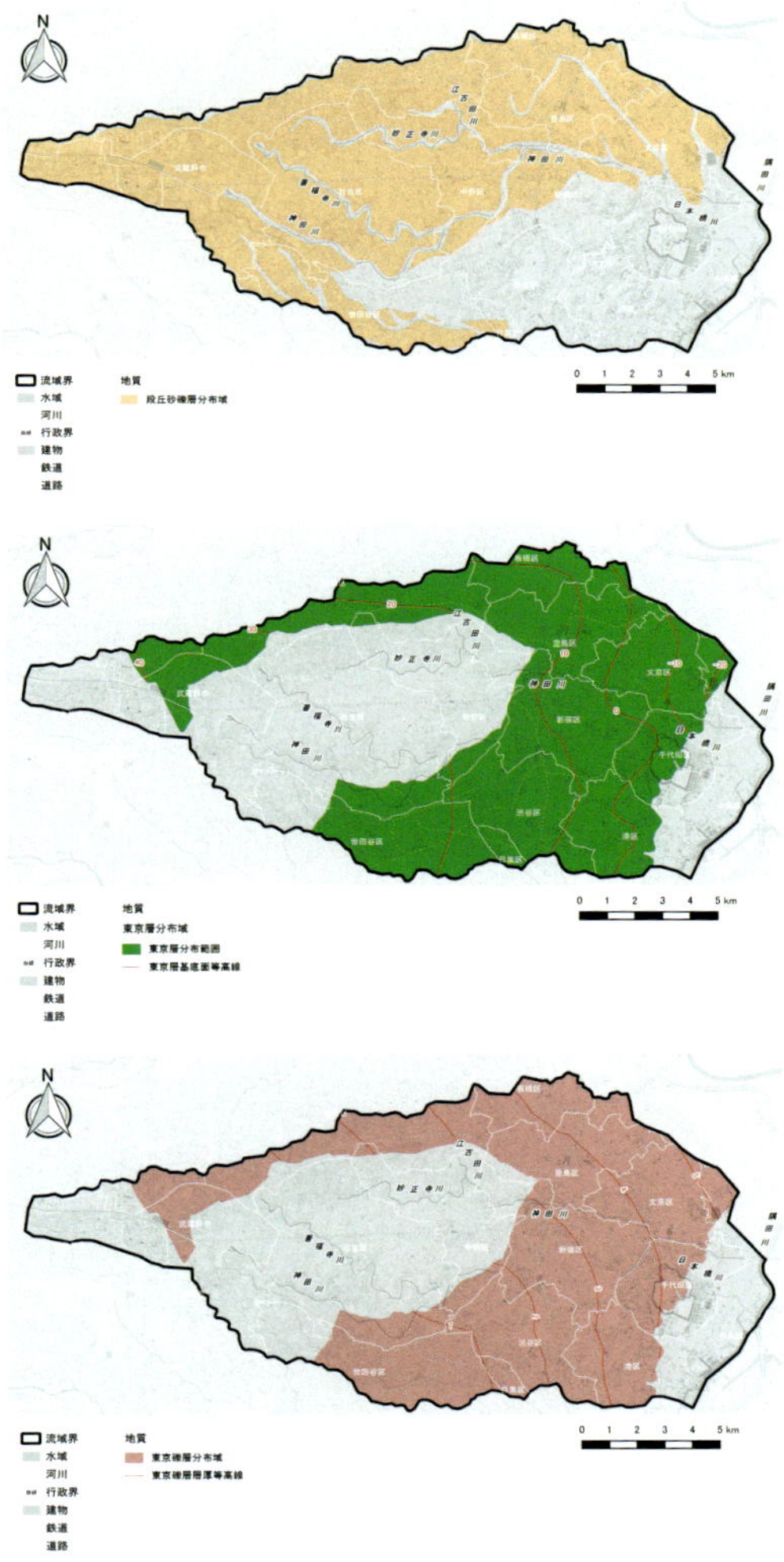

図 10-9　地質（続き）（本文 229 ページ参照）

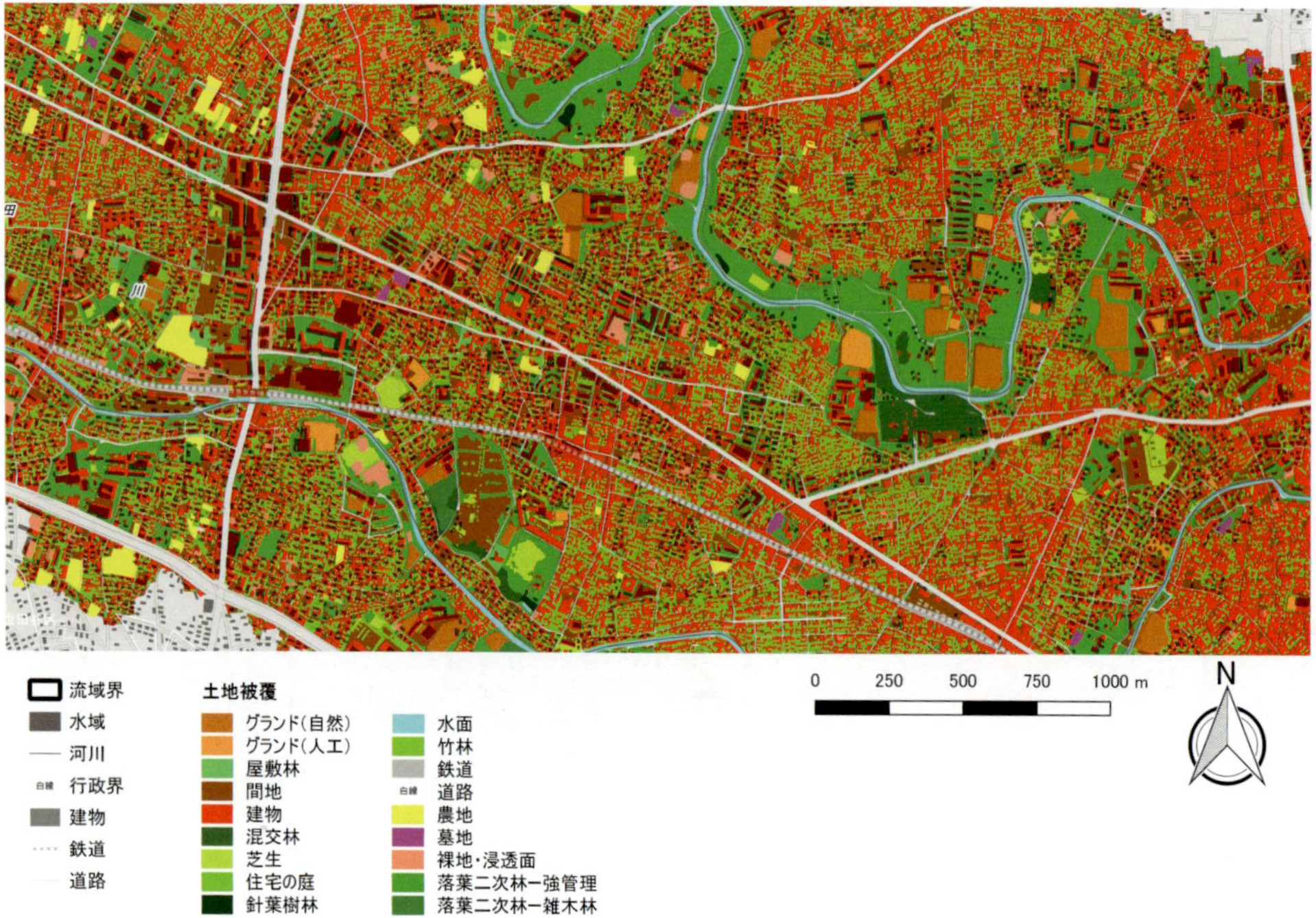

図 10-12　土地被覆（中央大学提供）（本文 232 ページ参照）

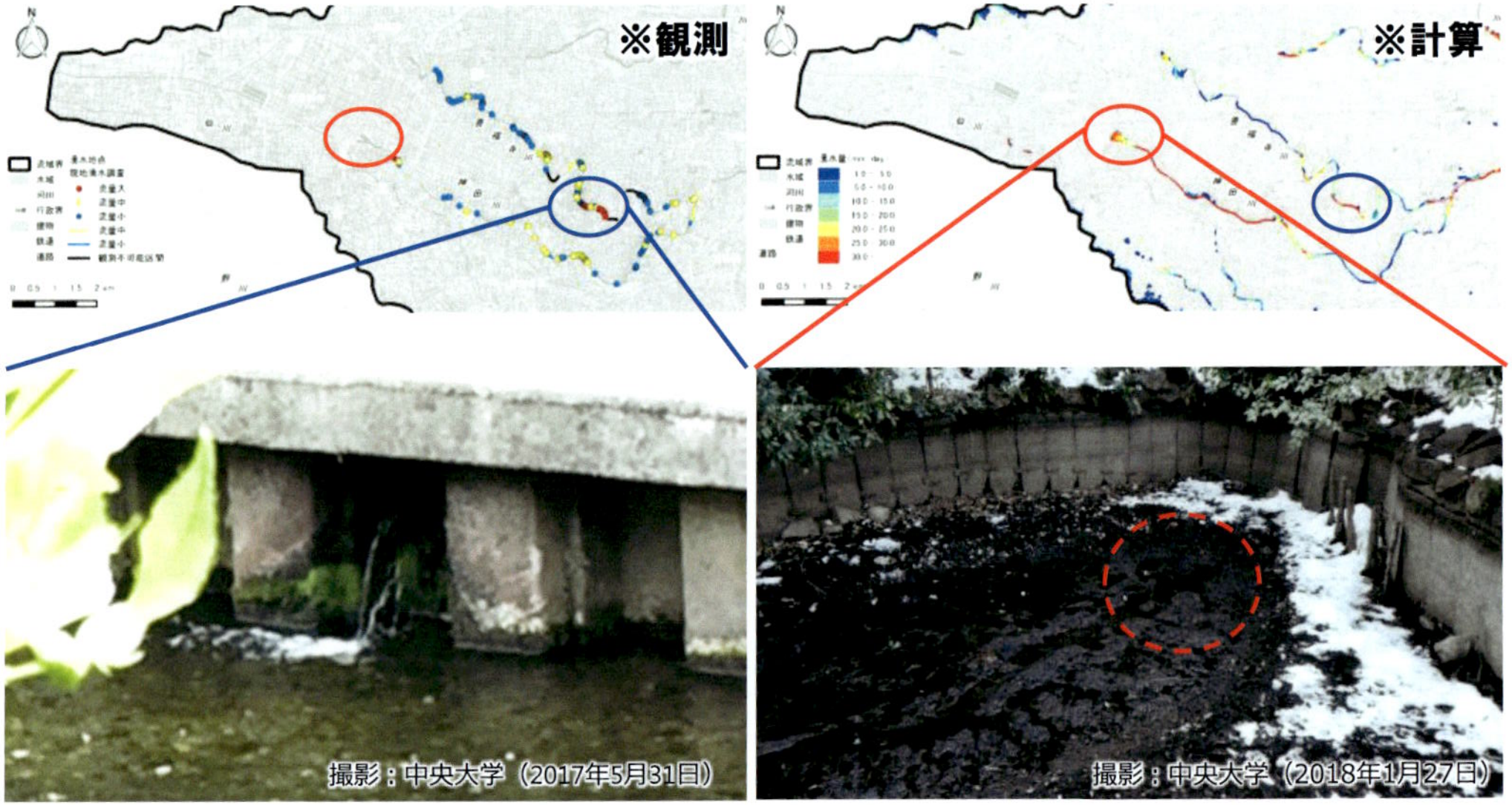

図 10-13　湧水地点分布（本文 234 ページ参照）
左上段：2017 年 5 月 31 日現地観測結果、右上段：解析結果（修正後）

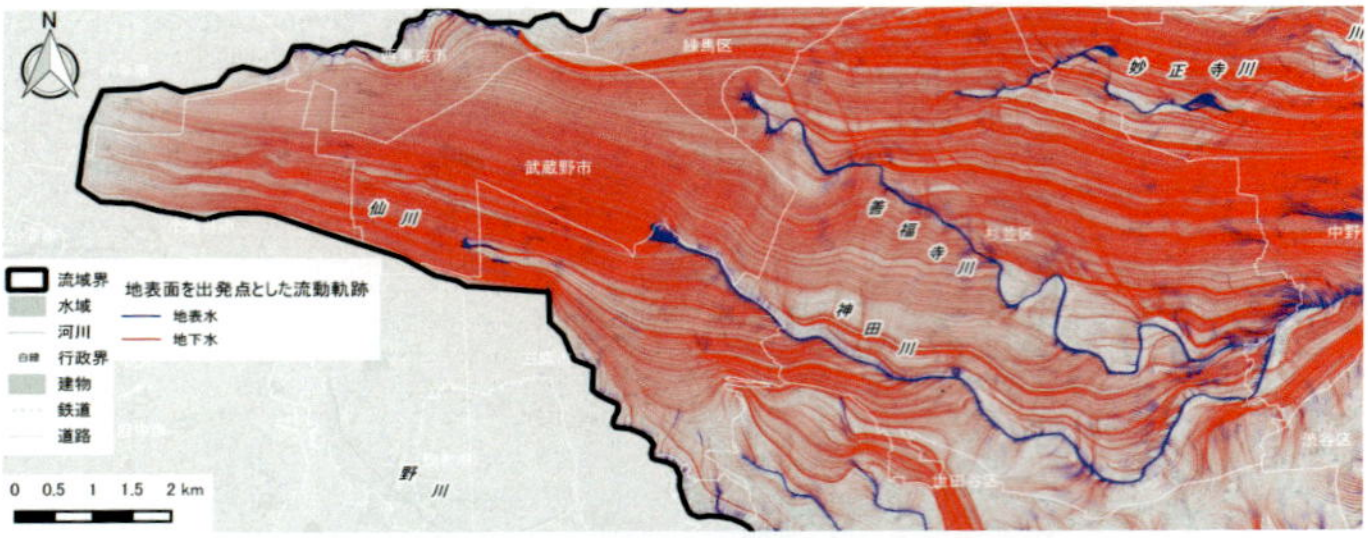

図 10−14　地表水・地下水の流れの軌跡（本文 235 ページ参照）

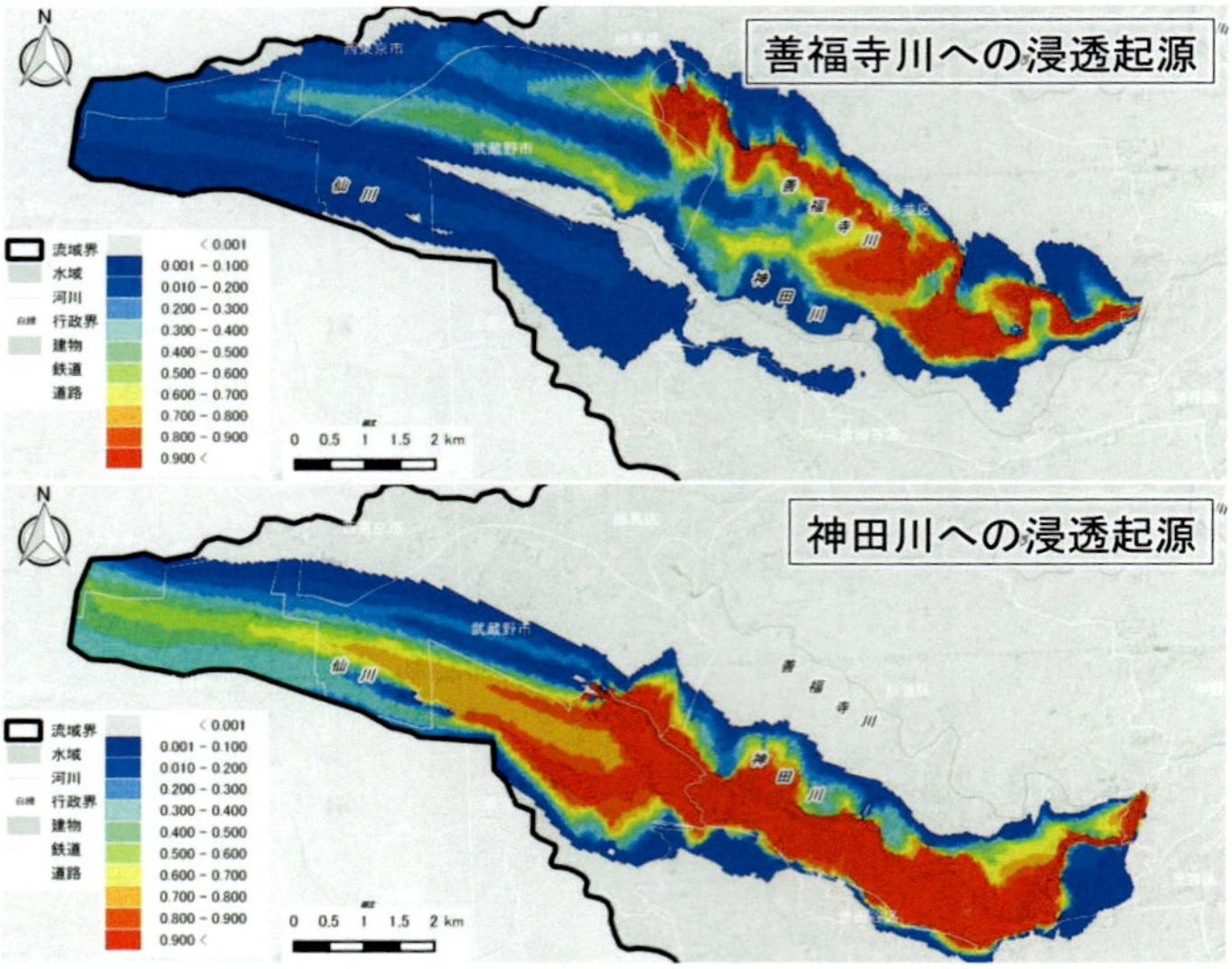

図 10−15　川の水の起源（本文 235 ページ参照）
上段：善福寺川の水の起源、下段：神田川の水の起源

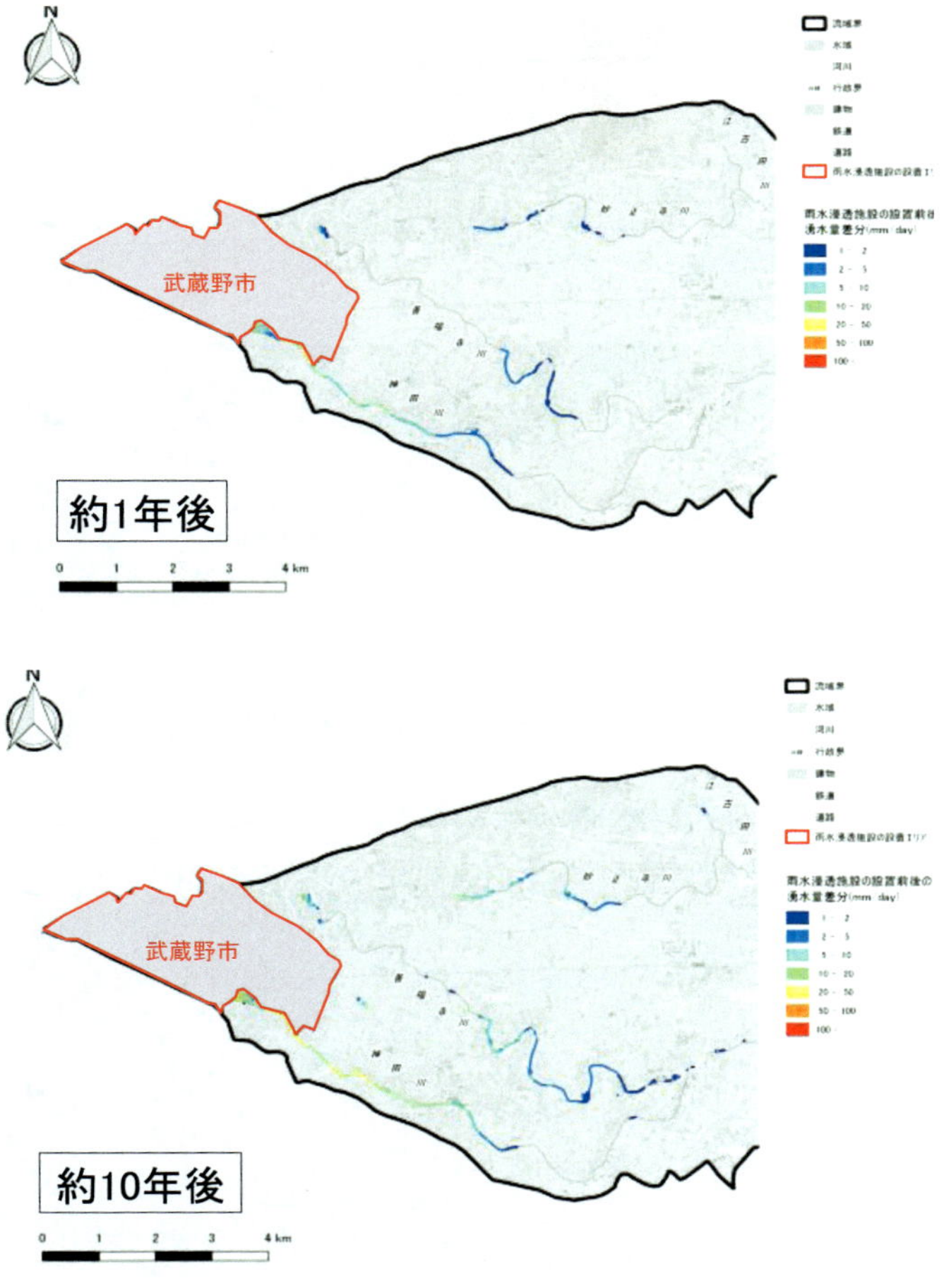

図 10–16　武蔵野市において雨を全量地下に浸透させた場合の湧水量の増加分布（本文 237 ページ参照）

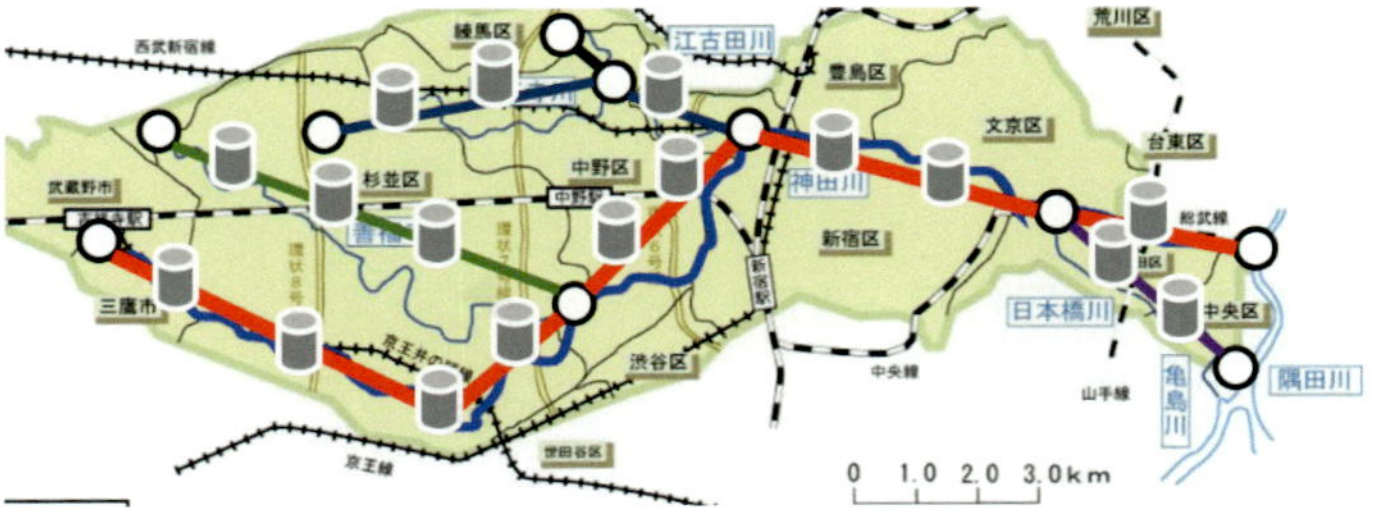

図 12–3　神田川流域のネットワークグラフによるモデリングと貯留タンク設置のイメージ（本文 272 ページ参照）

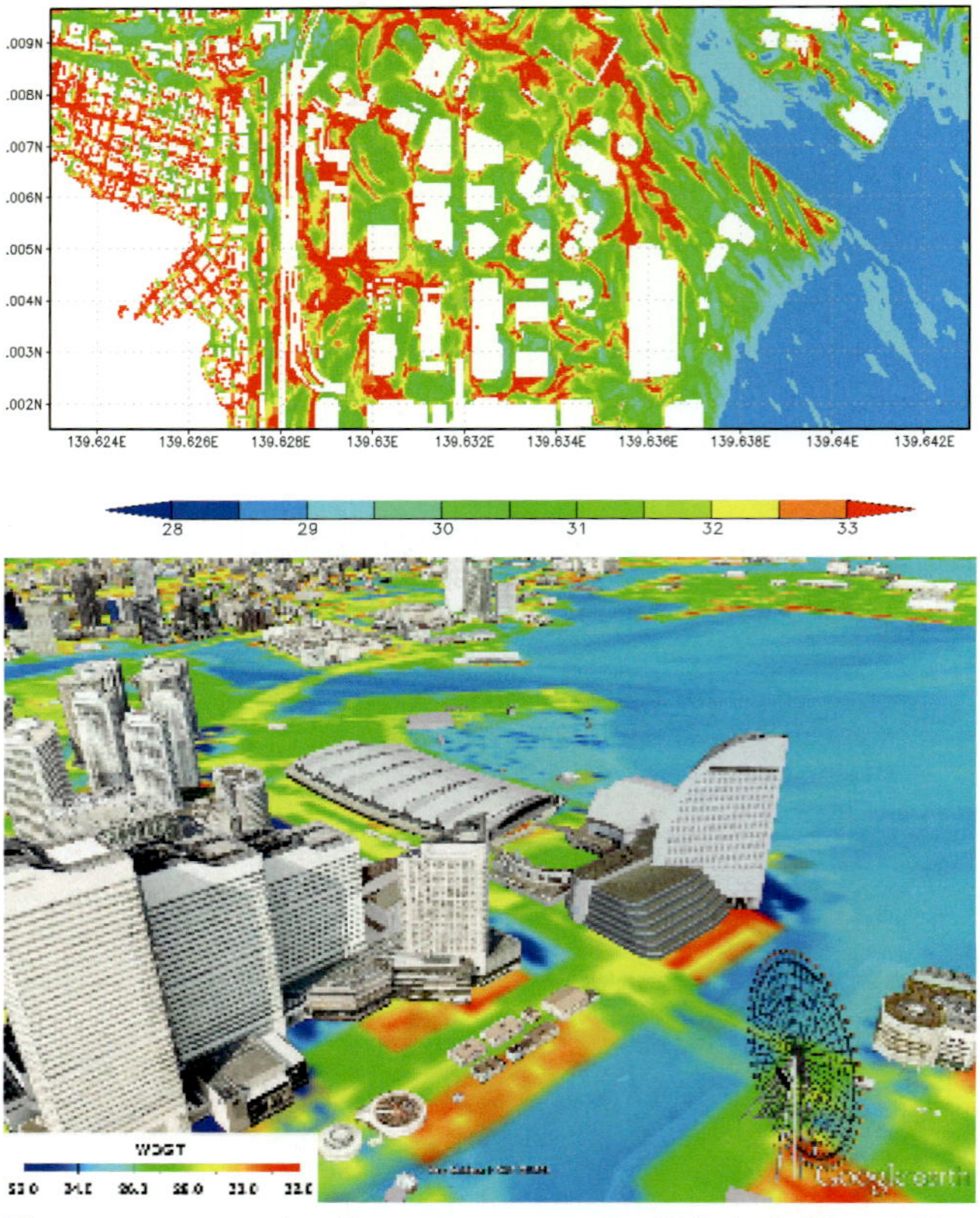

図 13–4　パソコン上で見るステークホルダに関心を呼び起こす別の手法。これまでの平面的な表現（上）から、立体的な表現（下）へ工夫（本文 293 ページ参照）

水大循環と暮らしⅡ

流域水循環と持続可能な都市

所 眞理雄・高橋桂子 編著

丸善プラネット

まえがき

所　眞理雄・高橋　桂子

水の「大循環」は、地表や大海から蒸発した水が気体・液体・固体の形をとり、いろいろな経路を辿ってやがては大海に戻る大きな循環を表している。この大きな循環の中で、地球表面にもたらされた水が表層水や地下水となって山岳から平野を流れ海に戻る動きを「流域水循環」と呼ぶ。流域水循環は「流域」にほぼ閉じたサブシステムを構成し、その主要な要因としては、地形、地層・地質、植生などの自然に関連するものと、家屋・建物、道路、ダム・水路・下水道、農地などの人工的な物をあげることができる。そしてこれらは日々の暮らし、文化の基本的な条件を与えている。我々の暮らしの中で、我々が流域水循環をいかに制御しつつ、ともに生きてゆくかは、治水や都市計画の歴史でもあった。

さて、このように我々の日々の暮らしに極めて密接に関係している流域水循環を精密に、科学的に理解しようとすると、その要因の多さ、相互関連性の深さ、そして基礎となるデータが不十分であることから、一筋縄ではいかないのが現状である。そのような中、本書の著者らはスーパーコンピュータの進歩を背景に、新たなビジョンを構築し、シミュレーション技術を発展させ、歴史的なデータや省庁・自治体間にまたがるデータを取得・統合し、試行錯誤を繰り返しながらも、一歩一歩その科学的な解明に向けて研究を進めている。

本書は2016年3月に発行された『水大循環と暮らし―21世紀の水環境を創る』に続く第2弾である。前書では、水と文明、河川、水災害、上下水道、生態系と農業、水の汚染、都市計画と文化、など、我々の日々の生活の中での水とのかかわりについて概観した後、21世紀の水環境を創るために我々がやるべきことを示した。具体的には、水環境構築における「制御」の考え方の重要性を述べ、水大循環モデルとシミュレーション技術について述べた。そして、これにより将来何が可能になるか、更なる挑戦は何か、を議論した。

本書はこれを受け、第I部「世界の水環境の現状と展望」において、第1章で水大循環研究の大きな方向性を示し、今後我々が何をすべきかを議論する。第2章では、流域水循環の基礎知識を平易に述べ、以降の議論のための知識を共有する。第3章では、わが国の都市計画と水循環の変遷を述べ、今後の都市計画における課題を示す。第4章では東京のまちづくりの歴史を水環境の点から振り返り、グリーンインフラの考え方の重要性を指摘したのちに、神田川流域を対象とした具体的な取り組みについて述べる。これに続き、第5章では、アジアにおける水環境の課題とその解決に向けた取り組みについてマニラを例に議論する。第6章では、アフリカにおける食と水循環の重要性を述べ、サブサハラ地域での協生農法の実施状況を解説する。

第II部「水大循環研究のフロンティア」では、第7章で、予測可能性に関する本質的な議論がなされ、現象の予測における精密さに限界があることが示される。その後、第8章において、まず、暑さとは何かを議論し、建物や樹木を考慮した都市の水・熱環境高解像度シミュレーションの成果が示される。第9章では、都市の生物多様性回復のためのハビタットマップの作製手法が述べられ、神田川流域を対象としたハビタットマップが示される。第10章では、神田川流域の湧水地点のシミュレーションを例に、シミュレーション技術を現実の問題に適用する場合の課題と解決について述べる。第11章では、関東平野を流域と考え、過去から現在にわたる関連官庁・自治体のデータを集め、統合し、これをもとに水大循環シミュレーションを行うことによって、揚水による水環境の変化と施策の効果予測を試みる。第12章では、アクティブ制御並びにパッシブ制御を用いた下水道システムの制御の可能性について考察を行う。そして、第13章において、住民参加による政策の決定のために、シミュレーション技術や見える化技術を使うことの重要性について示す。

以上、本書は、水大循環を統一的に扱うモデル化・シミュレーション技術の流域水循環への具体的な適用について述べたものである。その成果は学術的な価値のみならず人々の暮らしの向上に向けた具体的な行動に結びつき始めている。皆様とともに今後の「水と暮らし」を考え、行動してゆくための一助になれば幸甚である。

2018年12月

目　次

第Ⅱ部　水大循環研究のフロンティア

第Ⅰ部　世界の水環境の現状と展望

第1章　水大循環を知って暮らしに役立てる

高橋　桂子

1・1　大いなる水の循環と私たちの暮らし

私たちの最大の資源は「水」であるといってもよいかもしれません。私たちはいつの時代も豊かな水とともに生きてきました。日本では水の豊かさについて当たり前のような感覚がありますが、水は資源であり、自然の恵みであり、日本風土の特長です。水が不足すれば、たちまち困ってしまうことは、容易に想像できることでしょう。飲料水のみならず農業などの産業や、原子力や精密機械などの科学技術の利用にも大きな影響を与えます。水は恩恵をもたらすだけでなく、脅威でもあります。自然と人間活動の関わりを歴史的に省みると、人は水を治めることによって豊かな生活を維持してきました。治世の中心は治水だったことは歴史の教科書にもあるとおりです。私たちは、自然の水の力に従い、人力の及ぶ範疇の中で水の力を利用し、生きてきたといえるでしょう。

近代になって科学技術の発展とともに人間活動が爆発的に巨大化しました。その結果、人口の集中が起こり、巨大なエネルギーが様々な分野で必要になり、使われる水の量も爆発的に増加しました。この私たちの巨大な活動を支える水を維持するために、インフラが整備され、水の人工的な輸送システムが整備されました。(1)

水の需要を賄うために、私たちは暮らしているまちから遠く離れた水源から水を輸送しています。人の活動を支えるための高コストな都市・社会システムが現在の私たちのまちの姿です。人口が集中した都市は、自然の脅威が襲えば被害は甚大となるので、私たちには、さらにコストを投入してこの都市・社会システムを持続していかなければならないというジレンマがあります。

人口の減少の影響は高コストのインフラの維持を難しくしていきます。これからは、先達も経験したことがない人口減少が進む時代に水環境をどう守り、どのように進めばどのような未来を描くことができるのか。未来のありようを科学的根拠をもとに具体的に描き、今からできる対策を検討し、長期的なビジョンのもとに着実に実行に移していかねばなりません。私たちの水環境の未来のすがたを見据え、未来へ向かって進むための科学的な道標を示したい、それが私たちの研究開発の原点です。

1・2　変わりゆく地球環境

IPCC第5次評価報告書では、1880年～2012年の132年間で地球全体の平均気温が0・85℃度上昇したことが観測結果として報告されています（図1－1）。地球温暖化はすでに多くの皆さんが知るところとなっており、世界中で報告されている異常気象、海洋の水温変化、サンゴ礁の白化や漁獲高の変化など、気象現象だけでなく海洋における影響も指摘されています。皆さんもこれは地球温暖化の影響なのではないかと思う機会が増えているのではないでしょうか。多くの科学者たちによる長年の研究成果により、地球温暖化は人為的な活動が原因であると結論付けられています。つまり私たちの様々な活動の蓄積が、地球全体の環境を変えてしまったということです。そして、現状の活動を続ければこれからも環境を変えていくことになるでしょう。

人のどのような活動が地球の環境を変えたのでしょうか。地球温暖化は地球環境の変化のひとつです。その原因としては、二酸化炭素に代表される温室効果ガスの排出や様々な燃焼にともなって排出される水蒸気など、あらゆる人間活動から人工的に排出される物質が挙げられます。私たちが活動をするたびに温室効果ガスや水蒸気などを排出をしていますから、私たちの生活スタイルそのものが地球温暖化の一因となっているということを意味します。

人の活動のひとつひとつと地球温暖化との因果関係がはっきり示されたかというとそうではあ

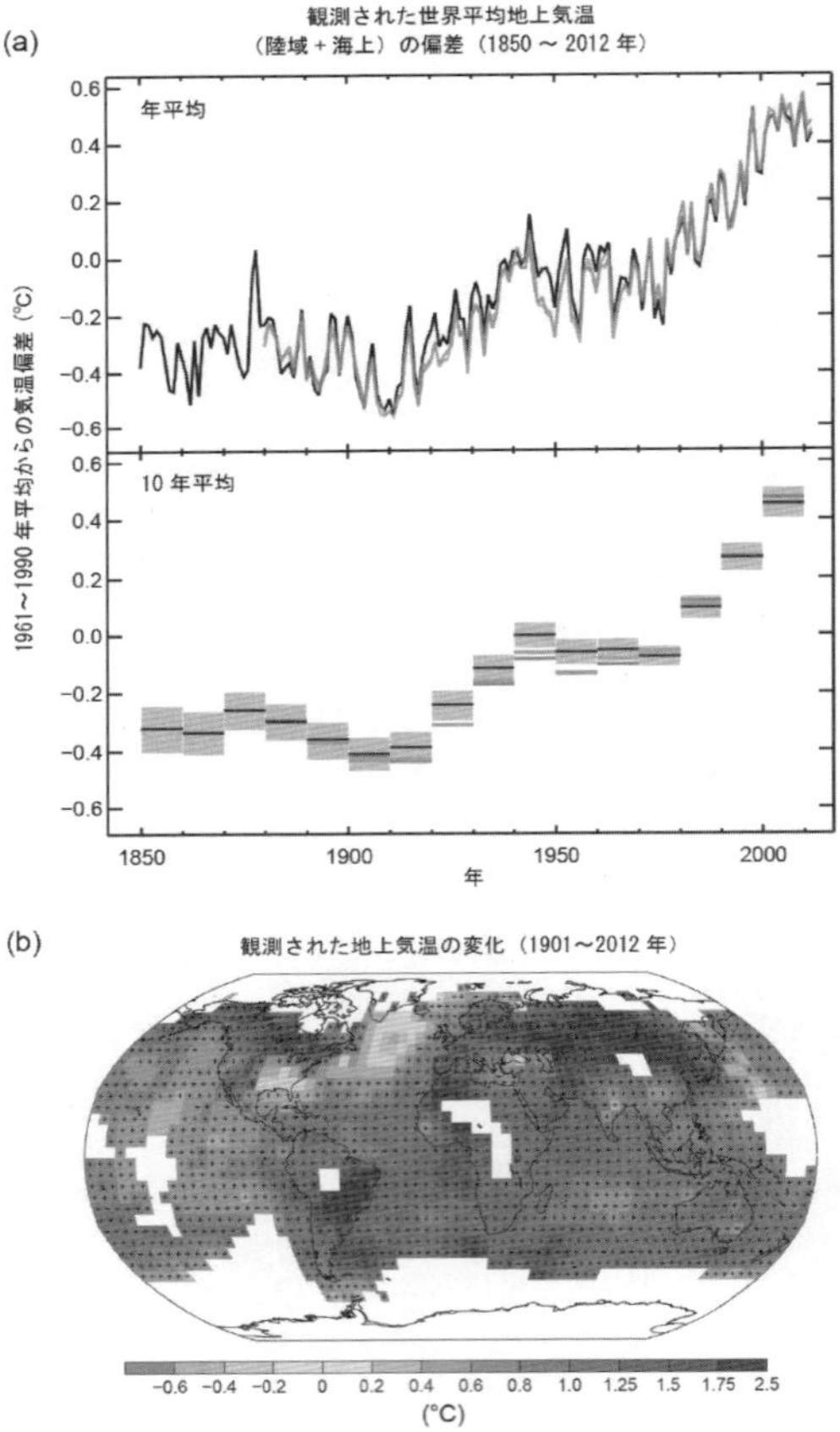

図1–1　1850年から2012年までに観測された陸域と海上とを合わせた世界平均地上気温の偏差（口絵）

(a) 上図：年平均値　下図：10年ごとの平均値。1961～1990年平均からの偏差。(b) 1901年から2012年の地上気温変化の分布。

(出典) IPCC第5次評価報告書　第1作業部会報告書（政策決定者向け要約、気象庁訳）

りません。地球環境を構成している様々な要因とその要因間の関係は膨大で複雑なのでまだ明らかにはなっていません。現時点では、観測結果の傾向と科学者が示した予測結果をもとに、人為的活動が地球温暖化の原因であろうことを推測したという状況です。つまり、観測や様々なシミュレーションによる検証と予測結果から、人為的な活動がおおもとの原因であろう、ということがわかってきたのです。人為的活動と地球温暖化の直接的な因果関係を明らかにするには、複雑なプロセスが互いに影響し合って成り立っている地球環境を、構成するたくさんの要素に分解して、それらがどのように変化に結び付いているかをひとつひとつ明らかにしていく必要があります。

１・３　地球や日本の環境変化と水循環

地球温暖化が進むと地球上の水の循環も変わるのでしょうか。ＩＰＣＣ第５次評価報告書では、地球温暖化が進めば地球上の雨の降り方が変わると指摘しています（図１－２）。地球上の雨の降り方に関しては、湿潤地域と乾燥地域、あるいは湿潤な季節と乾燥した季節の間での降水量の差が増加するであろうと指摘しています。加えて、中緯度の陸域のほとんどと湿潤な熱帯域においては、今世紀末までに極端な降水がより強く、より頻繁になる可能性が非常に高いと予測して

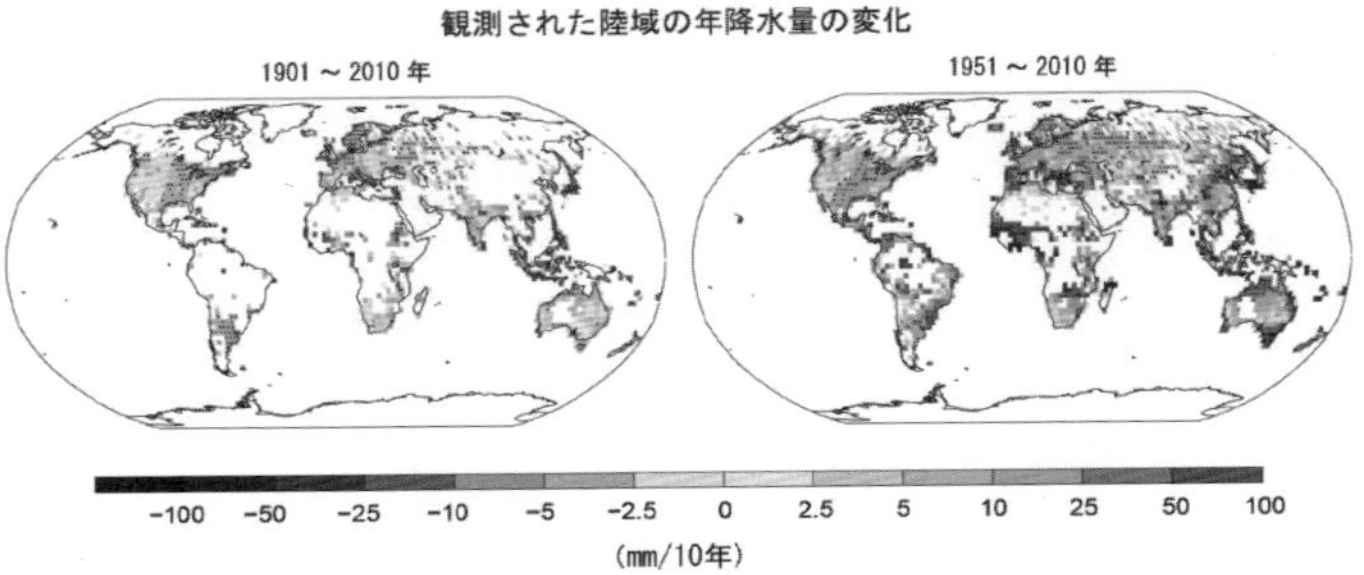

図1−2　1901 年から 2010 年および 1951 年から 2010 年の期間に観測された、降水量変化の分布図（口絵）
（出典）IPCC 第５次評価報告書　第１作業部会報告書（政策決定者向け要約、気象庁訳）

います。雨の降り方が変われば、地上から地下に浸み込む水の量も変化するので、地球上の水の循環のしかたが変化するだろうと予測できます。しかしながら、降雨分布がどれくらいの量で変わるのか、その地域はどこなのか、などについての詳細な降雨量と降雨分布の予測は現在も研究の途上にあり、今後の成果を待たなければなりません。

日本についてはどうでしょうか。これまでの観測結果によると１８９８年の統計開始以降、降水量は年ごとの変動が大きくなっていることが指摘されています。[2]この傾向が今後も続くのかどうかについては、傾向を変えるような要因が今のところ見い出せないことから、変動の増加傾向は今後も続くものと考えられます。しかしながら、その傾向がどれくらいの期間続くのか、どれくらいの振れ幅の変動になるのかについては、やはり今後の予測研究の成果を待たなければなりません。

日本においても雨の降り方が変わると、水の循環が変わる可能性が高いと考えられます。現在では社会インフラが整備されたおかげで、飲料水の不足などの頻度は低くなりましたが、今後もこの豊かな水資源が保障されるかどうかは自明ではありません。高度経済成長期の人口の増加と都市の人口密集化にともなって水に関連する様々なインフラが整備され、河川の治水や沿岸の整備についても継続的な施策がとられてきました。しかし、これからもこれらのインフラ整備を低コストで維持できるのでしょうか。地球温暖化や気候変動によって雨の降り方や気象が変化することを念頭に置きながら、私たちの今後の水の使い方について考える必要があるでしょう。さらなる新たな施策の検討や見直しが必要になると考えられます。

1・4　人間活動が水循環を変える

人の活動が地球温暖化など地球の環境を変えてしまう影響力があることを先に言及しました。人の活動そのものが直接、水の循環を変えてしまうことはあるのでしょうか？　水環境を変えた例として、日本では高度経済成長期における揚水量と地盤沈下の関係性が知られています。高度経済成長期には大量の水が必要でしたので、大量の地下水が利用されました。その結果、地下水位が減少し、地下水があることで保たれていた地下の圧力が低下して、地表面の土壌が徐々に沈下してしまったのです（図１－３）。東京都では、昭和30年代から60年代にかけての地下水位の低下と上昇は、工業用水をはじめとする揚水が大きく関係しているとされてきました。昭和40年代以前は、水の需要に応えるために大量の地下水がくみ上げられ、産業の促進や都市化による人口増加に対応するために使用されました。その結果、地下水位は年々低下したのです。地下水位の低下に伴い地盤沈下が顕在化し、その対策として法的な揚水規制[4]が施行されました。その結果、法規制によって揚水が制限された昭和40年代より地下水位は現在まで徐々に上昇しています（図１－４）。地下水位の上昇と並行して、それまで地盤沈下が進んでいた地域においても沈下が停止しました（図１－３）。

一度地盤沈下した土壌は、地下水位が地盤沈下以前に戻っても、もとには戻りません。水を含んでいたもとの地盤の含水率が一旦少なくなったことで地盤自体が変質して収縮してしまうからだと考えられています。したがって、地盤沈下が起こった場所にもともとあった水は、変質した地盤の中を沈下以前とは違った様子で流れているか、あるいは地盤沈下以前のルートとは違うルートを経由して循環するようになったと考えなければなりません。図１－５は、関東域の地下水位の変化を観測値をもとに示しています。昭和50年代の地下水位がマイナス10メートル以下の地域は、東京都、埼玉県、千葉県、茨城県にまたがる東京湾の北部をぐるりと取り囲むような水色の領域（地下水位が地表から10メートル以下の領域）に広がっていましたが、平成20年には水色の分布が変形しています。これは約30年間に地下水の分布が変化していることを意味します。地

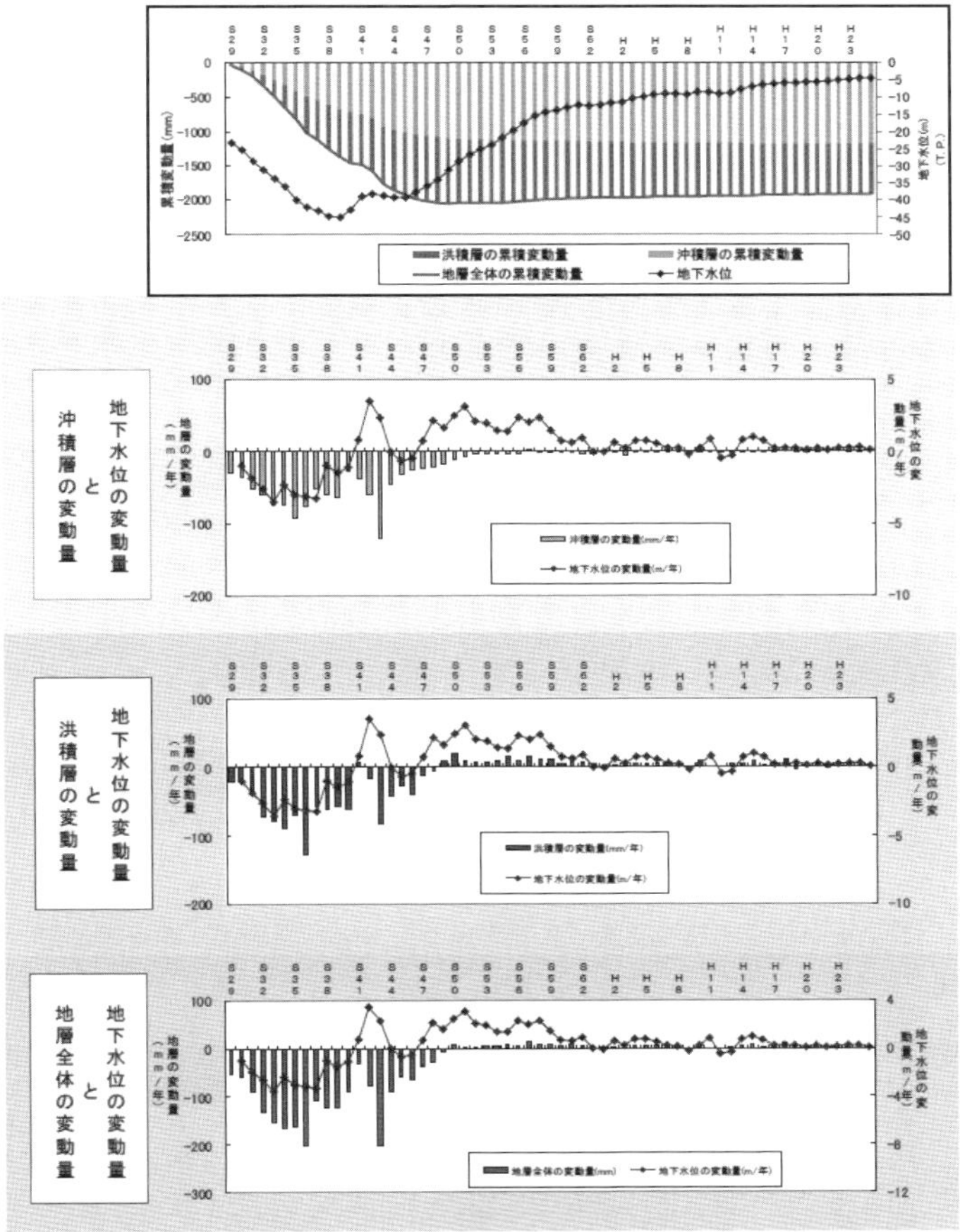

図 1-3　地盤と 地下水位の推移（江東区亀戸第 1）[3]（口絵）

（出典）東京都環境局「これからの地下水保全と適正利用に関する検討について」―平成 27 年度地下水対策検討委員会のまとめ―（平成 28 年 7 月 29 日）

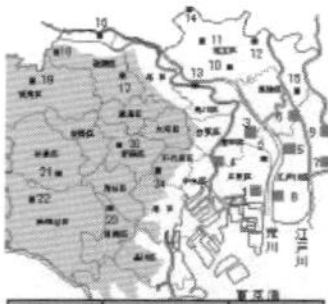

	観測地点名	地盤高 (T.P.) (m)
1	南砂町	−2.2
3	吾嬬	−1.0
4	両国	1.9
5	新江戸川	−1.6
6	小岩	2.5
7	江戸川東部	1.3
8	小島	0.1
9	篠崎	1.5

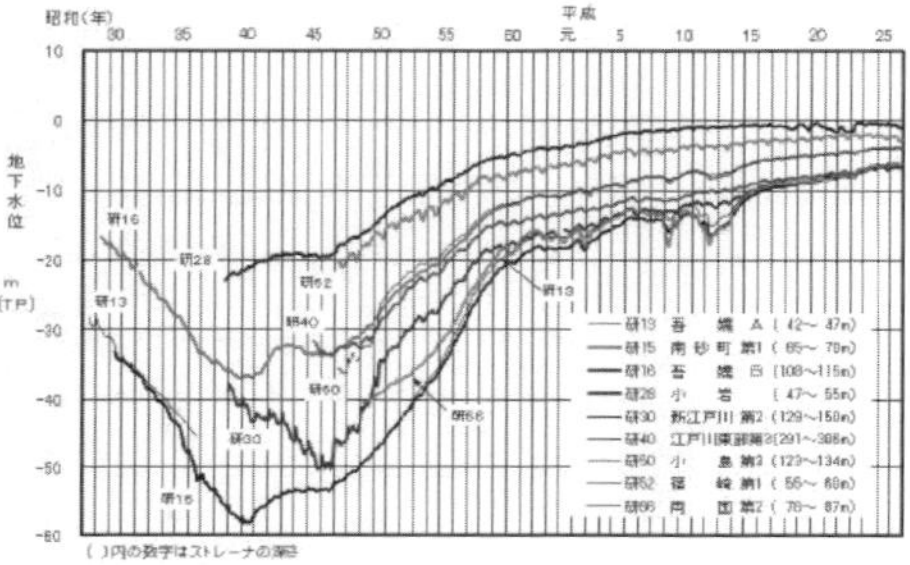

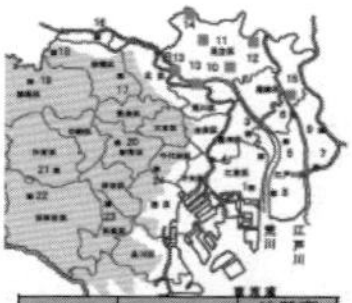

	観測地点名	地盤高 (T.P.) (m)
10	新足立	0.0
11	伊興	3.4
12	神明南	1.2
13	小台	1.5
14	舎人	3.4
15	高砂	1.3
	足立	
旧13	宮城	

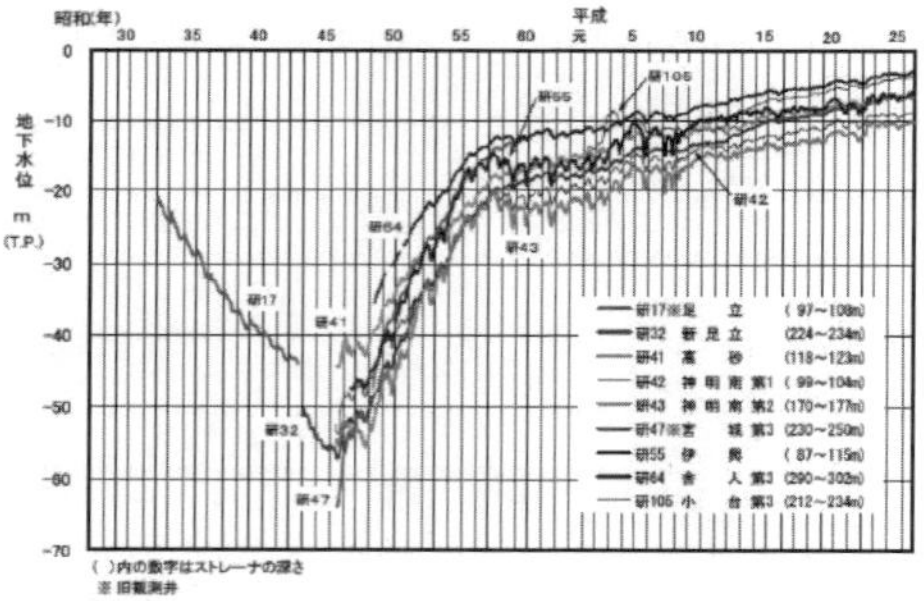

図 1-4　区部低地部の主要観測井の地下水位の推移 (5)（口絵）
（出典）東京都土木技術支援・人材育成センター「地盤沈下調査報告書」

下水の流れ方あるいは貯水のされ方が変化した原因は、先に述べたように人間活動によって地下水をくみ上げたことや、土地利用の変化により地表から地下に浸透する水の循環の様子が変わったことや、気候変動による降雨の変化もあるかもしれません。しかしながら、なぜこのように地下水の分布が変わるのか、その原因は未だ解明されていません。近年では地下水位の上昇に伴う地下構造物へのひずみを回避するために、過剰な地下水の適切な利用が課題となっています。これも人の活動

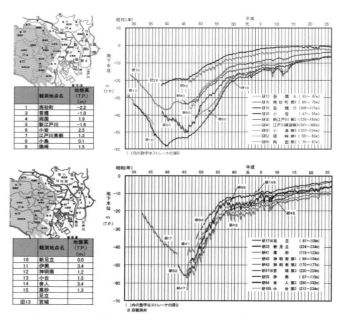

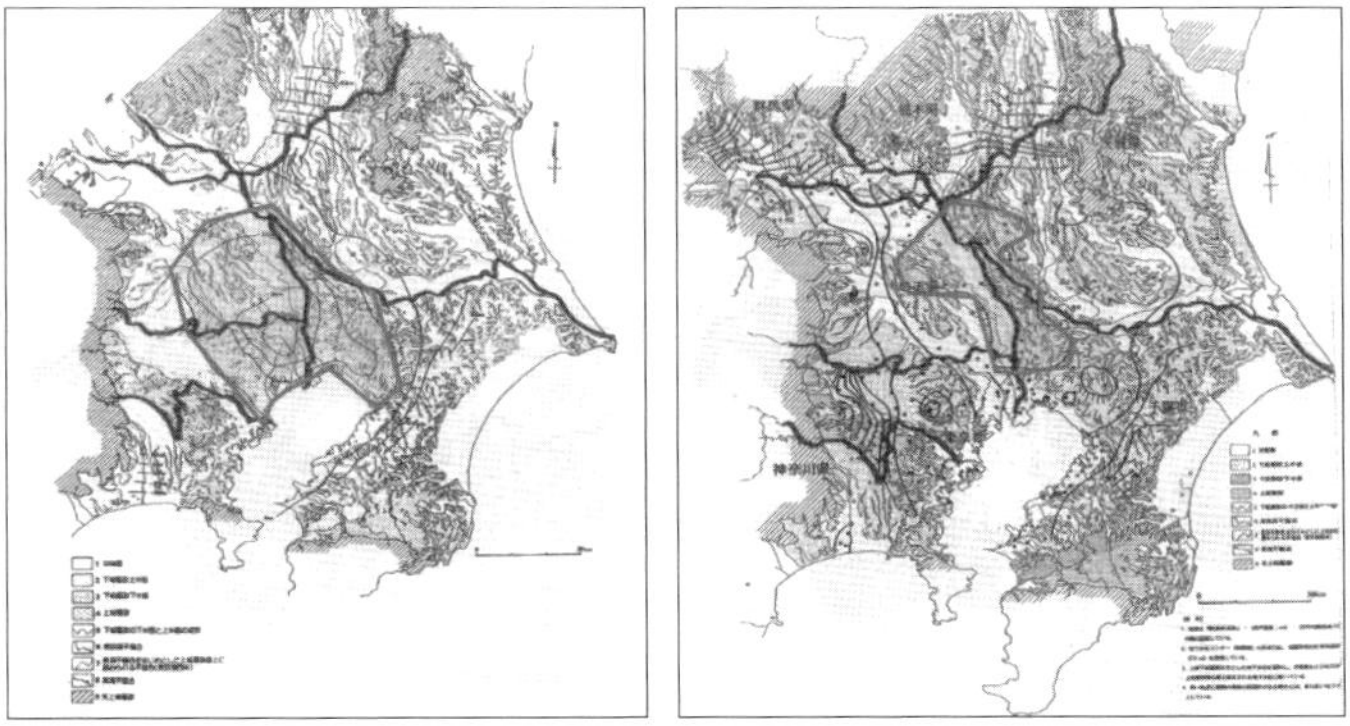

(a) 1975（昭和 50）年７月　　(b) 2008（平成 20）年７月

図 1–5　関東平野の地下水盆の地下水位分布の長期変化 [6]（口絵）

（注）図中の水色部分は、地下水位が－10m 以下の地域を示す。

（出典）関東地方知事会関東地方環境対策推進本部地盤沈下部会「関東地下水盆の地下水位分布調査報告書」平成 22 年３月

が水の循環を変える原因のひとつになっている可能性があります。人工的につくられた構造物は地下水の循環ルートに影響を与えます。どれくらいの量の水がどこからどのように流れてどこに流出するかは、人の活動や人工物の影響を受けながら、またその逆に地下水自体も地下の土壌状態に影響を与えながら、それらの相互バランスで決まるのです。

1・5　様々なスケールをもつ水循環 ―ほんとうはどうなっているの？―

水の循環は、いくつもの異なった時間スケールと空間スケールの循環が存在していると考えられています（図1－6）。例えば、水は海や陸の表面から蒸発して空中を上昇し、空では細かい氷や水蒸気として蓄えられ、それらが風に運ばれて移動し、移動した先の気温や湿度などが変化することによって雲をつくります。雲のひとつひとつは数キロメートルの大きさをもっていることが観測から知られています。雲の種類によってもその大きさや生成する速さなどが異なります。積乱雲は、数時間で数キロメートルの大きさまで発達して強い雨を降らして、雲としての寿命が終わります。この雲の生成、発達から終息までの一連の過程の時空間の大きさを積乱雲の時空間スケールといいます。高気圧や低気圧は、約1週間程度の時間スケールと1000キロメートル程度の空間スケールをもっているという言い方もします。

雲からは気温や湿度の条件が満たされると雨が降ります。陸上に降った雨は地表面を移動し、上下水道などの人工システムを通って河川や海に注ぎます。山間部に降った雨は地表面近くで集約され、数日をかけて海に注ぐことが知られています。河川から流入した雨水は淡水ですので、塩辛い海の表層部で数日から十数日程度で循環することも知られています。一方、地表面から地

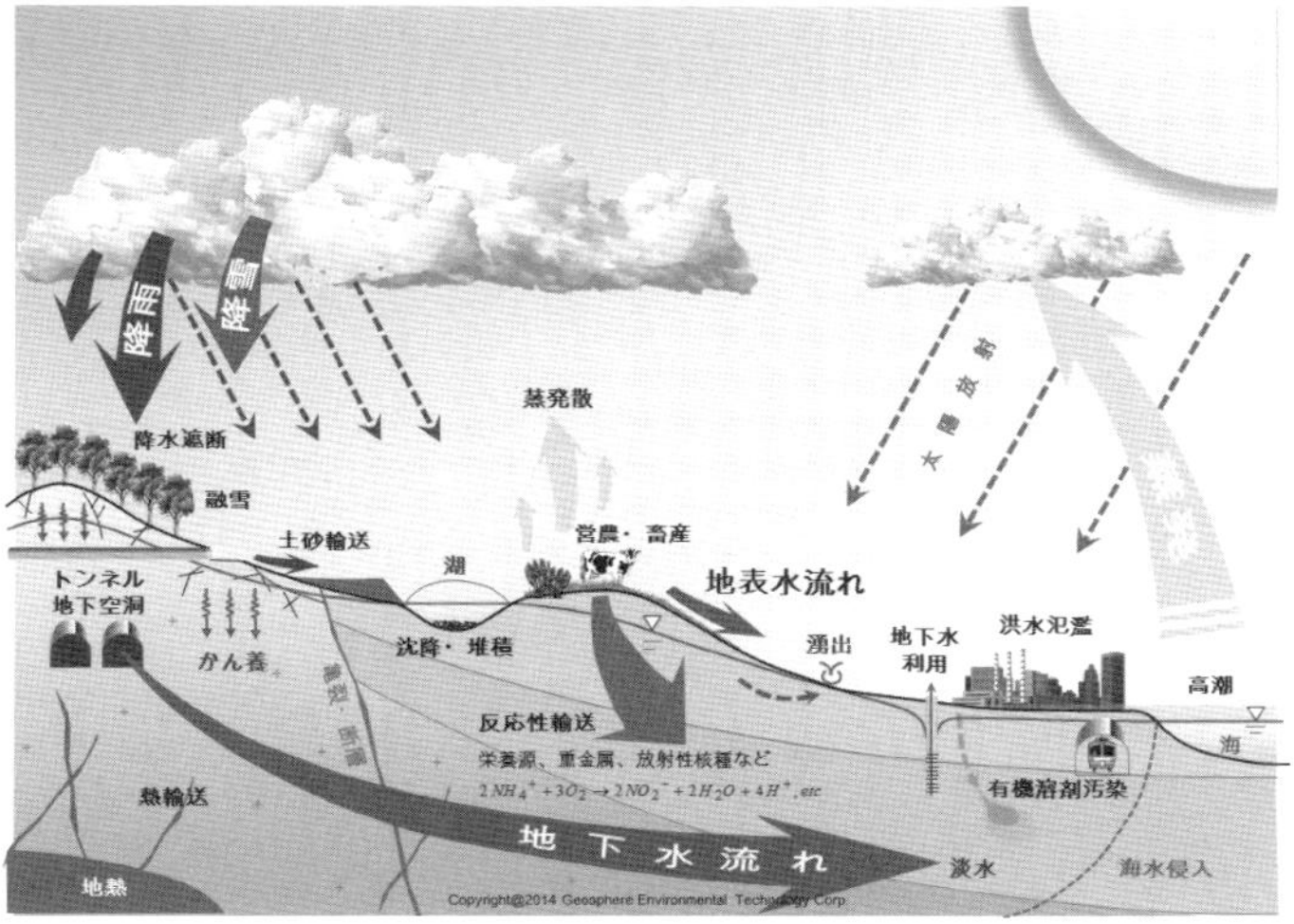

図1-6　水の循環の概念図（口絵）

下への浸透した水はその一部は地下水として流れ、長い年月をかけて地表面に流出したり、海底から湧き出たりします。海底から湧き出る淡水も海の中で時間をかけて循環します。水は循環のしかたによって循環にかかる時間や循環する空間の大きさが異なっているのです。すなわち、大気中の循環、地表面や海洋と大気の相互作用による循環、地下の循環など、複数の時間と空間のスケールが相互に関係しあって全体の水循環が構成されています。

日本では一年を通して季節ごとに水の循環のしかたが変化します。積雪がもたらす春先の雪解け水、そして夏から秋の梅雨、台風や豪雨がもたらす河川流量の増加などが知られています。このような自然の水の循環において、地面表層の水の循環は比較的捉えやすいのですが、地下に時間をかけて浸透し、地下水としてどこをどのように、どれくらいの時間をかけて流れ、物質や熱を水の流れとともに運び、どこでどのくらいの量の水が湧き出ているかについては、まだまだわからないことが多いのです。

すなわち、このような「自然の」水の循環に加え、人の活動による「人工の」循環も考えなくてはなりません。人の活動や産業活動は自然の水の循環の時間と空間のスケールに影響を与えます。先に述べたような工業用水や農業用水として利用される揚水は、地盤沈下などの原因のひとつとなり水の循環スケールを変えてしまいます。山林の伐採や里山の減少なども、自然の水の循環スケールに変化を与えますし、都市化による土地の利用の仕方の変化や、道路整備、雨水収集システムなどなど、人の活動が水の自然の循環スケールに影響を与えていると考えられる場面はとても多いのです。しかしながら水の循環の全貌が明らかになっていないのです。国土交通省や各自治体では、長年にわたって地下水の経年的な変化を監視しながら、必要な施策を実施しています。それらの施策の有効性やその有効性が将来にわたって保持されるのかは、水の循環の全貌をとらえた上で評価をする必要があります。自然と人工の水の循環とそれらの時間、空間スケールの関係性は、これから明らかにしていかなければならない多くのことが残されています。

１・６　シミュレーションによる過去の検証と将来予測

現代の水の循環を考えるとき、自然の水の循環だけでなく揚水のような人の活動も組み込んだ水循環全体を考える必要があることを述べてきました。また、将来の地球温暖化など地球環境の変化を考えるときにも、人為的な水の利用が自然の水循環に対してどの程度の影響を与えるのかについて、私たちの将来の暮らしを想定しながら考えていかなければなりません。自然の水の大循環のなかに人為的な水利用のプロセスを組み込んだシミュレーションができるようになれば、過去の水循環の再現と検証が可能になり、また将来の人為的な水利用を様々な条件としてシミュレーションプログラムに設定することによって、将来どのようなことが起こりうるかの予測も可能になります。

このようなシミュレーションを可能にするために、現在私たちは地球上の水の大循環を表現でき、複数の時間スケールと空間スケールを一度にシミュレーションできるような計算モデルを世界で初めて開発しました。具体的には、高層の大気（高さ約40キロメートル）から海底深さ５キロメートルまでの大気と海洋の循環に加えて、地上や地表面から地下の水循環を対象とし、雲や降雨や河川や海洋そして地表水と地下水全体の水の循環をシミュレーションの対象にします。さらに、水の循環のシミュレーションを行う際には、複数の時間スケールや空間スケールの循環の影響が重要となります。開発したシミュレーションプログラムではキーポイントと考えられる空間には解像度の高い計算格子を配置し、計算を更新する時間間隔を短く設定できるような計算手法を導入して、複数の時空間スケールを扱うことが可能となっています。

世界に先駆けて開発したこのシミュレーションプログラムは、地球上の水の循環メカニズムにおいてこれまで明らかにされていない課題についての解答を与えることができるようになります。例えば、山岳地に雨が降り、谷を流れ、山肌や森林を流れ伝わりながら河川に養分を供給し、さらには、地下に浸み込み、地下から湧き出ながら河口へと流れ、それが湾から外洋へ流れ込む水の一生を追跡することが可能になります。この水の一生をシミュレーションすることができれば、水がどこから、どのように変化しながら、どのような役割を果たしながら、循環しているかを明らかにすることができるでしょう。あるいは、地球温暖化が進んだ時に変化する降雨の量や場所が水の循環にどのような変化をもたらすのか、その可能性を示すことができるようになります。私たちはそのような変化にどう適応してゆくのか、その施策を予め検討することができるようになるでしょう。

私たちは、現在前述のような開発と研究を文科省センター・オブ・イノベーション（COI）プログラムで実施されている「世界の豊かな生活環境と地球規模の持続可能性に貢献するアクア・イノベーション拠点」（信州大学）のなかで進めています。最近の成果としては、前述のシミュレーションプログラムを活用して、地上の土地利用の用途の変化が周辺の水の循環に変化を

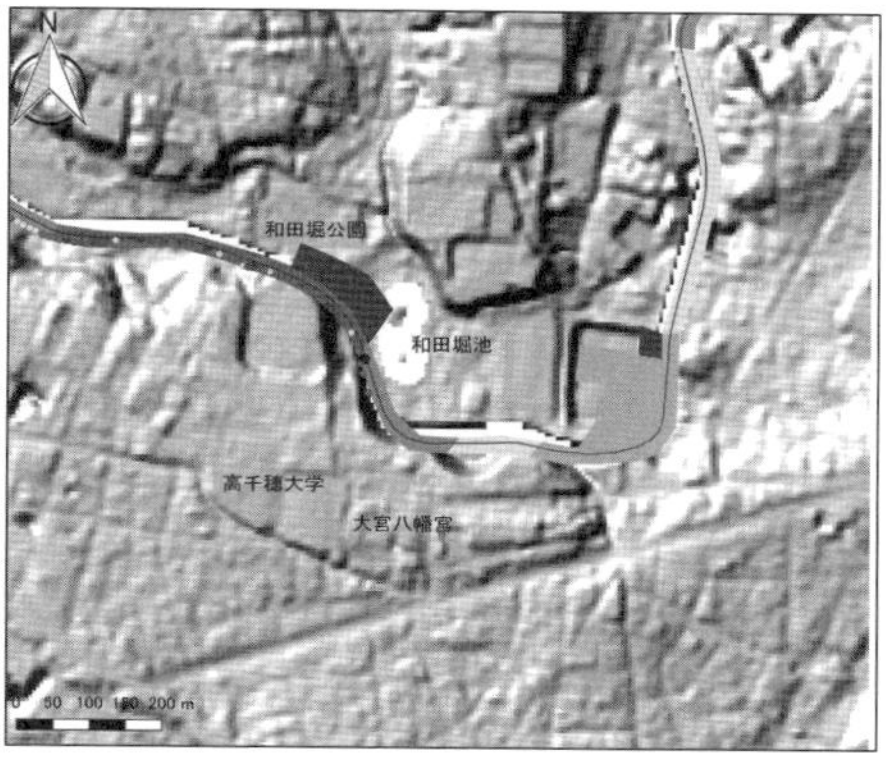

(a) 現在の土地利用における湧水量

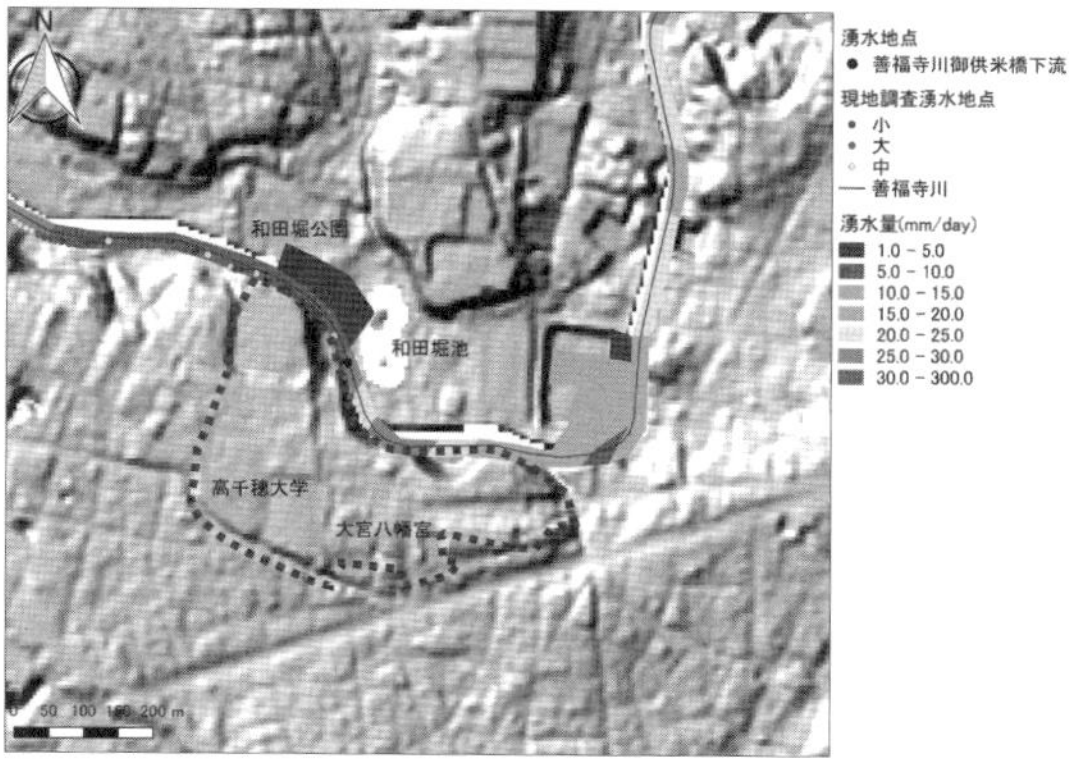

(b) 湧水量（青色点線域が不浸透域になった場合）

図 1–7　シミュレーションによって得られた湧水量の分布と観測結果（口絵）

図1–8　繰り返されるカリフォルニアの旱魃

もたらすことを示すことができました（図1－7、中央大学との共同研究）。これは、私たちが実行できる施策が自然の水の循環に影響を与えることを、非常に詳細なシミュレーションによって初めて示した成果です。このような成果をさらに発展させて、施策を実際に実施する前に、様々な施策の候補に対してシミュレーションし、得られた科学データを比較して最も効果的でコストのかからない施策を選定することが可能になるのです。

これらの取り組みが進めば、地球上の水の循環のシミュレーションが可能になり、日本の水だけでなく、世界のさまざまな地域の水循環をシミュレーションすることが可能となります。例えば、数年の周期で繰り返されているカリフォルニアの水不足（図1－8）の原因を突き止め、水循環の変動メカニズムを明らかにしたいと考えています。

1・7　極めて大切なデータの取得・保存・統合化

これまで述べてきたように、自然の水の大循環は、地球環境の変化がもたらす地域の気候の変化だけでなく、人為的活動の変化にも影響を受けています。自然と人間活動の変化に起因する環境変化が、将来にはどのような問題として出現するかを予め知ることは極めて重要で、様々な要因が関係し合うため、たいへん難しいのです。しかしながら、過去の変化の状況とそれに対する対処施策の効果を、経時的な観測データを注意深く解析することによって知ることができ、将来の予測に役立てることができる可能性があります。加えて、水大循環シミュレーションによる予測システムを稼働させ、施策効果の評価を行うためにも、信頼できる観測データが必要不可欠です。

地質や地下水系のデータは、都市域においては市街開発や宅地開発の際のボーリング調査などによって得られます。また汚染などによる公害の調査、工業用水や農業用水など産業に必要な水の確保のための調査や、地震予知のための観測井の地下水位の観測などによってもデータを得ることができます。加えて、航空写真やレーダや人工衛星による地表面水の観測や、重力波観測衛星による地下水の観測などがシミュレーションを支える根拠データとして活用されています。観測井やボーリングによる点あるいは鉛直方向の線的なデータだけでなく、面的なデータとして観測できる新しい技術開発も今後は必要です。

これらのデータは、現状では、省庁ごとに、市町村別に、目的別に、手法別に取得され、ばらばらに保存・蓄積されています。これらのデータに加えて、各時代の学術論文や水に関連するあらゆるデータを広範囲かつ精密に取得・蓄積・統合し、それらのデータをいつでも、どこからでも利用できるようにすることが、地球環境の実態と変化を知り、よりよい環境をつくっていくためには必要です。

現在、私たちが進めている革新的イノベーション創出プログラム（ＣＯＩ ＳＴＲＥＡＭ）「世界の豊かな生活環境と地球規模の持続可能性に貢献するアクア・イノベーション拠点」においては、１９７５年から２００５年までの約30年間の地下水の流動の変化を三次元的に把握するために、自然の大循環の中での揚水量の観測データを関東域全域でデータベース化しており、このデータベースを活用して大気、海洋、地下水系の連成シミュレーションによって、関東域の30年間の水大循環の変化の全体像を捉えようとしています。

1・8　予測から設計へ―日本の水・世界の水―

自然の水循環と人工の水循環はもともと切り離すことはできない水循環です。しかしながら、これまではそれぞれを切り離し、数理的に取り扱いやすいように抽象化し、あるいは管理する立場からモデル化し、それぞれをサブシステムとして考えて、それぞれの目的のために独立に議論することが行われてきました。このような方法は、むろん、これまでに一定の成果を上げてきました。一方で、近年、総合的な解決が求められるようになり、これを行おうとするとサブシステムにまたがる議論が困難であり、議論が進まないような状況を生みました。地球環境が変化し、人の活動の影響が大きな空間スケールに影響を与えるような現在の状況では、自然の水循環と人工の水循環を同時に、統一的に取り扱う必要がますます高まってきました。

例えば、国連砂漠化防止条約の対象となっているアフリカ諸国の旱魃の悪化や砂漠化の進行はよく知られています。カリフォルニアで繰り返される異常乾燥と異常湿潤による急激な切り替わりは「降雨むち打ち事象（precipitation whiplash events）」と命名され[7]、旱魃と洪水の災害を繰り返しもたらしています。砂漠化や旱魃、土壌の塩水化、そして極端な豪雨や台風の巨大化など地球の気候と気象の変化は、水の流動に変化をもたらし、それがまた気候と気象の変化に影響を与えると考えられます。さらに、途上国における森林伐採や放牧など、人の活動は水の流動だけでなく水質への影響も考えられます。

すなわち、我々は地球環境全体の中の一部として水循環を捉える必要があり、その水循環は自然の水循環と人工の水循環の相互関係から成り立っていることを忘れてはなりません。自然の水循環と人工の水循環の「最適な相互関係」とはどのようなものなのか、まだまだ議論の余地が残されています。人工的に水を管理するインフラの将来システムの開発は、地球の環境の変化やその地域における将来の水循環の変化を念頭に置いて進める必要があるのです。

水循環の変化は、１００年の単位ではなく数十年の単位で変化することが予想されています。そのため、地球全体と地域ごとの水循環の現状を把握し、将来像を予測して、水の循環を設計する必要があります。継続的な観測データの整備とシミュレーション技術の確立は必要不可欠です。これらの技術を確立することは、「日本の水」だけでなく、世界の様々な地域の水循環を把握し、改善することを可能にします。

革新的イノベーション創出プログラム（ＣＯＩ ＳＴＲＥＡＭ）「世界の豊かな生活環境と地球規模の持続可能性に貢献するアクア・イノベーション拠点」における研究開発において、我々は、変化する地球環境に先手をうち、自然の水循環と共生し、よりよい人工の水循環を自ら設計し構築するための指針を示していきたいと考えています。

参考文献

［1］ 新井正：『地域分析のための熱・水収支水文学』古今書院（２００４・２）

［2］ 気象庁ホームページ：https://www.data.jma.go.jp/cpdinfo/temp/an_jpn_r.html

［3］ 東京都環境局：「これからの地下水保全と適正利用に関する検討について」平成27年度地下水対策検討委員会のまとめ（平成28年７月）

［4］ 「工業用水法」「建築物用地下水の採取の規制に関する法律（ビル用水法）」「都民の健康と安全を確保する環境に関する条例（東京都環境確保条例）」

［5］ 東京都土木技術支援・人材育成センター「平成26年度地盤沈下調査報告書」（２０１５・７）

［6］ 関東地方知事会関東地方環境対策推進本部地盤沈下部会「関東地下水盆の地下水位分布調査報告書」（平成22年３月）

［7］ Daniel L. Swain, Baird Langenbrunner, J. David Neelin & Alex Hall, Nature Climate Change, vol. 8, p. 427–433 (2018)

第2章　流域水循環を追いかける

登坂　博行

2・1　水の大循環から流域水循環へ

地球表面の大気圏、水圏、地圏という気・液・固体が見事に分かれた3圏を通る水の流れが「水の大循環」（The Great Water Cycle）である。「大循環」という言葉は、大海から発した水がはるかな旅の後、いつかは大海に戻ることを表している。

地圏にもたらされた水が山岳から平野を流れ最終的に海に戻る動きを「流域水循環」と呼んでいる。流域水循環は、そこに住む人間や生物に生きるための必須の恵みを与え、同時に大きな災いももたらす。人間文明が高度に発達した今日でも、水資源を手に入れ、水環境を保持し、水の災害を防ぐことは、我々の社会存続の基本命題である。

本章では、特に流域水循環における水の動きに関して概括的な紹介を試みる。我々は地圏内部の状態をこと細かに知ることは不可能であるが、流域という場の成り立ちや、水の動きの因果の連鎖を科学的に理解すると、かなり鮮明な水循環像が見えてくるはずである。

2・2　流域水循環と3次元流域システム

〝流域〟は、海面上に出ている陸域地形が、主に水の作用によって穿たれてできた集水システム（河川網）である。小さな1本の谷筋（1次の支流）は周囲にそれに応じた集水域をもち、それらが2次、3次と階層的につながり大きな河川網へと構成され、最終的に海に出る1本の主流ができる。流域の境界となる尾根のつらなりは極めて不規則な線となり、河川網にも様々なパターンが元の地形や地質に応じてできる。図2－1は岩手県・小本川（二級水系）の流域界と水系を描いたもので、約700平方キロメートルの流域面積を持ち、比較的一般的な水系パターンをしている。

流域は、衛星画像や地図上では2次元的に見がちだが、鉛直方向に見ると、図2－2のように地下深部まで続く「地質システム」を基盤とした大きな3次元構造をしている。地質システムには、地殻変動（隆起・沈降）や、火山活動（溶岩、火砕流、火山灰などの堆積）、水循環に伴う浸食・運搬・堆積作用などを通して構成された地層があり、その内部には地表から浸透した地下水や、古い時代の海水、天然ガスや原油などが包蔵されている。

実は、流域境界とは地表水の集水境界であり、地下水にとっては同じ位置にそのような境界があるわけでもないので、その辺を頭に入れておく必要がある。

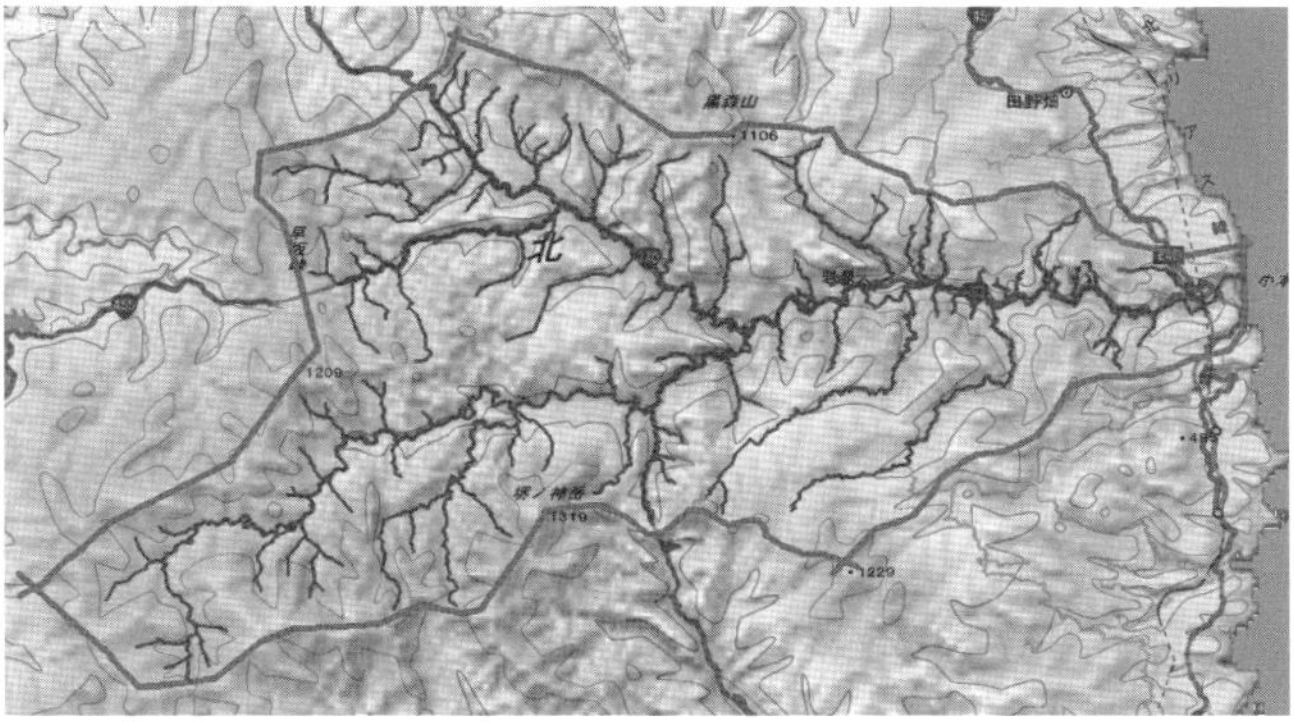

図 2–1　流域と水系の例（岩手県・小本川）

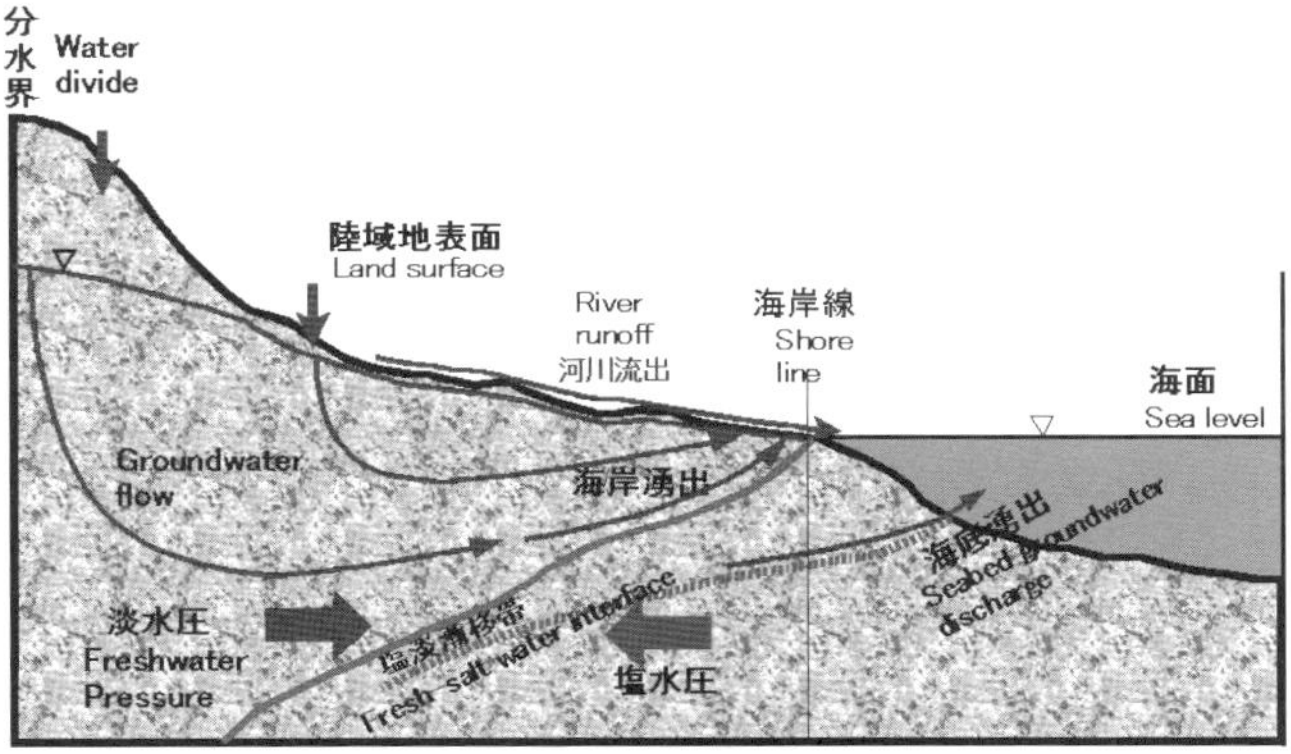

図 2–2　流域の断面の概念図

2・3　流域水循環の基礎知識

流域の水の流れは、地球の重力場の下で、隣り合う2点の水塊のエネルギーの差（勾配）と流体の物性、土壌・岩石の物性に応じて引き起こされる。ここでは、簡単に基礎となる点のみを紹介しておきたい。詳しくは登坂（2006b）[2]を参照願いたい。

2・3・1　水のエネルギー

水（流体）のエネルギーを水理学的に考えると、ベルヌーイの定理により

全エネルギー＝位置エネルギー＋圧力エネルギー＋運動エネルギー

となる。位置エネルギーは当該点の基準面からの高さ（標高）が高いほど大きく、圧力はその点の上に乗っている流体の柱の高さに相当し、運動エネルギーは速度の大きさ（慣性力）によるものである。

流れの駆動力は全エネルギーの差（より正確には勾配）であるが、実際の流れは、流体の粘性や通路の摩擦によるエネルギー損失がある中で起こる。エネルギーに差があっても、実際に流れるかどうかは媒体の通しやすさにも依存するのである。

$$v = -\frac{R^{2/3}}{n}\sqrt{\left|\frac{\partial z}{\partial x}\right|}\, sgn\left(\frac{\partial z}{\partial x}\right)$$ （運動波近似）

$$v = -\frac{R^{2/3}}{n}\sqrt{\left|\frac{\partial z}{\partial x}+\frac{\partial h}{\partial x}\right|}\, sgn\left(\frac{\partial z}{\partial x}+\frac{\partial h}{\partial x}\right)$$

（拡散波近似）

$$R = \frac{Wh}{W+2h}$$ （径深）

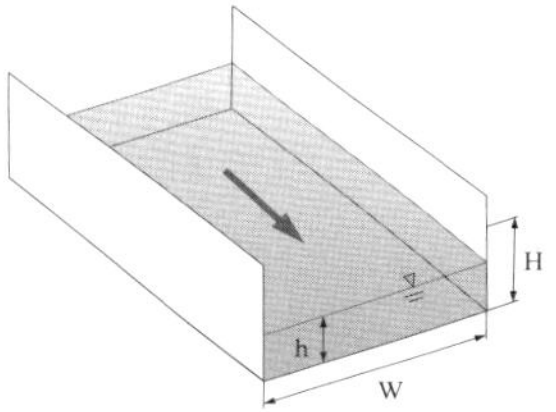

R：径深（hydraulic radius）、n：粗度係数、z：河床標高、h：水深、sgn（　）：カッコ内がプラスなら1、マイナスなら－1）

図2–3　水路の流れの近似式

2・3・2　河川の流れ

自然河川は、河床内の乱雑さ、蛇行、砂防ダムなど人工施設があり、流れは極めて複雑になるように思われるが、流量の予測ではあまり細かなことは必要ない。一般に、道路わきの側溝のような水路中の流れと同様に考えられる。

　水路では水塊の重力による下方への力と、水路の壁面の粗さによる摩擦力のバランスした状態の流れが起き、図2－3に示したような、マニングの平均流速公式で速度が表される。水路の粗さ（マニングの粗度係数）は河川などの表流水が流れる時の固体表面の抵抗を表すもので、値が大きいとざらざらしていて摩擦抵抗が大きいことを示す。実験的に材料ごとに表2－1のような値が与えられている。

2・3・3　土壌・岩石中の地下水流れ

　土壌や岩石は多孔質媒体と呼ばれ、流体を内部の粒子間のすき間や亀裂などに貯留し、通過させる性質がある。間

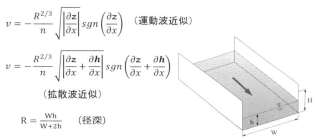

表 2–1　水路および一般表面のマニング係数（本間仁、水理学、丸善を改変）

水路の種類	材　料	粗度係数
暗　渠	コンクリート	0.012～0.018
	鋼鉄	0.010～0.014
	排水土管	0.011～0.017
土　壌	木（カンナ仕上げ）	0.010～0.014
	モルタル	0.010～0.014
	コンクリート＋砂利底	0.015～0.020
	コンクリート 3 面仕上げ	0.012～0.017
	石積み側面＋モルタル目地	0.017～0.030
仕上げなし水路	土の直線水路	0.018～0.028
	砂利の直線水路	0.022～0.030
	岩盤	0.025～0.040

一般地表面のマニング係数
- ＊森林などの土壌面、下草のある面、田畑など：1～10 など大きい値が使われる。
- ＊都市部（側溝を含めた舗装面）は水路と同じような値を使う。
- ＊これらの値は必ずしも物理的に与えられるものではない。

隙体積を全体積で割ったものを絶対間隙率、その中でつながっている間隙のみを考えたものを有効間隙率という。一般的に表２－２のような値が目安となる。柔らかい森林土壌１リットルはその中には水を７００ccほど含むことができ、地下水帯水層となる砂岩１リットルは内部に２００～３００cc程度水を含むことができる勘定となる。

土壌や岩石の内部の間隙はつながっていて、水や空気が通り抜けられる。その速度は地下水のエネルギーを、

地下水の全エネルギー＝
位置エネルギー＋圧力エネルギー

と考え計算される。地下水の流速は河川流より極めて遅いため、速度エネルギーを無視した形である。

表 2-2　土壌・岩石の間隙率と透水性の目安

媒体	絶対間隙率のおおよその範囲	有効間隙率	備　　考
土壌	0.8～0.5	左値よりやや小さい	突き固めの程度による
砂礫	0.4～0.2	左値よりやや小さい	
砂層	0.3～0.1	左値よりやや小さい	粒度が均一なほど大きい
泥岩	0.4～0.3	0.1 程度以下	孤立した小さな間隙が多くなる
花崗岩体	～0.05～	左値よりやや小さい	新鮮岩体は極めて小さい。風化・割れ目の程度による
割れ目等	～1.0	充塡物による	開口したもの、充塡物のあるもので異なる
間隙の圧縮率	固結度の低い土や岩石などは間隙圧力の増加で膨張しやすく（10^{-8}～10^{-10} Pa^{-1}）、固結度の高い堆積岩や新鮮な火成岩は極めて小さくなる		

$$v = -k\frac{\partial H}{\partial x}$$ （1）水の流れ

$$v_{\mathrm{p}} = -\frac{K}{\mu_p}\frac{\partial \Psi_p}{\partial x}$$ （p = water or air）　（2）一般流体の流れ

$$v_{\mathrm{unsat}} = -\frac{Kk_{rw}}{\mu_w}\frac{\partial \Psi_{\mathbf{w}}}{\partial x}$$ （3）不飽和流れ

k：透水係数（m/s）、H：全水頭（m）、K：浸透率（(m^2)、μ：粘性係数（Pa・s）、ψ：水理ポテンシャル（Pa）、krw：相対浸透率（－）

図 2-4　地下水流れのダルシーの法則

流れの速度はダルシーの法則により、図2－4の式（1）、式（2）で表される。水の通しやすさを透水係数と呼び、空気や液体に対する透しやすさを一般的に浸透率（permeability）と呼ぶ。両者の値の目安を表2－3に示した。

地下浅部で間隙中に空気が入りこんでいる所を水が浸透するときは、不飽和浸透と呼ばれ、速度式は図2－4の（3）式のように修正される。水理ポテンシャルには土壌や岩石の間隙が有する毛管効果（毛管圧力）が考慮される。詳細は登坂（2006b）[2]を参照いただきたい。

地下水のエネルギー状態は、井戸掘削（ボーリング）によって井戸の中に出てくる地下水面の標高値が表している。これを全水頭ともいう。何本か井戸を掘り、地下水面の位置を比較すれば、流れの方向を推定することができる。しかし、地下水は3次元的に分布するため、地質状態をよく考えねばならない。図2－5の右側の不圧井戸は地表から浸透できる地層で井戸の水位は不圧帯水層の水位を表している。他方、図2－5の中央付近の井戸はより深くの低浸透の地層を突き抜けた被圧帯水層の水位を表している。両者は地質的に切り離されているので、比較してはいけないのだが、地下が見えないため両者の間に流れがあるかのように推定してしまう危険性があるので、注意せねばならない。

2・3・4　蒸発散

図2－6のように、蒸発は太陽輻射、風・気温・湿度の影響のもとで、海面、河川・湖沼水面、

表 2-3　土壌・岩石の浸透性の目安

媒体	透水係数 (cm/s)	絶対浸透率 (m^2)	備　　考
砂　礫	～10^{-1}～	～10^{-10}～	高透水性
土　壌	～10^{-2}～	～10^{-11}～	森林土壌などの一般値
砂　層	～10^{-3}～	～10^{-12}～	異方性がある
石灰岩	～10^{-4}～	～10^{-13}～	バグ・フラクチャーの存在
花崗岩体	～10^{-5}～	～10^{-14}～	風化・割れ目の程度による。異方性
泥　岩	～10^{-6}～	～10^{-15}～	異方性有
割れ目、断層	～10^{0}～10^{-6}～	～10^{-9}～10^{-15}～	充填物により大きく変化
	20℃を仮定		

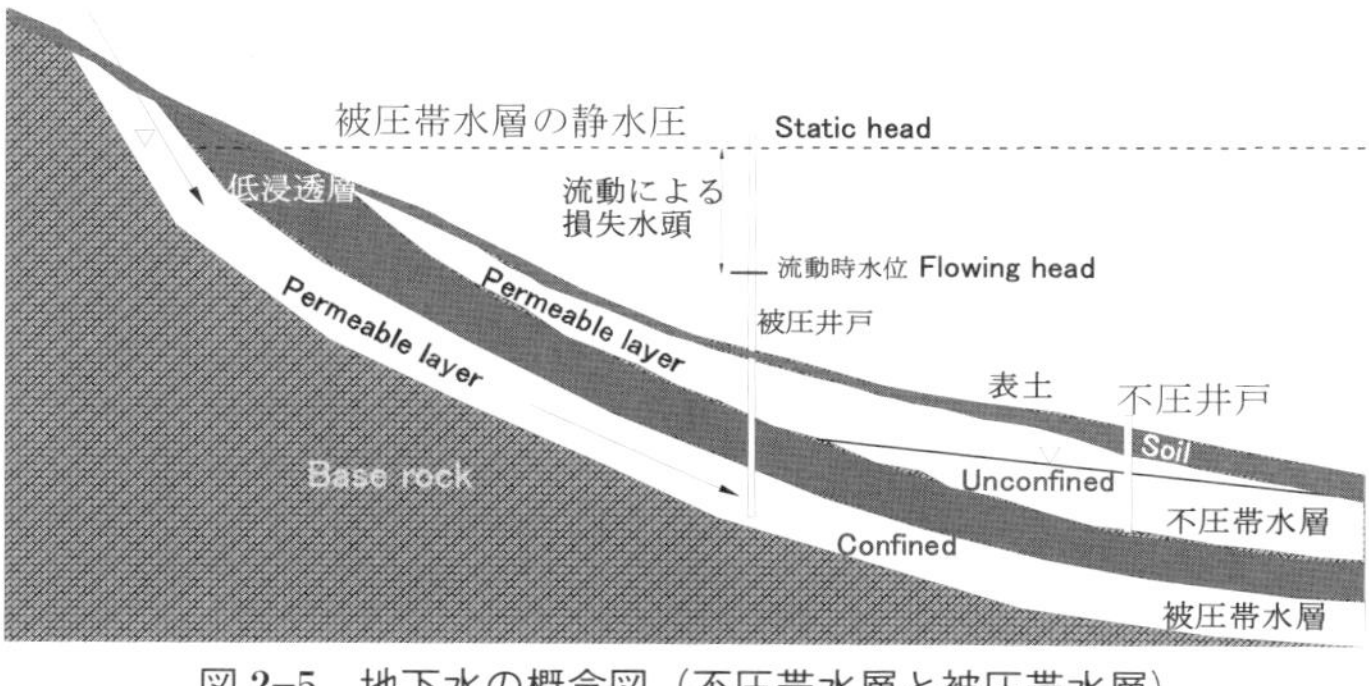

図 2-5　地下水の概念図（不圧帯水層と被圧帯水層）

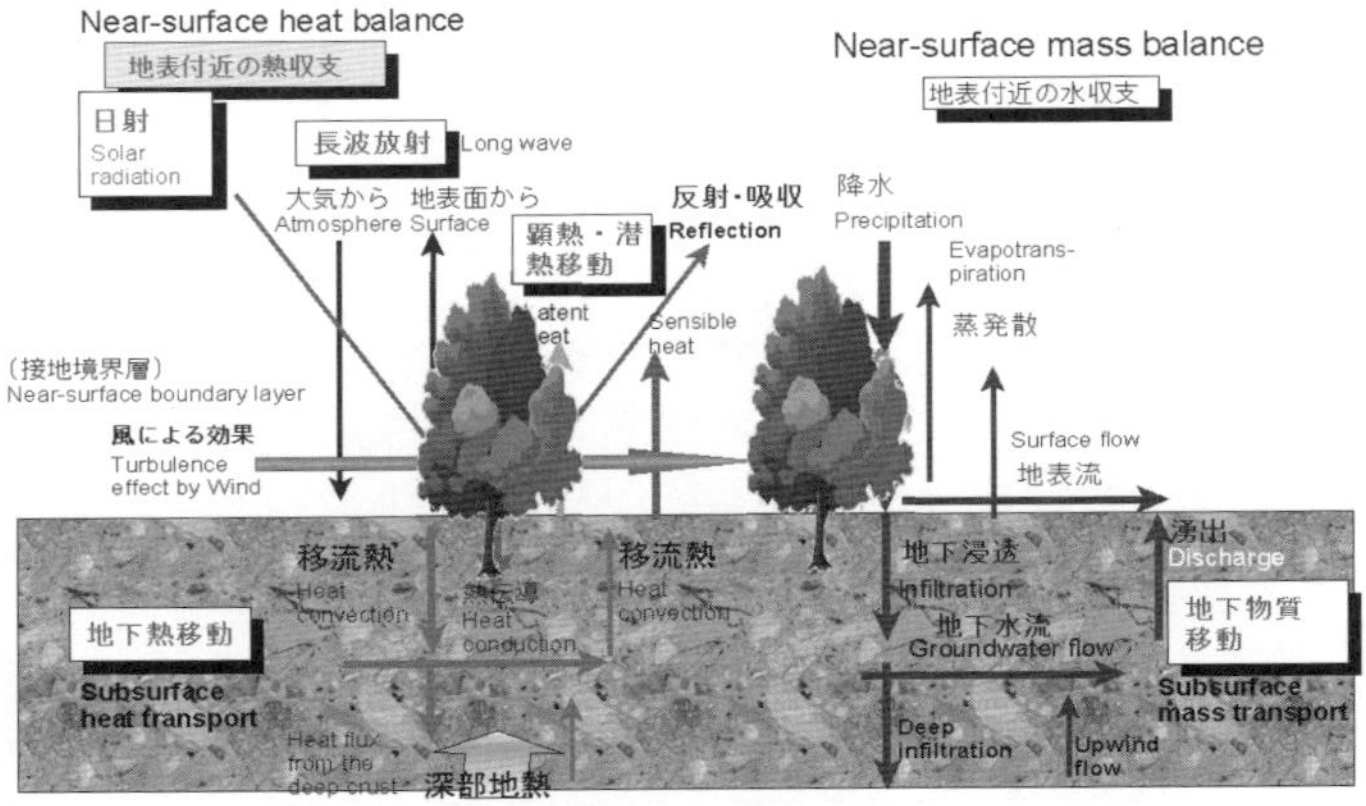

図２−６　自然の場の蒸発散プロセス（口絵）

樹体葉面や草の表面、リター表面、水でぬれた土壌・岩石表面などあらゆる水のある場所で起こる。蒸散は、植物体の根系から吸い上げられた水の葉面気孔からの蒸発である。

蒸発量は蒸発パン（水を張ったたらい状の装置）による計測や、水田や畑地では作物種に合わせて様々な観測が行われており、水面や植物からの蒸発散量を平均気温や日射時間から推定する経験式や物理式がいくつかある（登坂、２００６ｂ）[2]。

２・４　流域水循環プロセスを概観する

流域水循環は２次元的ではなく、それよりはるかに大きな３次元的なものである。容易に全体を知ることはできないが、前節までの基礎知識と、地質学的観点を入れながら、降雨から始まる流域の水の動きを、上流山岳部から河口まで概観してみよう。

2・4・1　流域全体に起こるプロセス

(1) 降水入力

大気圏から地圏に注がれる水の量(降雨、降雪)は、気象庁の全国観測点(アメダス)の長年の平均値を取ると、年1600ミリメートル程度と言われる。大まかにみると、九州・沖縄など南方では1700~2500ミリメートル程度、東京付近で1500~1700ミリメートル程度、北海道は900~1200ミリメートル程度である。季節的には、多くの地域で4月~10月に多く、11月~3月は少ない(積雪地帯では多い)。

流域の降水量は、蒸発散と河川の河口流出、地下水の海岸部流出の和とほぼ等しくなり、年々歳々似たような状態に戻るサイクルが働いていると考えられる。

なお、降雨のアメダス観測点は密なところでも10~20キロメートル程度離れており、山岳高地にはおかれていないなど、降水入力値自体の空間的・時間的不確実性はかなり大きかった。近年は、XRAIN(XバンドMPレーダー)と呼ばれるレーダー観測が実用化し、250メートル四方の雨量が1分ごとに測られ、5分程度で配信されるようになった。空間分解能の向上により、今後の洪水予測や水資源量評価などの信頼性が改善すると期待される。

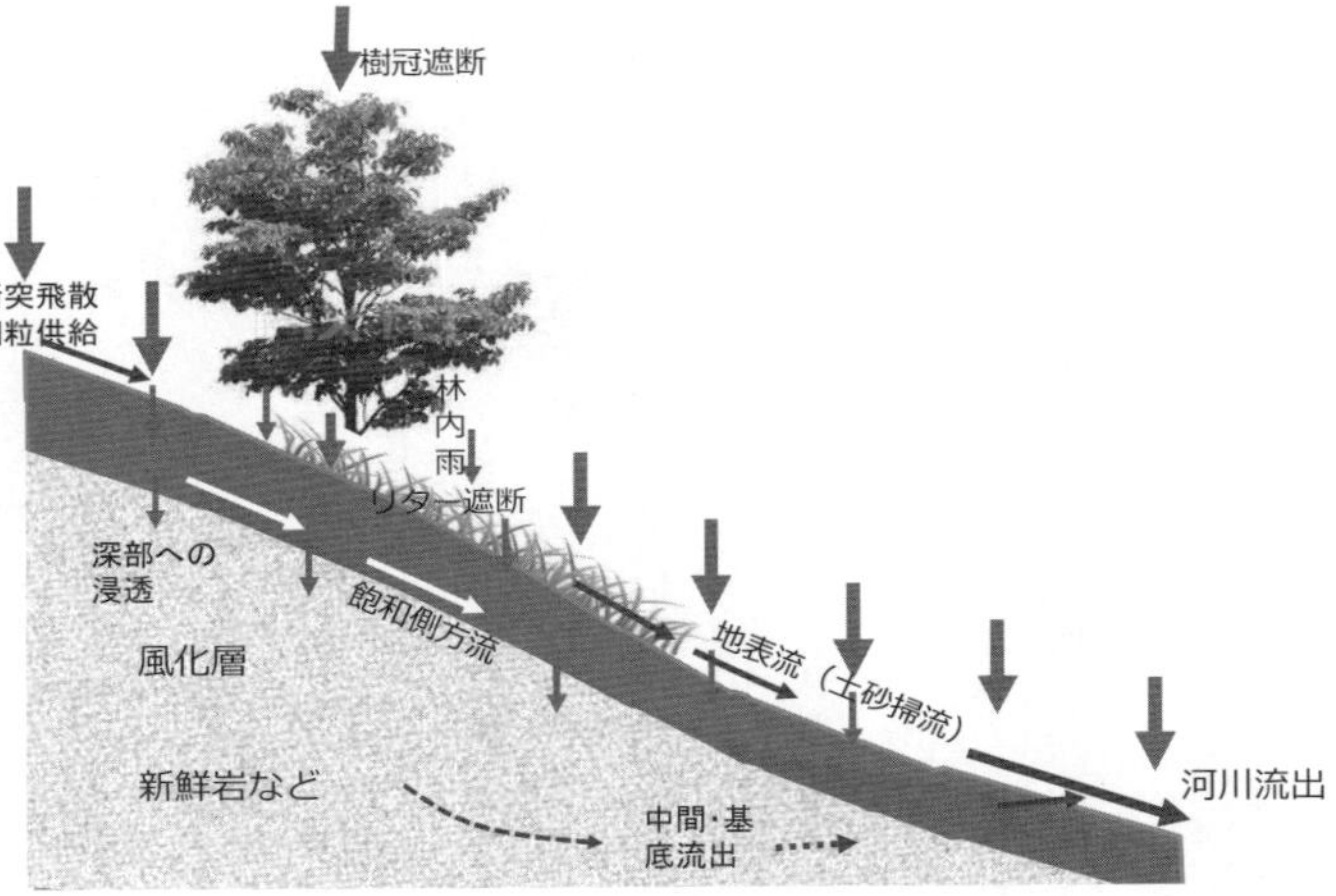

図 2–7　斜面に起こる流動

（2） 樹冠遮断・リター遮断・人工物の遮断

図２－７は山岳地の森林斜面の様子を示したものである。樹体は夏場などの活性期であればその葉面にいくらかの雨を捉え、それ以降の水循環から取り除く。これを樹冠遮断といい、広葉樹の場合の方が針葉樹より遮断量が大きい。これは、森林の中にいるとよく経験することである。やがて、木の幹を通じた樹幹流が根元に供給され始め、林内にも雨水の通過が始まる。

　雨水が下草や枯れ葉（リターという）などで覆われた森林地面に到達すると、ここでもある程度捉えられて直接蒸発するので、河川流出や浸透には寄与しない分となる。

　これらの遮断量は、多数の観測事例によれば（例えば、塚本（１９９２）[4]）、樹冠遮断量とリター遮断の合計は、樹種や季節にもよるが、降雨開始後10～20ミリメートル程度、年降水量の

20％程度と考えられる。

都市部では、舗装面や建物に遮断されたものが下水道から河川に入り、その分は地下浸透から取り除かれる。住宅地では屋根から樋を通じて地面に入り込む場合も多く、必ずしも遮断されるわけではない。

（3）蒸発散

流域内で、1本の大木やある広さの水面から1日にどの程度蒸発散しているかを測ることはまず不可能である。ましてや流域全体での計測はできない。流域蒸発散量を概括推定するためには、いくつかの経験式を使い計算することができる。また水収支法というのがあり、小さな流域（大学の演習林など）で、例えば1月1日～12月31日までの降雨量と河川流出量を計測し、1年間で地下水の状態が最初の状態に復帰したと仮定して、

累積蒸発散量 ≒ 累積降水量 − 累積流出量

として推定される。

蒸発散のおおよその見積もりとしては、日本の場合は沖縄・九州などでは降水量の4～5割程度、東京などでは3割程度、北海道などの寒冷地では2割程度が大気中に戻ると考えておくとよい。

2・4・2　山地における水の動き

(1) 山地斜面における水の動きと河川流出

地形の起伏が激しい山地部では、谷筋の流れも速く、山体の地下水位分布も地形起伏や地質に応じて多様な形をとる。

降雨が山地に入ると、図2－7のように斜面において、地表流とごく透水性の高い地下浅部側方流が生じ、谷筋には渓流が発生する。これが時間的に早い流出（直接流出）となり、河川の流量を増大させる。その後、多少遅れた流出（一旦地下に浸透したやや遅れた供給）、基底流出（地下の自由地下水面より下の水が河川に湧き出る現象）により、一般に図2－8のような非対称な形（急激な上昇とやや緩やかな減退）をとることが多い。

雨の日には小さな沢にもある程度水が流れるが、降りやむと流れはやがて消失する。より大きな渓流は雨が降らなくても流れ続ける。枯れない渓流は、それより上の山岳地に貯めこまれたエネルギーの高い地下水が、基底流出としてじわじわ湧き出して流量が維持されているのである。

(2) 地表水と地下浸透・湧出

地表面で雨滴は斜面に沿う地表流と地下浸透の二つの方向に分けられる。弱い雨の場合は透水性の良い地面に重力と毛管効果により引き込まれ、全量が地下浸透するであろうが、雨が強くな

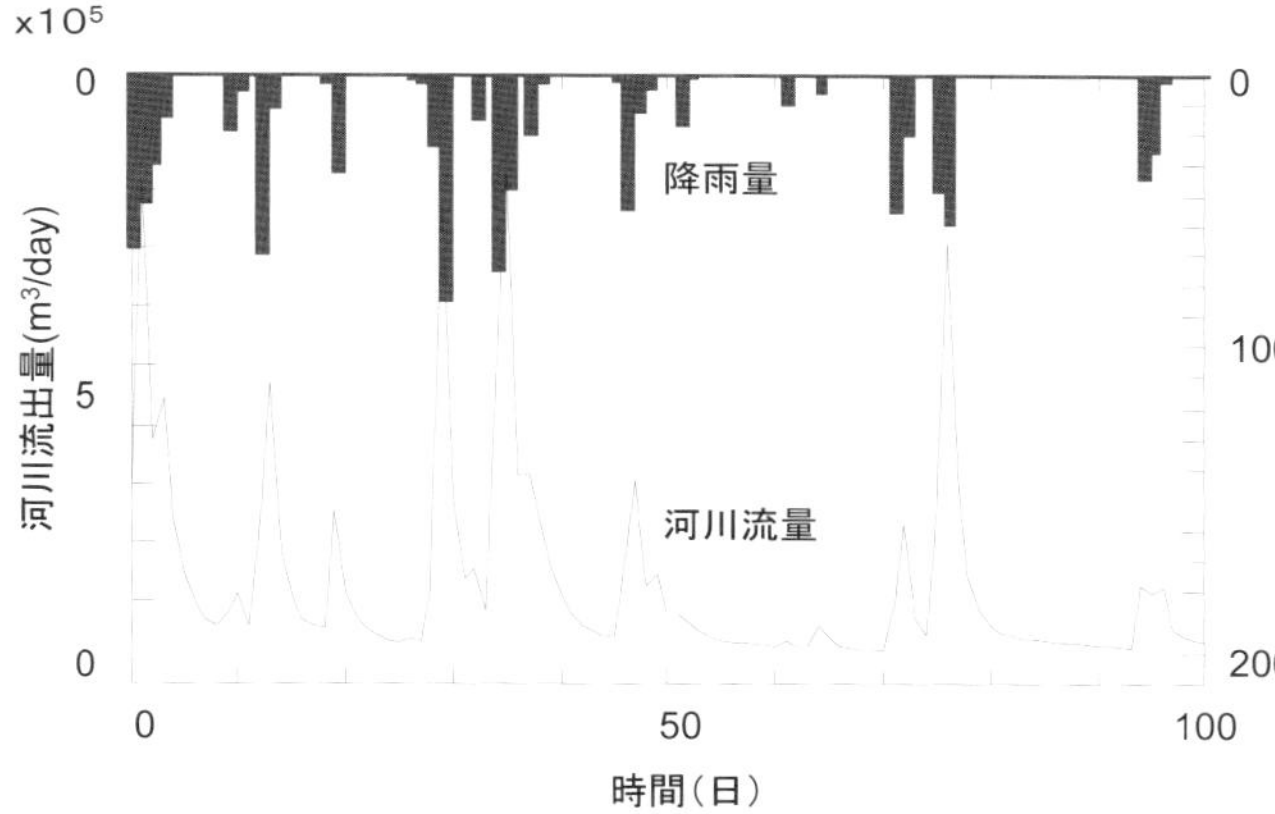

図2–8　降雨と河川流量の変化の様子

り地下も飽和してくると、浸透しきれない水は地表流として流れ始める。地下浸透した水は、地下浅部の空気の入った不飽和帯を流下し、自由地下水面に向けて下方に浸透を続ける。

山地全体を見ると、地形と地質の複雑さに起因する複雑な地下流動系ができると考えられる。例えば、図2–9は房総半島の互層状態を模擬した地表に雨を与えて計算した結果である。谷筋が浸透した水の湧き出しの場となり、尾根付近で浸透したものが遠くの谷筋に湧き出るような流れや、深い地下に移動する動きも見える。このような流れは人間の頭では想像が難しいが、数値解析によってはじめて可視化できる。

(3) 山岳地の浸食・マスウエイスティング

山岳地は、絶え間ない水流が谷を徐々に浸食し、時たまの豪雨が斜面を崩す、いわゆる浸食の

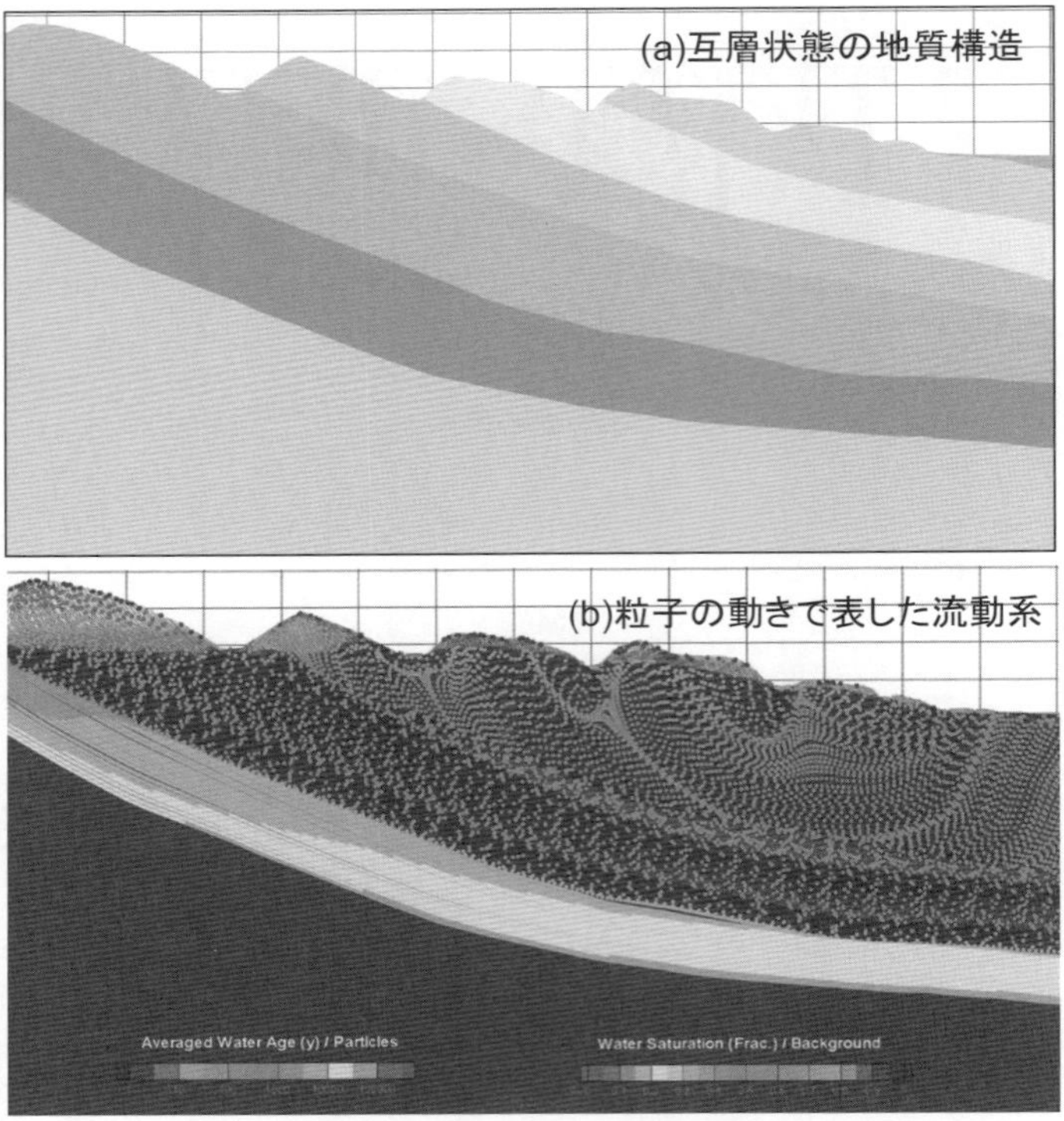

図 2–9　山地の地下にできる地下水流動系の例

場・マスウエイスティング（固体が下方に落ちて位置エネルギーを減らすこと）の場である。地下浸透した水は、透水性の高い表土層と浸透性の悪い地層の境界付近で溜まり、水圧上昇により地層間の摩擦を減少させ崩壊を誘起する。崩壊後の土砂は渓流の掃流力によって土石流化し河川に入り込み、下流に運ばれることになる。

２・４・３　山岳地から平地へ

上流山岳地から平地に流出する河川は、前項の斜面崩壊で生じた大量の土砂を伴い、一気に平地への出口一帯に氾濫し、地質時代にわたって何度も扇状地を作り続けてきた。ここ２００万年～１万年ほどの間の氾濫堆積物を洪積層、１万年～現在までのものを沖積層と呼ぶ。

図２－10（ａ）は日本の北アルプスからの河川が平地に出る場所に作った扇状地の様子である。水は扇頂から扇央部に礫や砂を落とし、次第に細かい粒子を扇端部にかけて堆積する。扇頂の位置はあまり変わらないが、洪水のたびに河道は位置を変えつつ粒度の一定しない厚い不規則な堆積層を作ってゆく。水は扇央付近までは伏流し、扇端付近で湧き出し、下流に流下する。

何々盆地と呼ばれる場所は多数あるが、これらの場所には周辺山地からの扇状地が多数みられ、良い地下水帯水層を伴うことが多い。図２－10（ｂ）は東京・埼玉のある武蔵野台地上の扇状地地形を示している。ここは、洪積世に多摩川の扇状地として発達した地域で、厚い扇状地層が富士山の火山灰を挟みながら出来上がっており、現在は台地（洪積台地）となっている。

(a) 北アルプスから平地への出口にできた扇状地

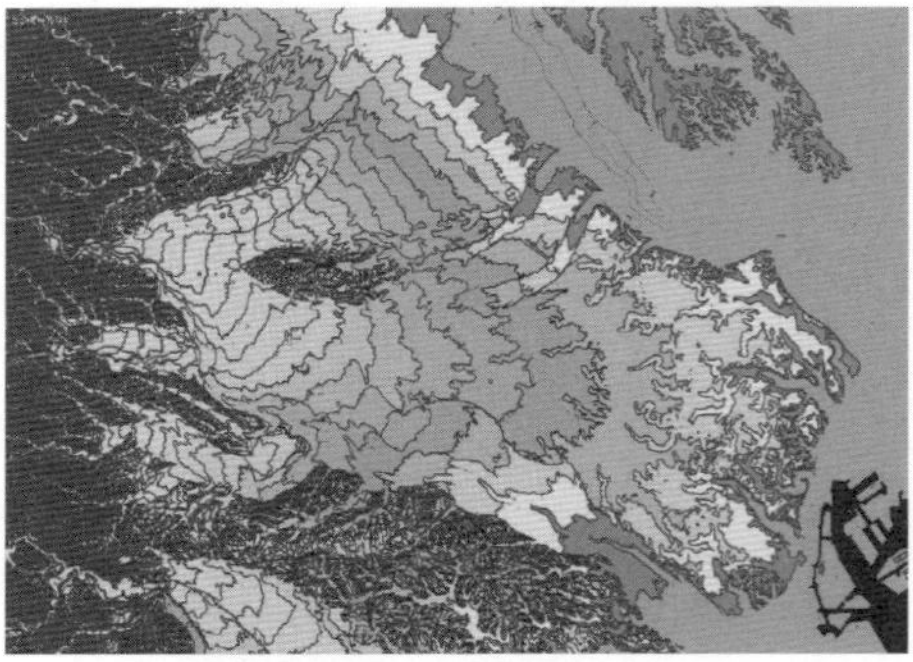

(b) 武蔵野台地の扇状地形

図 2–10　洪水が作る扇状地地形（カシミール 3D により作成）

水循環は水を動かすとともに、地下を3次元的に創造するという所作を営々と行っている一面も忘れないようにしたい。

2・4・4　平野における洪水氾濫と地下水

(1)　洪水氾濫

平野に入った河川は、地質時代を通じて、時として蛇行しながら側方浸食するとともに、流路周辺に氾濫により堆積層（氾濫原）を作り続けてきた。扇状地は、いわば点源から広がる形で堆積するが、氾濫原は線源から広がる点で形が異なる。河床は一般に平野部よりも低いが、氾濫のたびにできる自然堤防は周辺より高くなり、それを越えて氾濫が繰り返される。土砂が河床に堆積し、周辺平地より河床自体が高い天井川もあり、常時河川から地下水が周囲の地下に供給されている場合もある。

自然河川は大なり小なり豪雨時には「暴れ川」となるが、文明が進むたびに山岳地でダムが整備され、平地で堤防が作られ、新たな氾濫原堆積層を作れるほど暴れることはできなくなった。

(2)　地下水

現在見られる広い平野（例えば、関東平野、濃尾平野など）、あるいは盆地内の平野の地下はどのようになっているのであろうか。平野は低地であり堆積の場である。地質時代に海底にあって周辺山岳地の土砂を受け入れて地層が積み重なっていった場所が隆起・陸化、沈降・海没を繰り返して、ある時期に陸化した後、陸成氾濫層が覆っている状況が考えられる。例えば、関東平野の基盤（250万年ほど前の海底面）は、ボーリングや物理探査結果によれば、深度3000～3500メートルまで達するところもあるらしい（林ら（2006））[3]。この上に、海成層や陸成層が厚く載って現在の状態になっているのである。

以上のことから、平坦な場所の地下には厚い堆積層があり、地下水を貯めるに適した砂礫質の地層やそれを覆う泥岩などが何層にも積み重なっていることを想像したい。

2・4・5　河口・海岸部での回帰

水は河口や海岸部で流出して海へ回帰する。河川はその主役として、流域降水量の大半を海に運び込む。人間の使った水も下水処理場から河川に放流され、海に戻る。また、河川は陸域を削った土砂を豪雨時洪水流により河口まで運び、その後海底に堆積層を作る。さらに、海底には地震などで海底扇状地が作られることがある。

地下水の回帰はやや複雑である。沿岸部地下には海水と淡水の両者が押し合う境界が形成されていると考えられ、これを塩淡境界（塩淡漸移帯）と呼ぶ（図2－2）。沿岸部での地下水位が低い場合には海水が陸側地下に入り込み、淡水はこの帯の上部を上昇し沿岸部に湧きあがり海に流出する。逆に、沿岸部の地形が高く地下水位も高い場合には、淡水の圧力が海水を押し出し、海底に淡水地下水が湧出する現象が起こる。

浸食・運搬は陸を常に削り、海底に地層を作る営々としたプロセスであるが、海底の地層がプレート運動で再び陸にくっついてくる現象がある。日本列島はそのような固体の循環も加わってできているのである。

2・5　まとめ

本章では、流域水循環を山地から海岸まで駆け足で概観した。我々は、流域水循環をより明確に捉える努力を重ねながら、関連する様々な問題に対処できるように生活圏を設計してゆかねばならない。流域水循環に関わる問題としては、例えば

・気候変動下における流域水・土砂災害の防災・減災対策
・表流水と地下水を含めた一体的流域水資源利用と管理
・都市の人工系と自然を調和させた未来都市水環境設計

などがあろう。

本書の第Ⅱ部には、より具体的な事例や大気・海洋・地圏に関する数値シミュレーションの内容が紹介される。流域は人間の知識・経験のみでは捉えがたい時空スケールやプロセスを持つか

ら、様々な調査・観測と共に、計算機によるシミュレーションが生活圏デザインの定量的情報として役立つものと期待される。

参考文献

［1］　登坂博行：『地圏の水環境科学』東大出版会（２００６ａ）
［2］　登坂博行：『地圏水循環の数理』東大出版会（２００６ｂ）
［3］　林広樹、笠原敬司、木村尚紀：関東平野の地下に分布する先新第三系基盤岩類、地質学雑誌11（１）、２－13（２００６）
［4］　塚本良則（編）：『森林水文学』文永堂出版（１９９２）

第3章　水循環と都市計画

梛野　良明

3・1　はじめに
―「水循環」はわが国の都市計画制度に反映されているか―

平成26年（2014年）水循環基本法が議員立法により成立した。「水循環」「健全な水循環」という語句が法律に定義されるなど、「水」といえば、治水や利水、水質保全など水環境に関する政策が中心に行われてきたことを考えれば、隔世の感がある。

水循環基本法以前は、平成5年（1993年）に成立した環境基本法に基づく環境基本計画（平成6年（1994年））の中で環境政策の一環として水循環が記載されていたが、水循環基本法の成立により、新たな国の総合政策として水循環施策が進められることになった。

そのような中で、人口が集積し、環境への負荷が大きい都市において、健全な水循環の確保という視点は都市行政の中でどれだけ位置づけられてきただろうか。都市における代表的な法制度として、都市計画法があるが、制度的に明確に位置づけられているとは言えないだろう。

都市計画法においては、「水循環」という語句は見られず、水に関係する規定としては、災害防止など都市の安全性の確保に関する視点、都市計画基準において配慮すべきとされる「自然的環境の整備または保全」の一つとしての視点など限定的である。

現在の都市計画法は、昭和43年（１９６８年）に制定されている。都市への人口集中による無秩序な市街地の拡大の防止、公害からの生活環境の保全などを政策目標に掲げる当時としては、都市環境保全のために、健全な水循環を確保する、という視点はかなり遠い政策課題であったことだろう。

この章では、①環境全般に関する基本法である環境基本法において水循環がどのように位置づけられてきたか、②水循環基本法の具体的内容について、③都市計画制度における水循環の考え方や取り組みの現状、④水循環基本法の成立を踏まえた今後の都市計画制度における水循環の展開と課題などについて述べることとする。

3・2　環境基本法において水循環はどのように位置づけられてきたか

平成5年（１９９３年）、環境基本法は、環境問題に関する諸状況の変化や地球環境問題への関心の高まりなどを背景に成立したが、公害対策基本法や自然環境保全法などで対応してきた環境政策を一元化したものでもある。その経緯からも、水に関する施策は公害問題なども踏まえた閉鎖性水域の水質保全など「水環境」が重視される傾向があった。

環境基本法第14条（施策策定の指針）においては、「人の健康が保護され、及び生活環境が保全され、並びに自然環境が適正に保全されるよう、大気、水、土壌その他の環境の自然的構成要素が良好な状態に保持されること」とされ、自然的構成要素の一つとして「水」が取り上げられている。しかし、国の具体的施策として、水質汚染に係る環境基準の規定などはあるものの、「水循環」に関しては法文上の規定はない。「水循環」についての具体的記述がみられるのは、翌年閣議決定された環境基本法第15条に基づく環境基本計画においてである。

環境基本計画は、国の環境保全施策の総合的かつ計画的な推進を図るため、総合的かつ長期的な施策などを定めるものであり、概ね6年ごとに社会経済状況の変化に対応し、見直しが行われてきている。最初の計画が閣議決定されて以降、現在に至るまで、第5次にわたり策定されているが、「水循環」に関する記述について、簡単に整理してみたい。

（1）第1次環境基本計画（平成6年12月閣議決定）

「循環」「共生」「参加」および「国際的取組」を環境政策の長期的な目標とするとともに、「環境は、大気、水、土壌及び生物等の間を物質が循環し、生態系が微妙な均衡を保つことによって成り立っている」、という基本認識を示し、水環境への負荷により物質循環が損なわれることを防止することの重要性が述べられている。

具体的には、施策の展開の一つに、水環境の保全が挙げられ、「健全な水循環の確保」についても言及されている。その中で、水質などの環境基準の達成のほか、水源涵養、雨水貯留、水環境への負荷をかけない施策が記載されている。しかし、全体的には水質の保全など水環境の保全に重点が置かれている。

(2) 第2次環境基本計画（平成12年12月閣議決定）

「わが国の環境の状況」の中で、水環境については、人間活動の都市への集中と都市域の拡大などにより、不透水性域の拡大、水源涵養機能の低下がみられ、水質、水量、水辺環境に問題が生じており、健全な水循環が損なわれている状況が指摘されている。また、水環境の保全については、水質に加え、水量、水生生物、水辺地も視野に入れた「水循環」の視点が重要であり、健全な水循環の確保に向けた施策の展開を求めている。

「環境保全上健全な水循環の確保に向けた取組」の中で、「場の視点」からの取り組みに比べて、水環境や地盤環境を水循環との関連において捉える、いわば「流れの視点」からの取り組みは必ずしも十分ではなかったことを指摘し、「人間社会の営みと環境の保全に果たす水の機能が適切なバランスの下に共に確保され、自然の水循環の恩恵を享受し、継承しうるような政策の枠組みを構築し、環境保全上健全な水循環の確保という視点に立った施策展開を図ること」を重要な課題としている。そして施策の基本的方向として、流域を単位とする健全な水循環の構築に向けた計画の策定の必要性にも言及している。

（3）第3次環境基本計画（平成18年4月閣議決定）

環境政策の具体的な展開の一つとして、第2次環境基本計画と同様に「環境保全上健全な水循環の確保に向けた取組」の中で、「流れの視点」の取り組みの重要性が継続して述べられている。取り組み内容としては、第2次計画の考え方が踏襲されたものとなっており、施策の基本的方向の中で、流域全体を通じて、貯留浸透・涵養能力の保全・向上を図り、湧水の保全・復活に取り組むほか、地域の特性を踏まえた適切な地下水管理方策の検討、水辺地の保全・再生の取り組みが述べられている。

（4）第4次環境基本計画（平成24年4月閣議決定）

本計画についても、第2次計画からの考え方が踏襲され、水環境の保全を進めるに当たっての「流れの視点」の取り組みの重要性を改めて指摘している。

また、水質、水量、水生生物など、水辺地の問題は相互に深く関連し、互いに影響を与えているとの認識の下、特に水生生物などや水辺地の保全についての一層の取り組みを進めていくこと、人々の水への関心をより一層高めていくこと、流域の関係者の間で目標となる望ましい水環境の姿を共有することなどが課題としている。

（5）第5次環境基本計画（平成30年4月閣議決定）

健全な水循環を維持し、または回復するための施策を包括的に推進していくことが不可欠とした上で、水循環基本法の成立を踏まえ、水循環に関する渇水・洪水・水質汚濁などの様々な課題の解決に向けた取り組みを開始する機運が高まっていること、水循環基本計画に基づく様々な取り組みを推進することなどを記述している。

このように、環境基本計画における水循環について整理してみると、第2次環境基本計画以降、水循環、特に流域の視点が強調されるとともに、人間社会の営みと環境の保全に果たす水の機能が適切なバランスの下に共に確保されること、自然の水循環の恩恵を享受し、継承しうるような政策の枠組みを構築し、環境保全上健全な水循環の確保という視点に立った施策展開を図ること、という考え方が基本になっている。水は循環し、その循環システムが良好な状態で維持されるためには流域単位で管理すること、人間社会の営みと環境保全のバランスを図りながら施策展開することなど、水循環基本法に反映されていく思想である。

第3次、第4次と進む中で、流域単位の計画策定の取り組みの進捗と地域の特性に応じた貯留浸透・涵養能力の保全・向上など具体的な施策の進展もあり、水循環基本法制定の機運は徐々に形成されていったものと考えられる。

水循環基本法の制定を踏まえた第５次環境基本計画に至り、同法の基本理念などが反映され、これに基づく取り組みの推進にかかる記述となっている。

また、地下水に関する記述も拡充してきており、地下水管理の重要性が高くなってきていること、水循環と関連して、水生生物などや水辺地の保全など生態系保全の視点なども重視されてきていることにも留意すべきだろう。

３・３　画期的な水循環基本法の成立

３・３・１　水循環基本法の成立

前述のとおり、議員立法による水循環基本法が平成26年（２０１４年）４月２日に公布、７月１日に施行された。

水循環基本法は、参議院、衆議院全会一致で成立したが、水関係の学識経験者そして超党派の国会議員による水環境議連＊、省庁間連絡会議等行政も含め、多くの関係者の永年の努力による成果でもある。

水循環基本法の制定理由はその前文において端的に述べられており、以下に概略を示す。その内容は、水循環に対する国としての基本認識を示すものといえる。

まず、「水は生命の源であり、絶えず地球上を循環し、大気、土壌等の他の環境の自然的構成要素と相互に作用しながら、人を含む多様な生態系に多大な恩恵を与え続けてきた」「水は循環する過程において、人の生活に潤いを与え、産業や文化の発展に重要な役割を果たしてきた」とし、水の恩恵および水循環の役割について述べている。

一方、「近年、都市部への人口の集中、産業構造の変化、地球温暖化に伴う気候変動等の様々な要因が水循環に変化を生じさせ、それに伴い、渇水、洪水、水質汚濁、生態系への影響等様々な問題が顕著となってきている」とし、水循環を巡る現状を指摘している。

そして、このような現状に鑑み、「水が人類共通の財産であることを再認識し、水が健全に循環し、そのもたらす恵沢を将来にわたり享受できるよう、健全な水循環を維持し、又は回復するための施策を包括的に推進していくことが不可欠」であるとし、この法律を制定した理由としている。

＊例えば、超党派の国会議員で構成される水制度改革議連の活動などが挙げられる。(http://mizugiren.blue/member/)

３・３・２　水循環基本法の要点

次に、水循環基本法の要点を別表に示す。

この中で「水循環」「健全な水循環」が法律上定義されたこと、水の公共性、流域の総合的管理などが基本理念として位置づけられたこと、水循環政策本部が設置され、行政の総合化、一元化が図られていること、水循環に関する調査・科学技術振興、水循環に関する国際的連携の確保などについても規定されていることなど、水循環施策を展開する上で画期的かつ総合的な内容となっている。

３・３・３　水循環基本計画

水循環基本計画は、水循環基本法第13条に基づき、水循環に関する施策の総合的かつ計画的な推進を図るため平成27年（２０１５年）７月に策定された。

水循環基本計画の中で、「水循環に関する施策は、それぞれ個別の目的や目標を持ちつつも、施策を推進する関係者間で水循環に関わる様々な分野の情報の共有が不十分」とあるように、水循環に関する施策は総合性に欠ける部分があったことを指摘している。そして、法の制定を踏まえ、水循環政策本部が水循環に関する施策の総合調整を行うとしている。

また、「水が国民共有の貴重な財産であり、公共性の高いもの」とした上で、持続可能な地下

別表　水循環基本法の要点

定義（第2条）	（水循環）水が、蒸発、降下、流下又は浸透により、海域等に至る過程で、地表水、地下水として河川の流域を中心に循環すること。
	（健全な水循環）人の活動と環境保全に果たす水の機能が適切に保たれた状態での水循環。
基本理念 （第3条）	・水循環の重要性（水は、水循環の過程において、地球上の生命を育み、国民生活及び産業活動に重要な役割） ・水の公共性（水が国民共有の貴重な財産であり、公共性の高いものである） ・健全な水循環への配慮（水の利用に当たっては、水循環に及ぼす影響が回避され又は最小となり、健全な水循環が維持されるよう配慮されなければならない） ・流域の総合的管理（流域に係る水循環について、流域として総合的かつ一体的に管理されなければならない） ・水循環に関する国際的協調（健全な水循環の維持又は回復が人類共通の課題である）
水循環基本計画 （第13条）	政府は、水循環に関する施策の総合的かつ計画的な推進を図るため、水循環基本計画を定める。
基本的施策 （第14条～ 第21条）	・貯留・涵養機能の維持及び向上 ・水の適正かつ有効な利用の促進等 ・流域連携の推進等 ・健全な水循環に関する教育の推進等 ・民間団体等の自発的な活動を促進するための措置 ・水循環施策の策定に必要な調査の実施 ・科学技術の振興 ・国際的な連携の確保及び国際協力の推進
水循環政策本部 （第22条～ 第31条）	水循環に関する施策を集中的かつ総合的に推進するため、内閣に水循環政策本部を置き、当該本部の長には、内閣総理大臣を充てる。
水の日（第10条）	水の日を8月1日とする。
年次報告（第12条）	年次報告を国会に提出しなければならない。

水の保全と利用を推進するためには、地下水の利用や挙動の実態把握などから始める必要がある、として地下水の保全と利用についても言及している。

なお、水循環事務局において、平成28年度より、健全な水循環のための流域マネジメントの更なる普及と活動の活性化を図ることを目的に、全国各地において策定されている水循環に関する計画などの内容を確認し、水循環基本計画に基づく「流域水循環計画」に該当する計画については、「流域水循環計画」として認定・公表している（平成30年8月時点で、全国で29計画が認定・公表）＊。

「流域水環境計画」の認定箇所は拡大しており、水循環に対する施策が進捗していることの証左として評価されるところであるが、これらの計画が都市計画など具体的な土地利用計画または個別事業などに今後どのように反映されていくかが課題であろう。

なお、水循環基本法の制定にあわせ、「雨水の利用の推進に関する法律」が同時に議員立法により成立し、平成26年（２０１４年）５月に施行されていることにも留意しておきたい。雨水貯留など雨水の利用の重要性を指摘し、雨水利用を推進する法律が成立したことは意義あることである。

＊流域水循環計画をはじめ、水環境に関する国の総合的なサイトが開設されている。
内閣官房水循環政策本部事務局　https://www.cas.go.jp/jp/seisaku/mizu_junkan/index.html

3・4　都市計画法における水循環に関連する規定について

前述のように、現行都市計画法において「水循環」に関する直接的な規定はない。都市計画法は、人口および産業の都市集中に伴い、市街地の無秩序な拡散を招き、このことが公害の発生など都市環境の悪化と公共投資の非効率化の弊害を生じたという問題認識に基づいている。都市計画の課題として、健全な水循環の確保は政策的に優先するものではなかった。しかしながら、水に関連する規定は、以下のように部分的には見ることができる。

3・4・1　都市計画基準

都市計画法第13条（都市計画基準）において、「都市計画区域について定められる都市計画は、（中略）当該都市の健全な発展と秩序ある整備を図るため必要なものを、一体的かつ総合的に定めなければならない。この場合においては、当該都市における自然的環境の整備又は保全に配慮しなければならない。」とされている。この「自然的環境の整備又は保全に配慮」という語句は、平成12年（2000年）の法律改正時に追加されたものであるが、都市計画の立案に当たって、自然的環境への配慮が義務づけられたという点で重要な規定といえる。水に関しては、次に示すように、自然的環境に含まれるものとして考えられるが、水循環について特に明示されるものではない。

法律の運用の指針である「都市計画運用指針（平成13年4月18日　国土交通省）」において、「自然的環境の整備又は保全について」の記述がある。この中で、都市におけるその意義が述べられ、「都市における自然的環境は、植物とこれが存する空間と水系の複合機能により美しい景観を形成し、（中略）自然とのふれあいの場となり、野生生物の生息・生育環境を確保している。」とあり、水系なども含めた緑地などの自然的環境の整備または保全の重要性を述べている。

また、その基本的考え方として、緑地の有する環境保全、レクリエーション、防災、景観形成などの諸機能を効果的に発揮するよう定めることが重要であり、都市計画区域マスタープラン（都市計画法第6条の2に規定される都市計画区域の整備、開発及び保全の方針）に都市の緑の将来像を位置づけ、これに即して個別の都市計画を定めるべきであるとしている。さらに、市町村マスタープラン（都市計画法第18条の2に規定される市町村の都市計画に関する基本的な方針）や緑の基本計画（都市緑地法第4条に規定される緑地の保全及び緑化の推進に関する基本計画）を活用するべきである、としている。

いずれにしても、総合的な都市全体のマスタープランにおいて、水系も含む緑地などの自然的環境を、その諸機能が効果的に発揮するよう計画に位置づけていくことが必要という認識が示されている。

3・4・2　区域区分（いわゆる線引き）に関する技術的基準

都市計画法施行令第8条（都市計画基準）における「区域区分に関し必要な技術的基準」の中で、市街化区域には、原則として、次に掲げる土地の区域を含まないものとすること、としている。

イ　当該都市計画区域における市街化の動向並びに鉄道、道路、河川及び用排水施設の整備の見通し等を勘案して市街化することが不適当な土地の区域

ロ　溢水、湛水、津波、高潮等による災害の発生のおそれのある土地の区域

ハ（略）

ニ　優れた自然の風景を維持し、都市の環境を保持し、水源を涵養し、土砂の流出を防備する等のため保全すべき土地の区域（以下略）

線引き制度においても、災害の発生の恐れのある土地や自然風景地、水源涵養地などは、市街化区域に含めない区域（＝市街化調整区域）とすることが明確にされている。

3・4・3　開発許可基準

都市計画を担保する制度の一つとして開発許可制度がある。都市計画法第33条（開発許可の基準）において、開発を許可する際の基準が規定されているが、水に関連する事項としては、排水

対策や災害防止など治水的な対策についての内容であり、個々の開発行為に対して水環境または水循環の保全という考え方までは言及されていない。

3・4・4　都市緑地法

次に積極的に自然的環境を保全する制度としては、都市緑地法の特別緑地保全地区（都市緑地法第12条）などがある。特別緑地保全地区は、一定の緑地（水辺地も含む）を都市計画法の地域地区として定めることにより、現状凍結的に保全を図るものである。強い行為制限を伴うことから、買い入れの申出の制度や相続税の評価減もあり、大都市を中心に指定箇所も拡大している。その指定要件は以下の通りである。

一　無秩序な市街地化の防止、公害又は災害の防止等のため必要な遮断地帯、緩衝地帯又は避難地帯として適切な位置、規模及び形態を有するもの

二　神社、寺院等の建造物、遺跡等と一体となって、又は伝承若しくは風俗慣習と結びついて当該地域において伝統的又は文化的意義を有するもの

三　次のいずれかに該当し、かつ、当該地域の住民の健全な生活環境を確保するため必要なもの

イ　風致又は景観が優れていること。

ロ　動植物の生息地又は生育地として適正に保全する必要があること。

このように、特別緑地保全地区制度の指定要件には、例えば水源涵養地など都市における水循

環に必要なもの、というような明確な規定はない。現在の法律の運用としては、そのような土地は、災害の防止機能を有する緑地などとして上記各号のいずれかに該当するものとして指定することになろう。

3・5 「水」を活かしたまちづくりは進められている

都市計画制度に「水循環」は明確に規定されてはいないが、個別の都市計画事業や開発許可による事業において、水を活かしたまちづくりという考え方は、近年一般化しつつある。特に、自然立地特性を踏まえた環境への負荷の小さな開発手法は、海外も含めランドスケープ計画思想の中でも一つの潮流である。実際、１９７０年代頃から、我が国におけるニュータウン開発や個別の市街地開発事業などにおいて、自然立地特性を踏まえた都市開発は様々な形で展開されてきた。その中には水系の保全など水循環の保全という思想が垣間見ることができる。

3・5・1 ニュータウン開発における水を活かしたまちづくり

水系を活かした都市開発の事例として、横浜市港北ニュータウンが挙げられる。同ニュータウンには、民有地も含め、様々な緑とオープンスペース空間を多様な相関に着目し連携を図ったグ

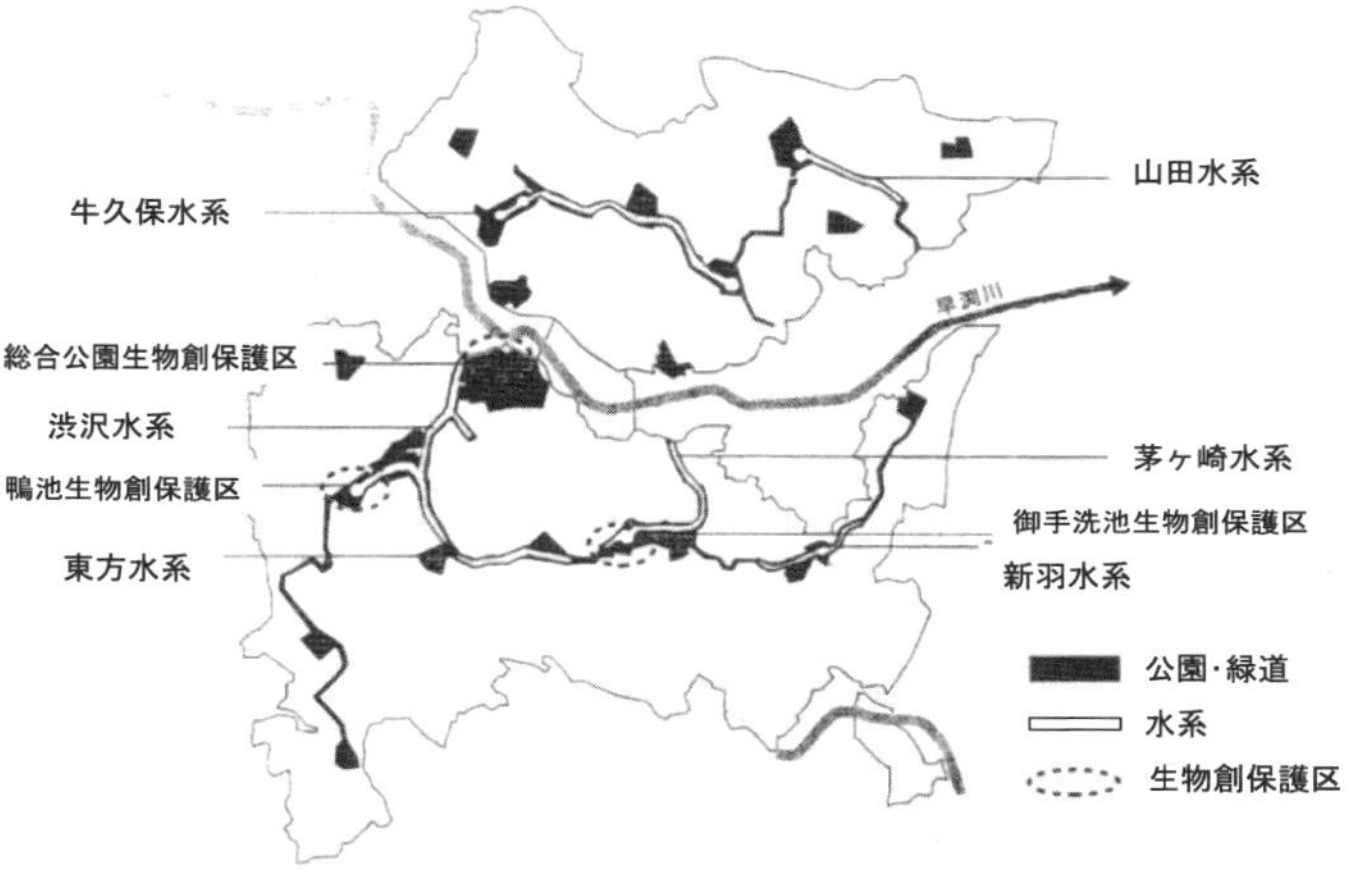

図3–1　港北ニュータウンせせらぎ計画

リーンマトリクスと呼ばれるシステムがある。その中では、緑道が緑とオープンスペースの骨格となっているが、これは開発前の谷戸地形を活かしたものである。斜面の樹林地を保全しつつ谷戸景観を再現するとともに、6つの水系を緑のネットワークでつなぎ「せせらぎ」を創出した。水と緑を融合した計画であり、地域の水循環を保全する思想が事業に反映されている（図3－1）。

3・5・2　個別事業における水環境への配慮

ニュータウン開発や市街地開発事業など面的な事業だけでなく個別の事業においても、親水空間の整備、雨水貯留・浸透施設の設置、多目的遊水池の設置など、環境基本計画の中でも指摘されている「場の視点」への取り組みは積極的に行われてきた。

例えば、横浜市の新横浜公園などは、多目的遊水池機能とスタジアム機能が融合して整備されたものである。また、都市再開発に当たり地下に雨水貯水槽を設ける事例、公園や街路など公共施設に雨水貯留・浸透施設を設ける事例、普及啓発も含めたレインガーデンを設置する事例など数多くみられるようになった。

下水道においても、近年は、流出抑制型下水道、下水の高度処理水の河川還元などによる流量の確保などの対応も行われている。また、河川行政においても、地域の特徴を活かした魅力ある水辺空間や良好な自然的環境の創出、流域マネジメントの取り組みが推進されている。

3・6　都市計画における水循環の考え方 ―政策課題対応型都市計画運用指針について―

このように、個別の事業などにおいて、健全な水循環の確保に関する「場の視点」としての取り組みは、都市行政においても行われてきた。そのような中で、水循環について、都市計画制度の体系において総合的に示したものが、以下に述べる「政策課題対応型都市計画運用指針」である。

平成15年（２００３年）に都市・地域整備局から発出された「政策課題対応型都市計画運用指針『環境負荷の小さな都市の構築』」は、必ずしも十分とはいえないが、都市計画手法の活用方法も含め、水循環と都市計画についての考え方が示されている。

本指針は、国から地方への法律の運用に当たっての技術的な助言の一つとして、一般の都市計画運用指針とは別に策定されたものであるが、都市に関わる様々な政策課題に対して都市計画制度をどのように運用していくかを示したものである。

まず、「環境負荷の小さな都市の考え方」が述べられている。「経済的発展と地球環境問題などの環境制約要因への対応を両立させることにより、次世代が快適な生活を享受するために活用可能な資源を保全し、次世代に過大な環境汚染等の負荷を残さないようにしながらも現世代の生活を発展させる」とし、「持続可能な発展」が都市計画にも求められていることを指摘している。そして、環境負荷の小さな都市の構築のための視点の一つとして、「水循環・物質循環に配慮した都市の実現」が挙げられている。

この中で、改めて、「自然の水循環は、健康で潤いのある都市生活に必要な安定的な水量の供給、水質の浄化、多様な生態系の維持等様々な機能を有していること」、健全な水循環を確保するためには、「流域全体における貯留浸透・涵養機能の増進が重要であり、このため、市街地周辺部等における地下水涵養機能の保全や市街地における雨水貯留浸透機能の確保、雨水や下水処理水の再生水としての利用等を図ること」が考えられるとし、環境基本計画の内容と符合している。

そして、水循環に配慮した都市の実現に当たっての都市計画制度の活用の考え方が述べられている。その中で、「今まで都市計画では必ずしも十分に位置付けられなかった健全な水循環の確保についても、流域全体における貯留浸透・涵養機能の増進が重要であることから、都市計画区域マスタープラン等において、都市における水循環への配慮を位置付けることが考えられる。」としており、必ずしも十分に水循環が都市計画に位置づけられていなかったことが示されている。

また、「市街地周辺や市街地に存在する林地・農地・水辺地等を含む緑地は、生物の生息・生育、都市の気温上昇の抑制、雨水の貯留などの環境調節的機能を有するものであり、その保全を図るため、緑地を系統的に配置することにより有機的な連携を図ることが重要である。」とし、そのために、都市計画区域マスタープランに広域的な緑地の配置方針を定めること、緑の基本計画において総合的な緑地の配置計画を策定することが重要としている。さらに、この場合、「水環境の保全・創出についても視野に入れ、水と緑のネットワークの形成の視点を計画に反映させることが望ましい。」とし、水と緑のネットワークの形成という視点を推奨している。

そして、具体的な都市計画制度などの活用手法については、例えば、河川流域や湧水の涵養域など水循環を形成する上で重要な区域に残る林地・農地・水辺地などの緑地を市街化調整区域へ編入することや特別緑地保全地区、風致地区などの決定を行うことにより、都市的土地利用を制限することが望ましいとしている。

本運用指針は、限定的な記述ではあるが、水循環と都市計画に関する考え方を都市計画の運用指針として示したことは意義深いことである。

３・７　水循環基本法を踏まえた都市計画における今後の対応

このように、都市計画において、健全な水循環の確保への一定の対応は行われてきた。しかしながら、水循環基本法が成立し、これからの都市計画においては、健全な水循環の確保に対して従来以上に配慮していくことが求められよう。依然として人口が集積する都市では、必然的に水循環など環境に対する負荷は大きいからである。

今後、都市計画制度の中でどのようなことが具体的に考えられるか。「政策課題対応型都市計画運用指針」を半ば踏襲することになるが、ここでは、少し掘り下げて述べてみたい。

（1）マスタープランへの反映

前述のように、都道府県が策定主体となり、都市計画区域単位で総合的かつ広域的な都市計画の方針が示される都市計画区域マスタープランに反映していくことが考えられる。

ここでは、将来の都市像などが記載されることになるが、「自然的環境の整備又は保全」の一環として、区域全体で健全な水循環の確保を位置づけることが考えられる。具体的には、市街地周辺の水源涵養に資する森林や農地等については極力保全すること、水の有効利用を進める一環として下水処理水の活用、都市開発における雨水貯留・浸透施設の設置を誘導すること、などの方針を示すことも考えられる。

また、緑の基本計画においても健全な水循環の確保に資する水辺地などの緑地を積極的に位置づけることが考えられる。緑の基本計画では、環境保全系統（システム）として緑地の有機的結合を図り、整備または保全すべき緑地を計画図に示すことが一般的であり、水循環に重要な土地などを明示することも可能である。

また、「横浜市水と緑の基本計画」（図３－２）＊などにみられるように、流域単位を視野に入れた水と緑を一体的に捉えた緑の基本計画も策定されはじめている。今後このような水と緑が一体化した緑の基本計画の策定も増加するであろう。

なお、マスタープランにおいて水循環について言及する際、水循環基本法に基づき策定が進んでいる流域水循環計画との整合性は必要である。流域水循環計画は、流域という単位で計画することになるので、一つの都市圏を対象とした都市計画区域マスタープランとは、計画対象区域が異なる。一般的には、流域水循環計画の方が広域となるので、基本的には、流域水循環計画の考え方を各都市計画区域マスタープランに反映していくことが考えられる。市町村単位で策定する市町村マスタープランにおいても同様である。

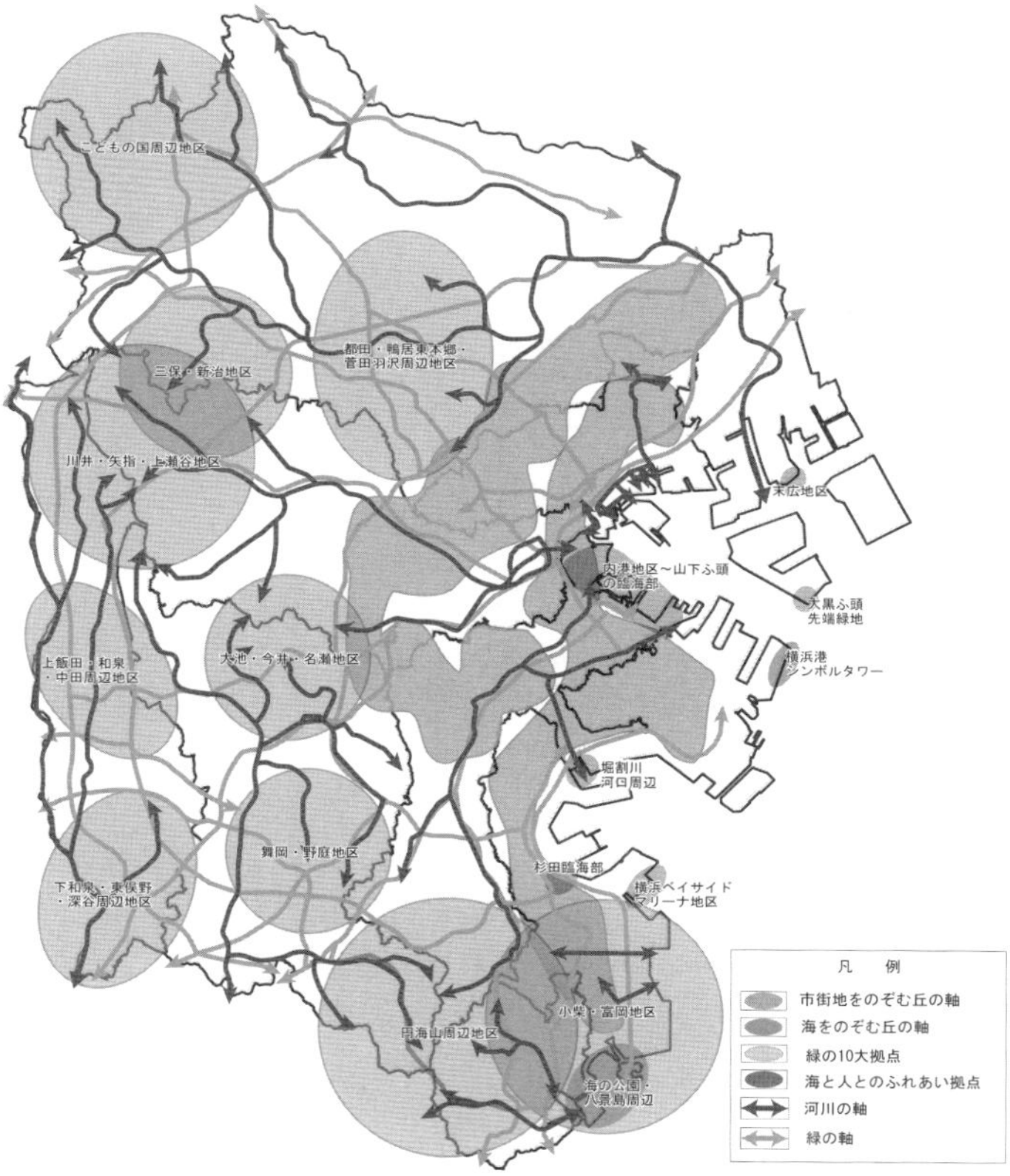

図 3–2　横浜市水と緑の基本計画（口絵）

健全な水循環の確保を都市計画に反映させていくには、広域的な視点が必要であり、その策定主体である都道府県の役割は大きい。まず、広域的な視点を有する都市計画区域マスタープランにおいて、水循環に関する考え方を明確に位置づけることが妥当であろう。

＊「横浜市水環境計画」「水環境マスタープラン」「横浜市緑の基本計画」を統合し、平成18年（２００６年）に策定され、平成28年に改訂された。水と緑を一体的に捉え、流域単位で取り組みをまとめている。市域面積に対する水・緑環境の総量を示す指標として「水緑率」なども設定している。

（2）個別の都市開発事業などにおける対応

次に、土地区画整理事業などの市街地開発事業、開発許可による個別の都市開発事業や都市施設の整備などにおける水循環への配慮である。

従来から、開発に伴う洪水調節池の設置など防災上の観点から、水に関する空間を整備してきた。近年は、市街地開発事業や街路、公園、下水道など個別の都市施設において、透水性舗装や雨水貯留浸透施設が整備されるなど水の貯留浸透・涵養能力の保全・向上の取り組みが一般化しつつある。水循環基本法を踏まえると、そのような取り組みは加速化される方向になるものと考えられる。その際、自然立地特性を踏まえ、水系などに配慮した都市開発を進めること、個々の事業の中で完結することなく、上位計画であるマスタープランに沿って、都市全体の水循環を念頭に置くことが重要であろう。

（3）土地利用計画への反映

また、区域区分（線引き）や地域地区などの土地利用計画へ反映することが考えられる。これも前述のように、健全な水循環の確保上重要な土地を逆線引きにより市街化調整区域に編入することや特別緑地保全地区として指定することなどが考えられる。現行の特別緑地保全地区の指定要件には、水循環上保全すべき土地のような規定は明確にされていないが、今後、新たにそのような規定を設けることも考えられよう。

なお、地下水系の保全上重要な土地などについて、仮に都市計画の図面（総括図など）にそれらの区域が明示されることになれば、地下水系の保全のために必要な措置を講じることを前提とした都市開発（開発許可）を誘導することも可能になるかもしれない。

3・8　水循環に配慮した都市の構築に向けた課題

健全な水環境の確保を都市計画に反映させていくことが今後求められると考えられるが、実際に、都市計画区域マスタープランなどに反映することができるかというと課題は多いといわざるを得ない。また、土地利用や都市施設などに関する個別の都市計画決定にあたっては、さらに課題が多い。どのような課題があるか述べてみたい。

(1) 健全な水循環の確保に対する市民の理解は得られているか

そもそも健全な水循環を確保することについて、市民が理解し、都市行政に求めているか、ということである。換言すれば、人口減少、少子高齢化、災害対策など課題が山積する中で、水循環に関する施策が他の政策に比してプライオリティが高いか、ということでもある。まず、水循環基本法の基本理念などの普及啓発などを通じて、水循環に関する国民のコンセンサスの醸成を図り、国や地方公共団体の政策のプライオリティ、行政のモチベーションを高めなければならない。

(2) 水循環に関する基礎的情報は整備されているか

都市計画法第6条に「都市計画に関する基礎調査」が規定され、「土地の自然的環境」についても調査項目として挙げられているが、現実には水循環や生物多様性など環境に関係する情報は不十分である。まず、水循環基本法でも指摘されるところであるが、健全な水環境を確保するための科学的知見に基づく基礎的情報（例えば地下水の実態、湧水の存在など）の整備が不可欠である。

（3）水循環に関する情報は行政や住民に共有されているか

例えば、地下水のような水循環に関わる情報は、都市計画部局と環境担当部局などの間で共有されているだろうか。情報の縦割りは避けなければならない。国においては、水循環基本法に基づく水循環推進本部が内閣に設置されているように、地方公共団体においても、総合的な対応を図るためには、情報や政策をとりまとめる横断的組織が必要かもしれない。

また、市民の理解を得るためにも、基礎的情報は市民に提供されなければならない。そして、健全な水循環の確保に関する施策が講じられない場合、都市生活にどのような影響を及ぼすのかなどについて、都市計画担当部局は市民に対し必要性をわかりやすく説明できなければならないだろう。

さらに、健全な水循環のための施策を講じた場合、その妥当性を確認するためにも、土地利用規制や事業に対する評価、モニタリングということも継続しなければならない。

（4）個別の都市計画の決定や都市計画事業の実施は可能か

個別の土地利用や都市施設としての都市計画決定を行うには、市民の理解がさらに重要であり、より精度の高い科学的根拠が開示されなければならない。マスタープランでは、個々の土地利用に対し、直接権利制限が及ぶわけではないので、市民の理解は得やすいものと考えられる。しかし、地域地区など土地利用に関する都市計画決定などは、個人の土地に規制が及ぶ。また、都市計画事業の実施にあたっては、より強い土地利用制限が加わるとともに、国民の税金を投入することになるからである。

例えば、水源涵養の観点から土地利用を規制する都市計画決定（特別緑地保全地区の決定など）を行うことは、土地所有者に対する財産権の制約となる。水循環のために、個人の土地利用が規制されることは、やはりその公共性について、土地所有者のみならず、市民共通の理解が必要である。

また、例えば、清流復活の事業として、暗渠化されている河川の地上化は望ましいことではあるが、その事業の実施には、公共予算（税金）を投入することになる。限られた予算の活用方法として、議会を含めた市民の理解が得られるか、という課題がある。さらに、都市計画事業としての実施であれば、収用対象事業として極めて強い土地利用制限が伴う。事業の必要性を市民や利害関係者に対して十分に説明できなければならない。

以上のように、健全な水循環の確保を都市計画に反映させていくには、現段階では課題が多い。科学的知見に基づいた基礎的情報を整備すること、健全な水循環の確保ということについての国民のコンセンサスが進展することが必須である。そして、国民のコンセンサスの進展のもとに、国や地方公共団体が、水循環に関する具体的な計画や事業にいかに真剣に取り組んでいくかにかかっている。

水循環基本法の成立が、健全な水循環の確保を都市計画（まちづくり）に反映させていくための契機となることを期待するところである。

参考文献

[1] 住宅・都市整備公団港北開発局：港北ニュータウンにおけるグリーンマトリックスシステムによる計画と事業の推進、ランドスケープ研究61（2）、127−134、日本造園学会

[2] 国土交通省ホームページ：政策課題対応型都市計画運用指針「c環境負荷の小さな都市の構築」 http://www.mlit.go.jp/crd/city/plan/ppg/kankyofuka.pdf

[3] 横浜市環境創造局：横浜市水と緑の基本計画（2016）

[4] 環境と開発のデザイン研究会（編集）建設省都市局都市計画課（監修）：環境と開発のデザイン—自然特性に着目した開発保全計画手法（1997・8）

第4章　東京のまちづくりと水循環の過去・現在・未来

石川　幹子

4・1　都市を支える基盤とは何か—グリーンインフラの視点—

都市は、多くの人々が居住し、高度な経済活動、文化が展開される場であり、多様な機能を支える基盤が存在している。この基盤を「インフラストラクチャー」と呼ぶ（以下、インフラと略する）。この言葉は、ラテン語の「インフラ・ストラクツール」を語源としており、インフラとは、下部を意味し、ストラクツールとは、構造を意味する。古代ローマでは、道路、公会堂、下水道などのハードなインフラにとどまらず、安全保障、税制、医療などのソフトまで、インフラとして整備が行われた。古代ローマが、紀元前3世紀ごろより創り出した都市インフラは、現在のイタリア、アルバニア、オーストリア、ブルガリア、ギリシャ、トルコ、エジプト、スペイン、ポルトガル、フランス、ドイツ、イギリスに及ぶ広大なものであり、今日なお、人々の暮らしを支える基盤として継承されている。

時を同じくして、歴史の偶然であろうか、中国では、現在の四川省都江堰《とこうえん》において、古代水利工が開発され、網の目のような灌漑網が整備された。チベットへと連なる龍門山脈に源を発する岷江《みんこう》が、成都平原へと広がる扇状地の頂部に築かれた水利工は、「魚嘴《ぎょし》」という堰により暴れ川を制し、分流が行われ、岩盤を開削した導水路の整備により、広大な平野をあまねく潤す水路網の発達を可能にした。水田地帯には、農村コミュニティが「林盤」という森に囲まれた共同体として継承されており、歴史に残るグリーンインフラの最古の事例となっている。

インフラについては、経済学者の宇沢弘文が、「社会的共通資本」という考え方で、詳細な論考を提示している。すなわち、

「社会的共通資本は、一つの国ないし特定の地域に住むすべての人々が、ゆたかな経済生活を営み、すぐれた文化を展開し、人間的に魅力ある社会を持続的、安定的に維持することを可能にするような社会的装置を意味する。」と述べ、その上で、社会的共通資本を、自然環境、社会的インフラ、制度資本の三つのカテゴリーに分け、提示を行った(2)。

「東京のまちづくりと水循環」を考える時、私たちは、東京を支える基盤となるインフラの発掘を行うことからスタートしなければならない。東京は、武蔵野台地と、その崖線からの湧水に起源を有する大小の河川（神田川、石神井川、善福寺川など）が開削した低地部、多摩川、江戸川により形成された沖積平野、そして東京湾という、広大な自然環境の上に、東京大都市圏という領域からみれば、３０００万人の人々が暮らす世界有数の都市が築かれてきた。太田道灌が１４５７年に築いた江戸城が、今日の東京の起源とされるが、このような自然環境を基に、宇沢

が述べる社会的インフラ、制度資本は、如何なる経緯で創り出されてきたのであろうか。

本章では、「自然環境を活かし、人が人として暮らしていくための基盤となる社会的共通資本」を「グリーンインフラ」と定義し、東京が歴史的に、どのような理念と手法により、これを創り出してきたかについて考察を行い、東京のまちづくりと水循環について考察を行う。

4・2　庭園都市・江戸

江戸開府時、約15万人ほどであった人口は、18世紀初頭には１００万人を超えたといわれる。これを支えたものが、飲料水および農業用水としての玉川上水の開削であった。玉川上水は、１６５７年に多摩川の羽村から四谷大木戸まで開削された全長43キロメートルに及ぶ水路であり、網の目のような分水網が築かれ（千川上水、三田用水など）、江戸の街を支えた（図４－１）。なかでも特筆すべきことは、大小の武家屋敷には、武蔵野台地の崖線の湧水や玉川上水からの導水により、大小の庭園が営まれたことであった。これらの庭園は、現在でも、小石川後楽園（写真４－１）、六義園、浜離宮庭園、清澄庭園、必肥後細川庭園など、大小の都市公園や大使館の庭園として、東京の基層となっている。すなわち、東京の基層をなすグリーンインフラは、「庭園

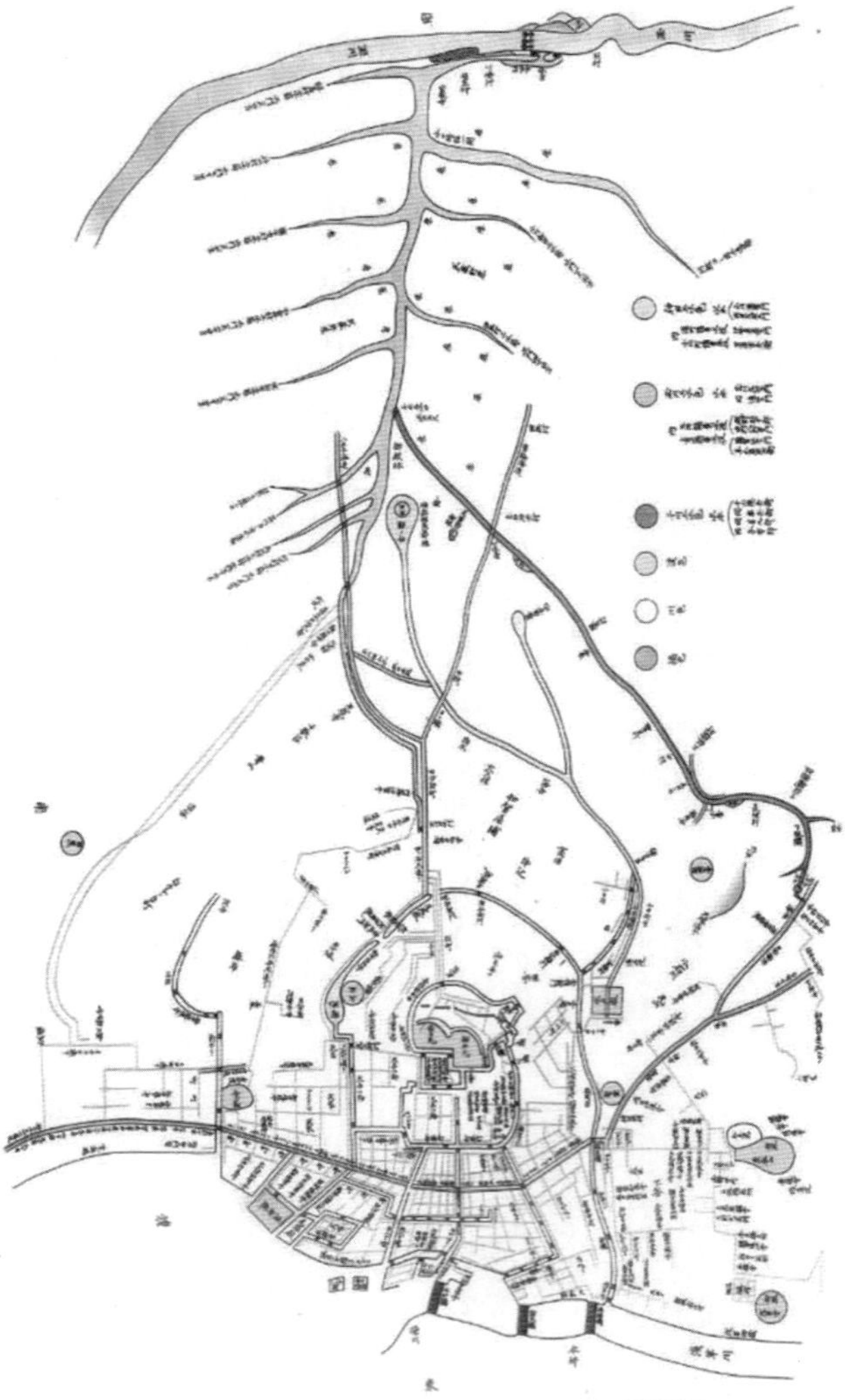

図4-1　玉川上水（口絵）

写真 4−1　小石川後楽園

都市」であることがわかる。

4・3　地形の襞・東京の隠れたグリーンインフラ

玉川上水は、武蔵野台地の最も高い場所を選定し、自然流下で水が流れるように開削された人工の水路であったが、これに対して、人々の暮らしと共に形づくられてきた東京の隠れたグリーンインフラが、台地と低地の間にある崖線の水と緑である。図４－２は、武蔵野台地の地形の襞と緑地の分布を示したものであり、都市化が進んだ東京にあって、数少ない緑地が、崖線に沿って残っていることがわかる。

主な公園緑地は南北崖線沿いには、飛鳥山公園・上野公園・芝公園、国分寺崖線沿いには、

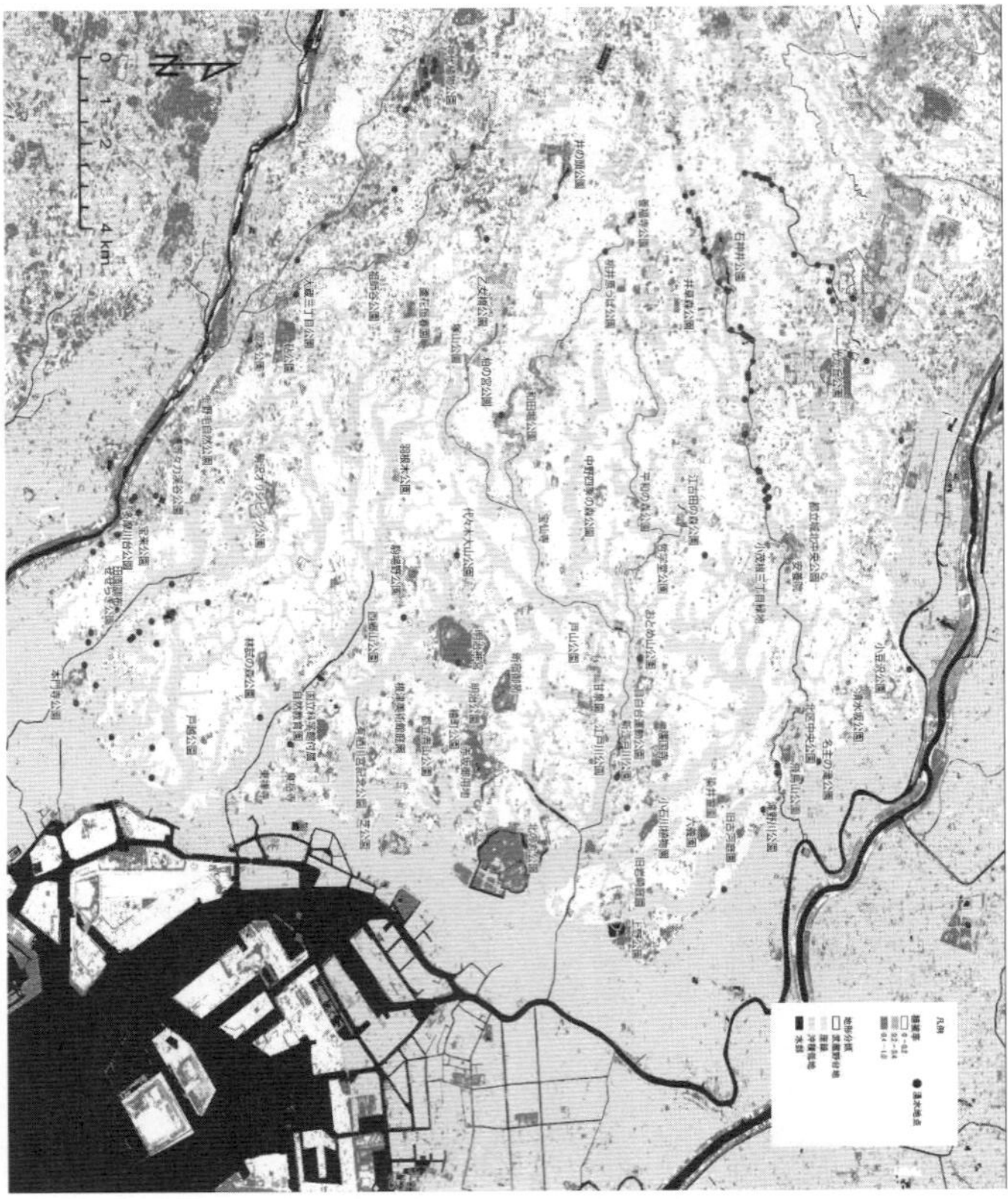

図 4-2　武蔵野台地の崖線と緑地の分布（口絵）

等々力渓谷公園・岡本公園・上野毛自然公園、石神井川沿いには、石神井公園・城北公園、神田川沿いには、善福寺公園・井の頭公園・和田堀公園・柏の宮公園・おとめ山公園・肥後細川公園・新江戸川公園など、ほとんどの公園が段丘崖の景勝地を活かして立地していることがわかる。

崖線直下には、武蔵野台地の湧水がわき出す泉が、かつては数多く存在していた。武蔵野台地の様々の箇所に無数にあったと思われる湧水も、都市化の中で、相次いで枯渇していき、東京都は平成15年1月に湧水を持続的に維持していくために、「東京の名湧水57選」を発表し、保全の重要性を示した。しかしながら、湧水枯渇は、依然として続いており、最近では、名湧水57選にあげられている杉並区の大宮八幡宮直下にある江戸期より絶えることがなかったと言われる「御供米橋湧水」が、途絶えた。人々の暮らしと共にあった湧水を、再び復活させることはできないのであろうか?

4・4　水網都市・東京

玉川上水、崖線の湧水、これらを集め流れていたのが、網の目のように広がっていた大小の河川、水路であった。図4－3は、高度経済成長期に相次いで、失われた東京の中小河川を示したものである。高度経済成長期、東京都における下水道整備は、遅々たる歩みであり、中小河川は、

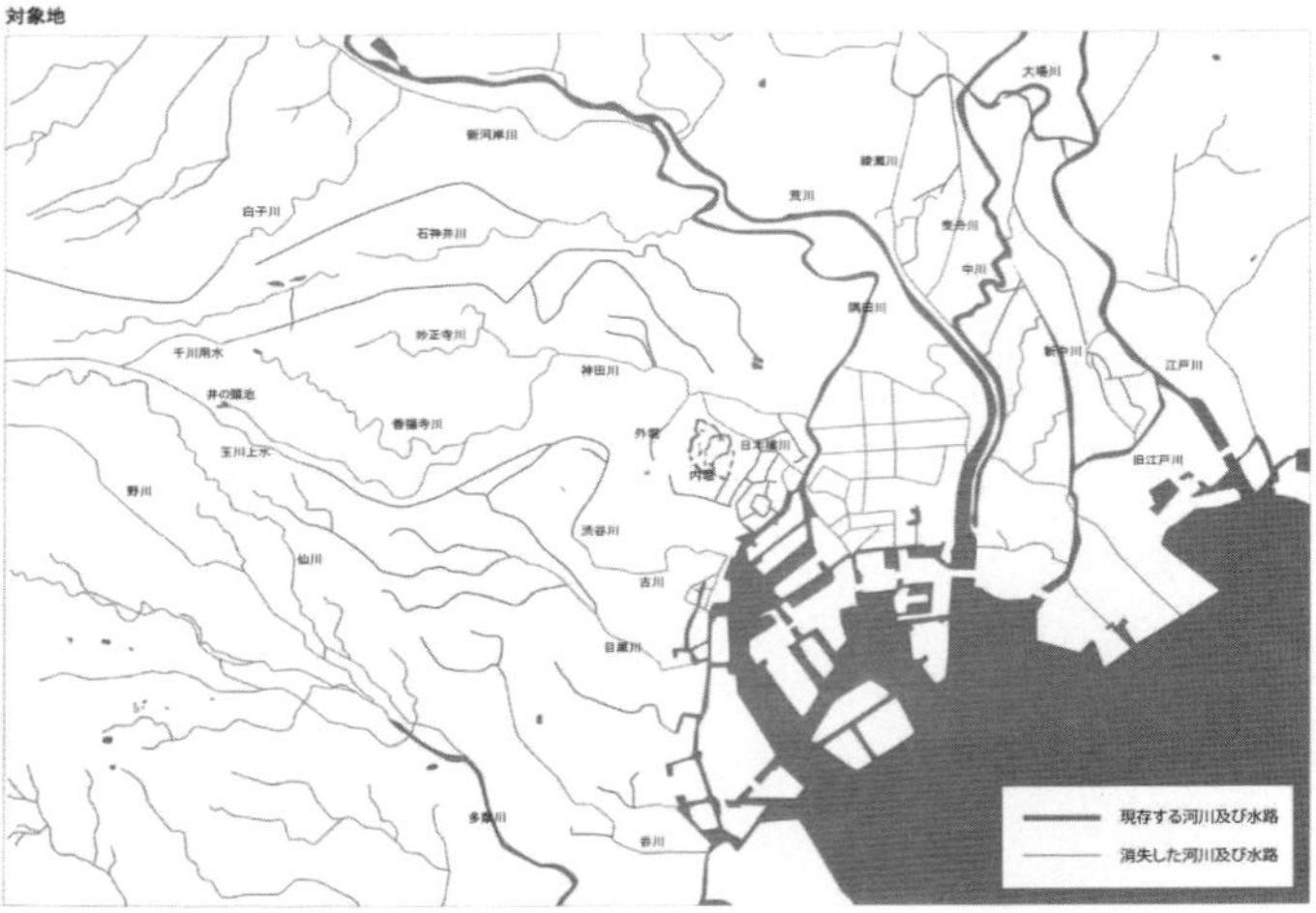

図 4–3　東京の失われた川

汚水の混入により、劣悪な環境にあった。昭和36年の東京都都市計画下水道調査特別委員会の答申により、「源頭水源を有しない14河川の一部または、全部を暗渠化し下水道幹線として利用する」とされ、呑川、九品仏川、立会川、北沢川、烏山川、蛇崩川、目黒川、渋谷川、桃園川、田柄川、長島川、前堰川、小松川、境川が対象となり、そのほとんどが地上から姿を消す結果となった。これにより、川は地表から姿を消し、水辺の生き物も、生存していくことが不可能となった。

その後、下水道整備の進展により、清流復活の機運が高まり、１９９０年代には、２重構造、すなわち、覆蓋された下水道幹線の上部に高度処理水を流す人工の川がつくられたが、維持管理費などの課題があり、今日では清流復活事業は行われなくなっている。人工的な2重構造の河川ではなく、覆蓋された河川を再び地表にもどし、潤いのある生活環境を取り戻すことはできないのであろうか？

私たちは、このような問題意識を踏まえて、大都会東京の奥に眠る「庭園都市」「水網都市」の潜在的構造を掘り起こし、地形の襞として身近に存在する残された緑地を手掛かりとして、気候変動、生物多様性の劣化、ヒートアイランド現象の緩和に資する新しいグリーンインフラを創造することを目標とし、この研究を行っている。

4・5　地球環境の持続的維持に向けたグリーンインフラ計画

以上の考察を踏まえて、私たちは、東京の基盤として脈々と受け継がれてきた水循環の要となる川と、その恩恵の上に成立している緑を軸とし、グリーンインフラ計画の方法論の開発を行っている。

グリーンインフラ計画のモデル検討のための対象地として選んだのが、東京区部を西から東に横断して流れる神田川の上流域である。図4－4は、その位置を示したものであり、井の頭公園に端を発する神田川と、善福寺池が水源となっている善福寺川の流域を対象とした。

当該地域は、江戸期より、名水として名高い水源池を有している。井の頭池は、かつては神田

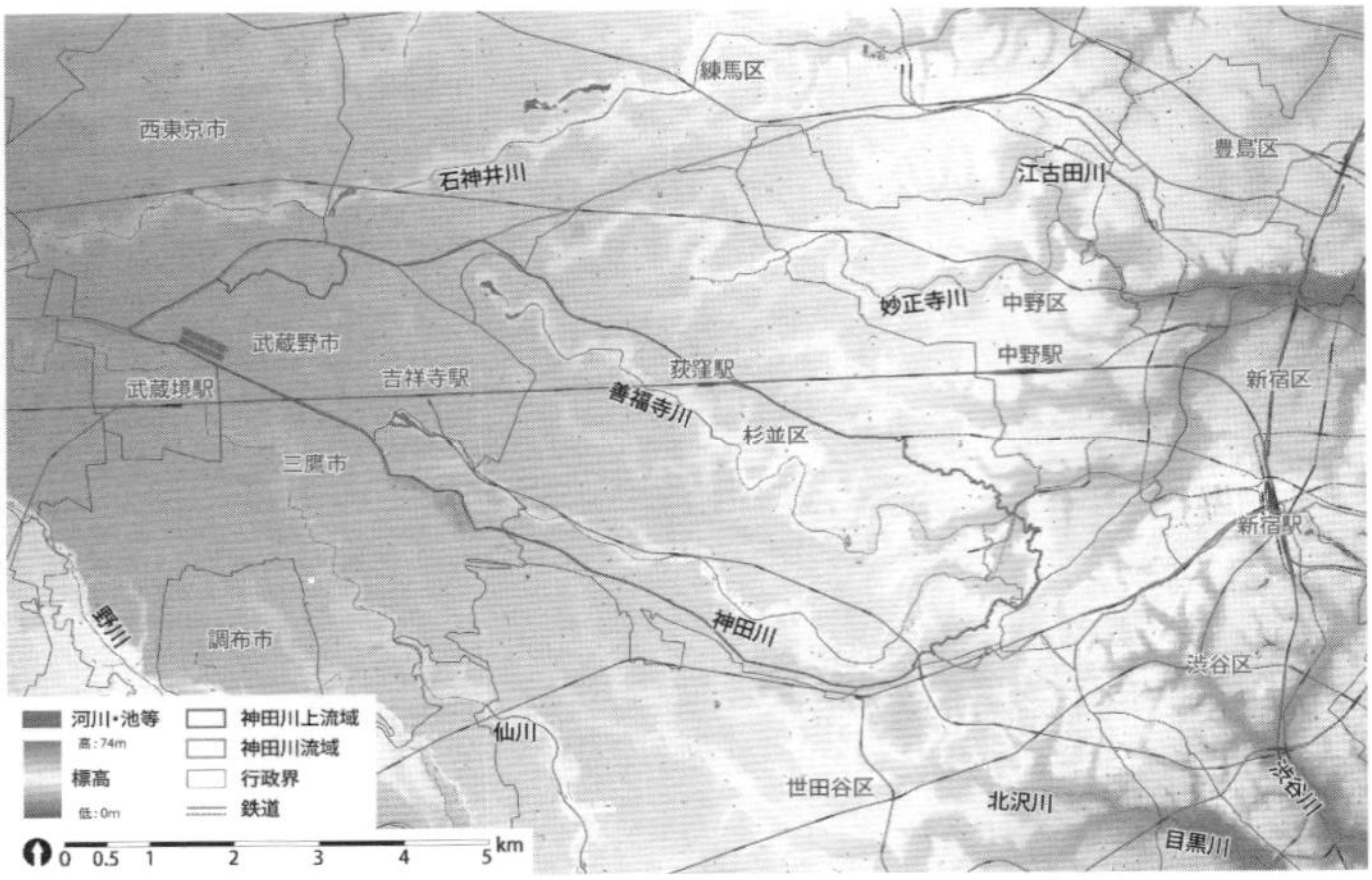

図 4-4　研究対象地の位置　東京都神田川上流域

上水の水源池であり、水源涵養のために森林の保全が手厚く行われていた。明治時代には帝室御料林として保全され、大正2年には、東京で初めての郊外公園として開園した。昭和初期には、旧都市計画法に基づき、武蔵野の自然を保全するための風致地区が、善福寺、和田堀地区に指定された。戦後は、都市の拡大を制御するために、緑地地域に指定された。

図4－5は、明治以来100年の当該地域の土地利用の変化を示したものである。江戸期に開削された玉川上水が図の南端の分水嶺上に走っており、北部の分水嶺は、千川上水となっている。これらを水源として、江戸期には、台地上は短冊状の新田開発による矩形の地割りが行われていたことがわかる。低地部は、水源としての井の頭池、善福寺池を起点とし、水田耕作が行われていた。崖線の要所には、大宮八幡、

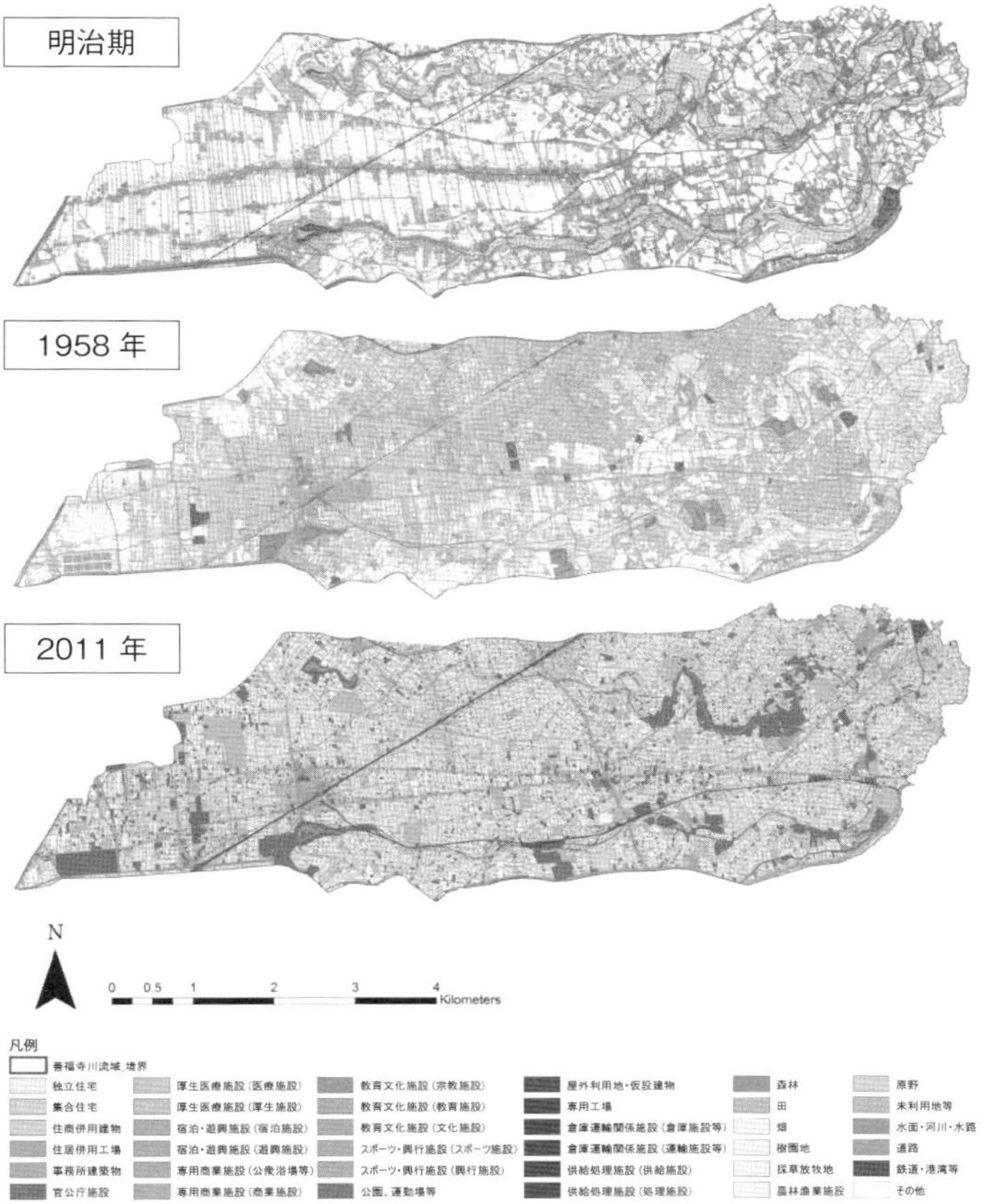

図 4–5　神田川上流域の土地利用の変遷（口絵）

井草八幡などの社寺が立地し、文化的景観のコアとなっていたことがわかる。

低地部は、地盤が軟弱であったため、水田耕作が昭和50年代後半まで行われていたが、その後、急速に市街化が進んだ。段丘崖の緑地は、断片化されたものの、緑地保全施策の半世紀に及ぶ展開により、一部で良好に保全されている。

しかしながら、水環境の視点からみると、東京区部は、合流式下水道であるため、雨天時には汚水が河川に流れ込み、水質汚濁が生じ、現在は、市民のふれることのできない川となっている。気候変動に伴うゲリラ豪雨による都市型水害も多発しており、残された公園緑地には、下流の地域を水害から守るための巨大な遊水池が深く掘りこまれ整備されている。

図４－６は、当該地域の水循環の様子をまとめたものである。都市に降った雨を、速やかに排除するシステムは、近代化の中で目標とされてきたものであった。しかしながら、その結果、気候変動に伴う集中豪雨を受け入れる更なる許容量を、稠密な市街化が進んでいる当該区域に求めることは、もはや困難であり、水辺の喪失による生物多様性の劣化も進んでいる（図４－７）。

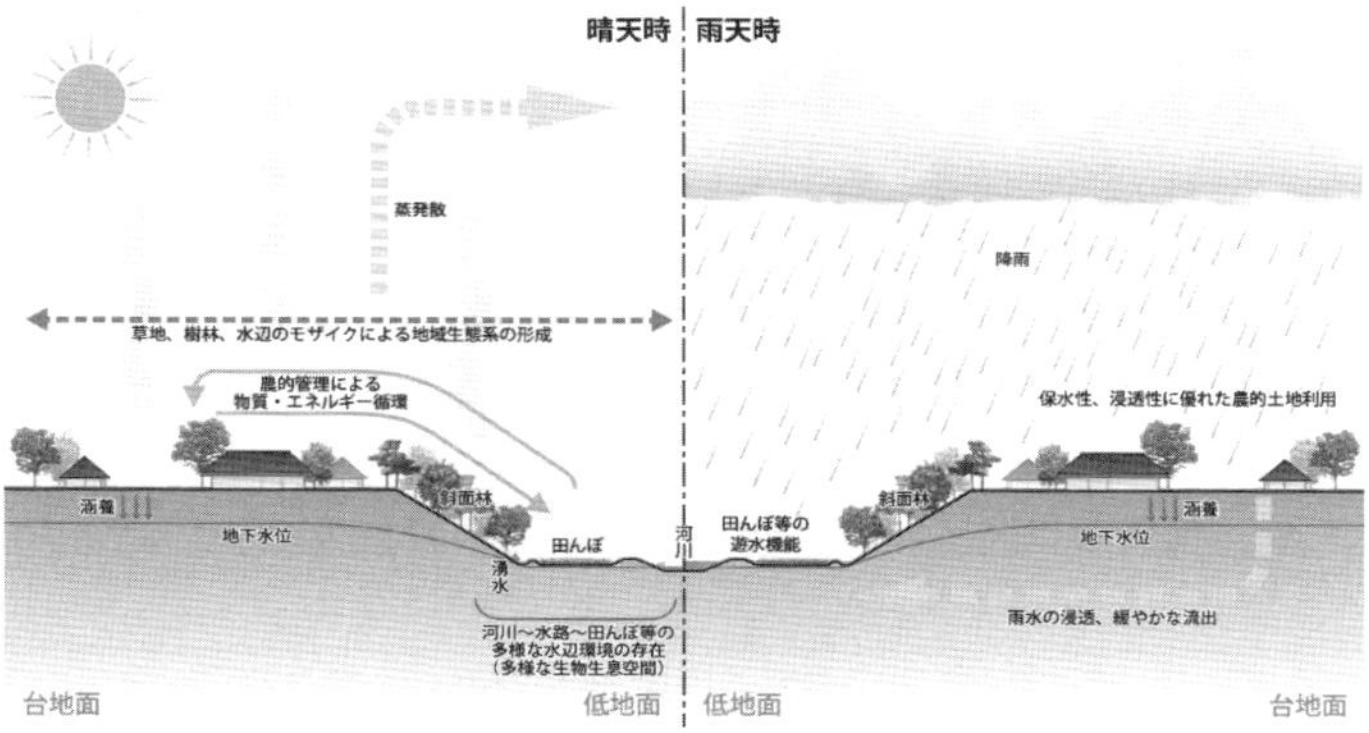

図 4-6　自然の水循環が機能していた時代の模式図

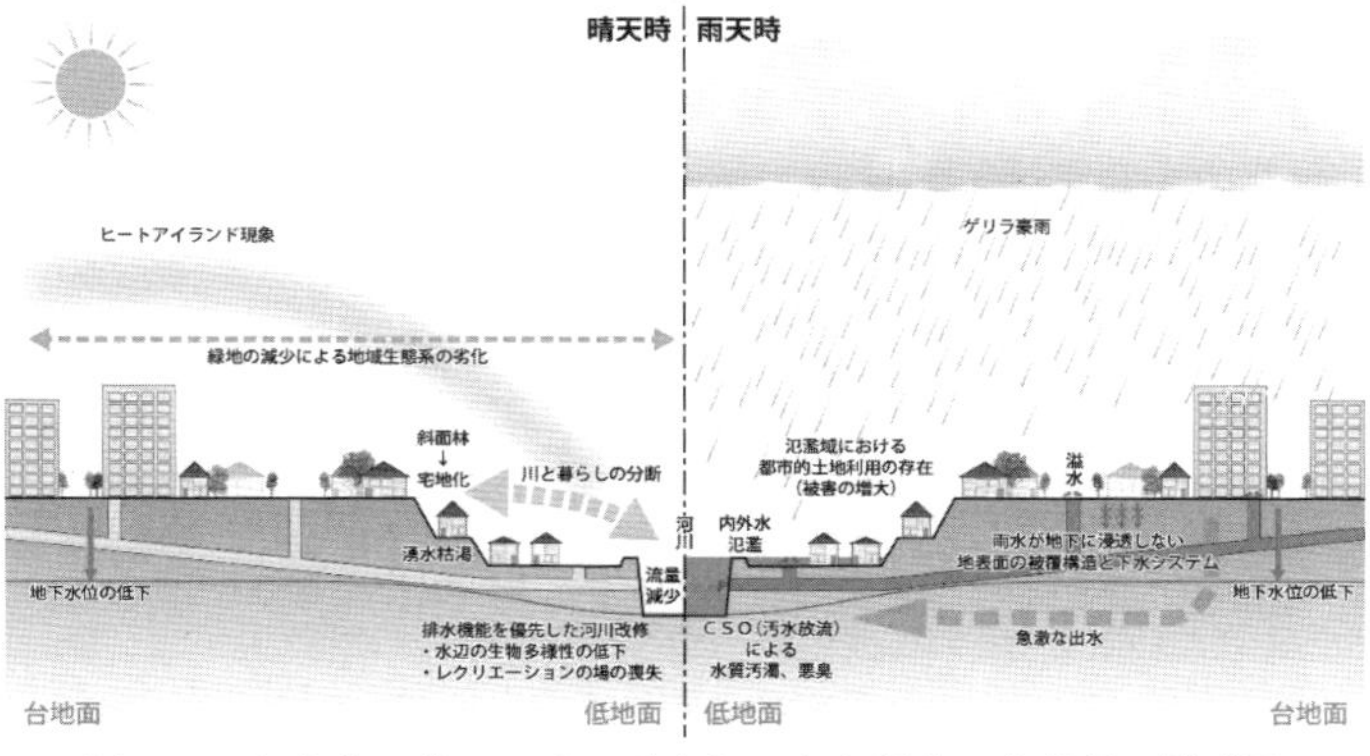

図 4-7　都市化に伴いつくりだされてきた現在の水循環の模式図

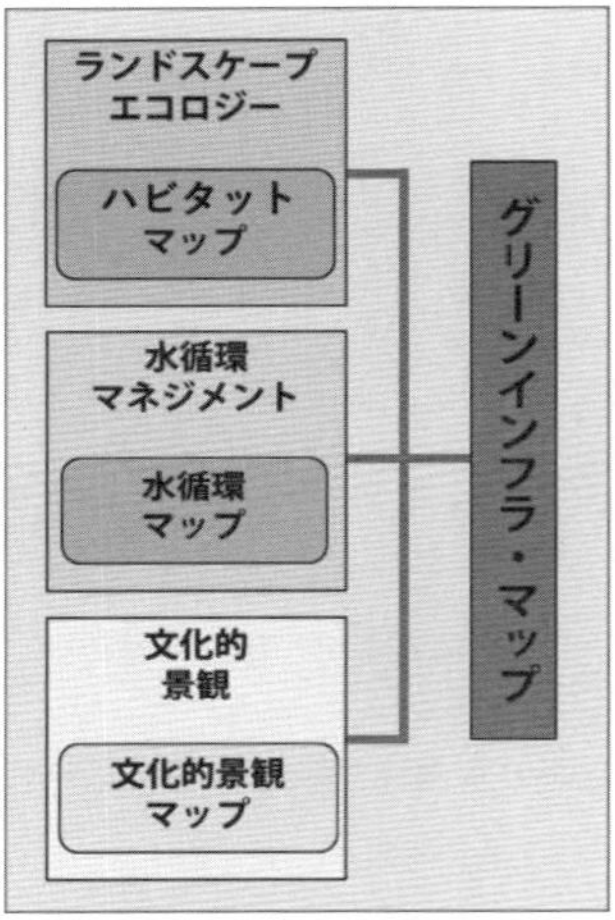

図4-8　グリーンインフラマップ

4・6　グリーンインフラ・マップを創る

このような課題を踏まえて、私たちは、地球環境問題に対するグリーンインフラ計画に向けた基盤情報を構築することが必須と考え、「生物多様性」「水循環」「文化的景観」の三つの軸を設定し、計画の基礎となるグリーンインフラ・マップ（図4―8）の開発を行った。

生物多様性については、「ハビタット・マップ」の作成を行った。この作成方法の詳細については、第9章2節において詳述されている。東京都都市計画地理情報システム土地利用現況調査レイヤー（2011年／区部、2012年／多摩部、1／2500）から、緑地の抽出を行い、公園、緑地、大規模な社寺地については、ブラウン・ブランケ方法論に基づき、現存植生調査を実施した。

住宅地の小規模な緑地については、ArcGIS10.1を用いて解像度10センチメートルのマルチバンド航空写真からＮＤＶＩ（正規化植生指標）０・４以上の部分をラスタ形式で抽出し、ポリゴンに変換し、緑被地の抽出を行った。このような詳細な調査により、法定計画である「緑の基本計画」や「生物多様性地域戦略」などの基盤情報として活用できる１／２５００の精度のハビタット・マップの整備を行った。

「水循環」については、土地被覆に係わるデータ整備、湧水点などの変化、流域環境の変遷について調査を行った。図４―９、４―10は、明治期と現代の水環境について、前者の情報は文献調査により、現在の情報は資料調査および現地調査によって作成したものである。過去の湧水点や池、湿地などの分布については、杉並区域を対象とした既往調査、公園施設解説などにより把握した。また、過去の地名より湿地や窪地などに係わる場所を抽出し補足した。現在の湧水点については、東京都湧水マップに掲載される地点のほか、現地踏査により神田川および善福寺川における湧水点について、河川断面内における位置、流量の大小を目視にて把握し、地図化した。

また、雨水の土壌浸透量については、土地の被覆が、樹林地（常緑落葉混交林、落葉二次林、常緑樹林・針葉樹林）、草地、グラウンド、住宅の庭、屋敷林、農地などにより、大きく異なるため、雨水の最終浸透能を実測調査、文献調査により求め、神田川上流域における雨水浸透ポテンシャル図を作成した（図４―11）。

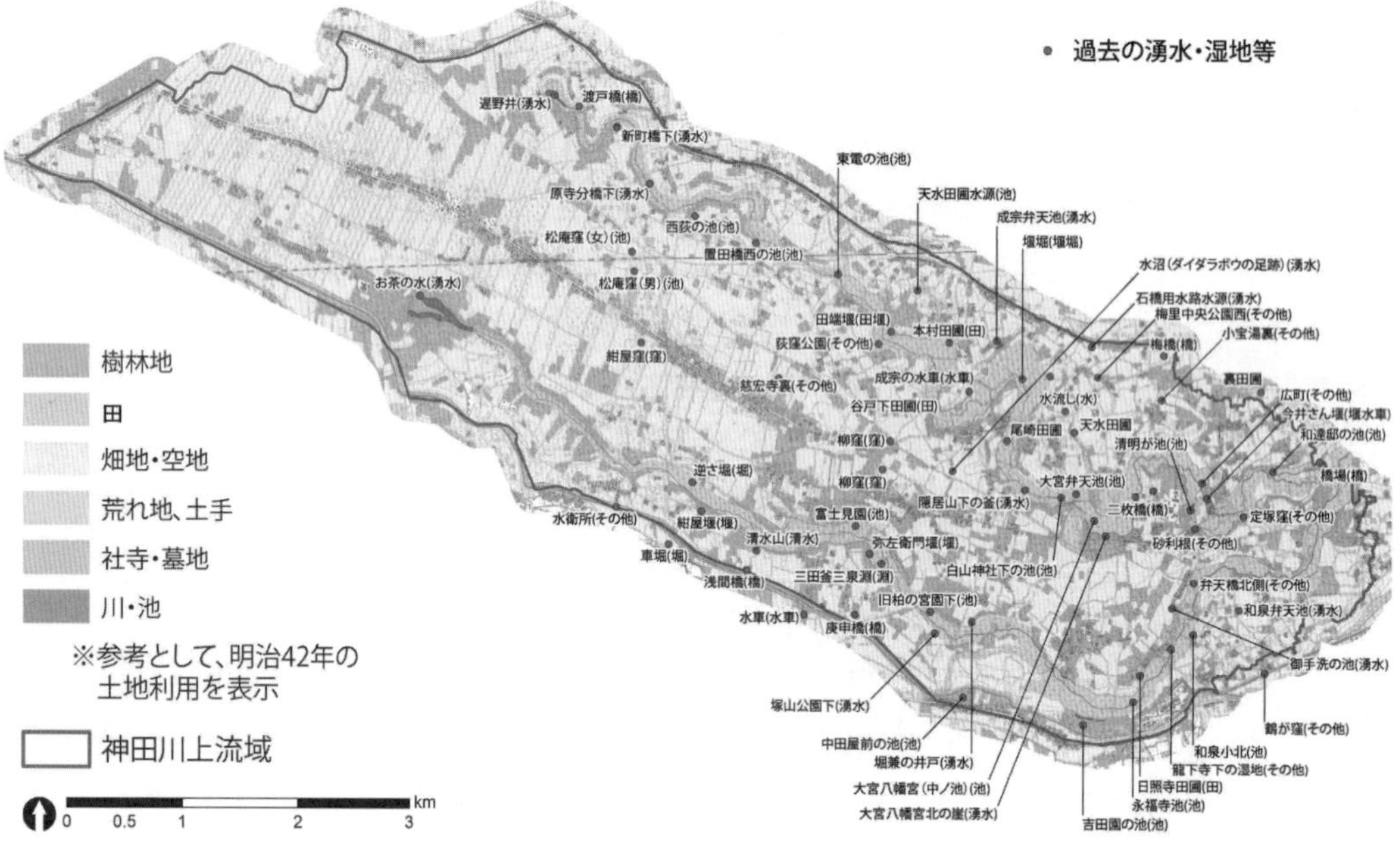

図 4-9　明治期の湧水・湿地など（口絵）

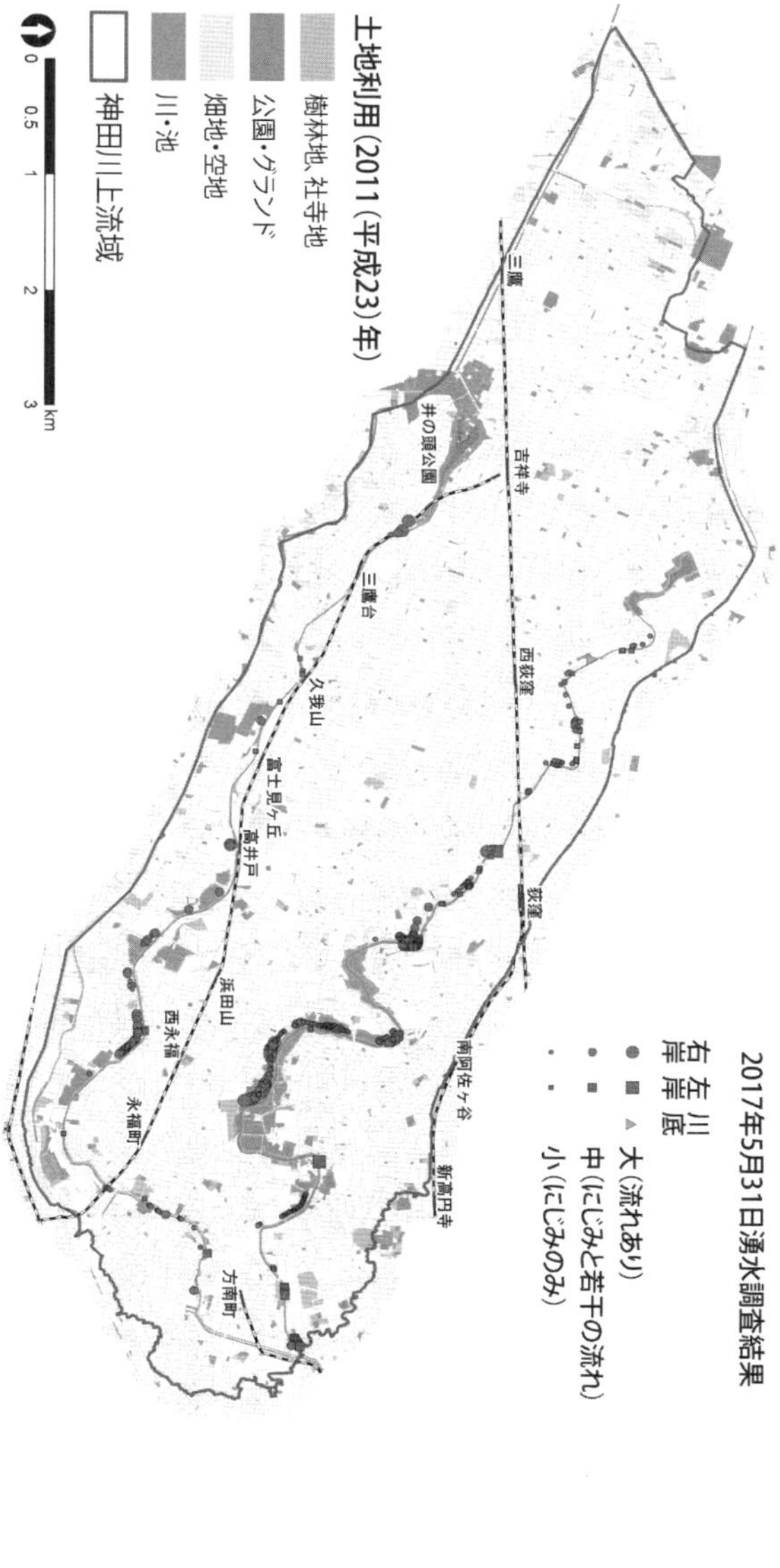

図 4–10　現在の湧水（口絵）

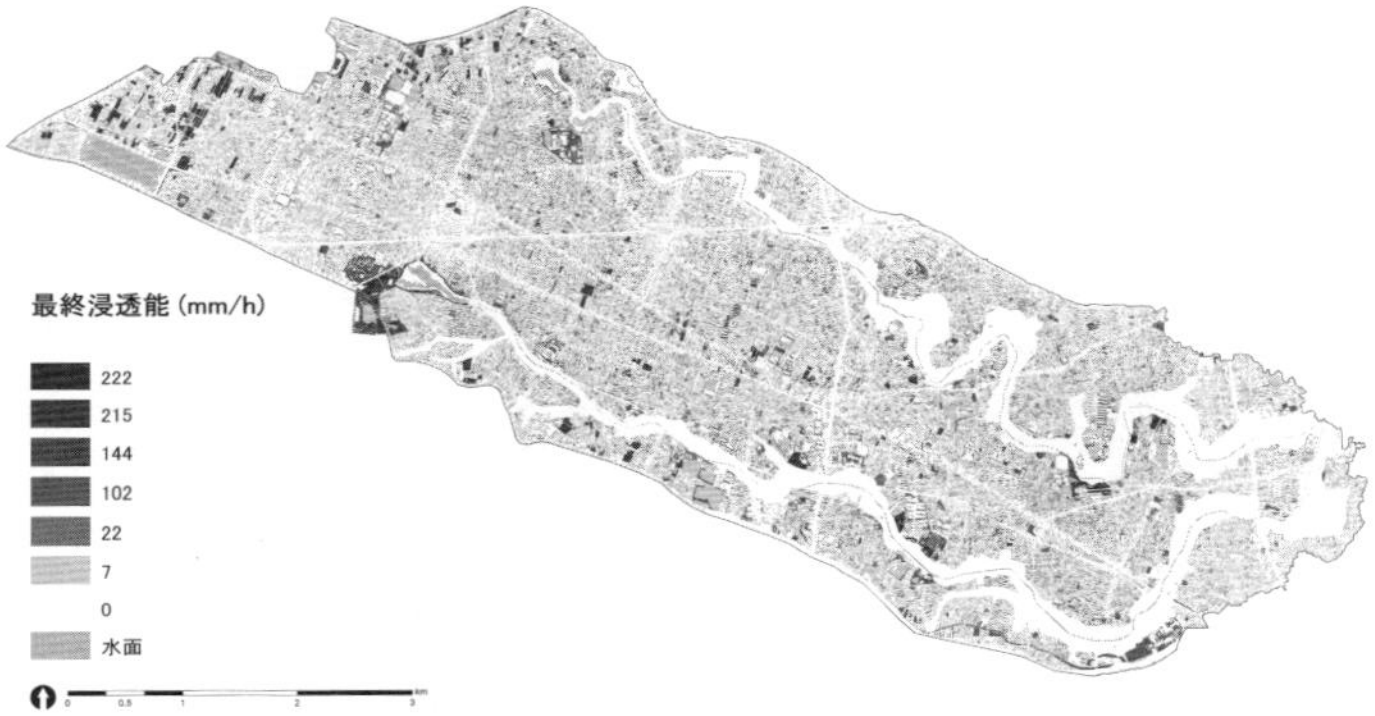

図4-11　水循環基盤情報図　雨水浸透ポテンシャル図（口絵）

東京都が公開している湧水マップでは、当該区域の湧水はわずかに原寺分橋、御供米橋の2カ所にすぎなかったが、今回の調査では、量はわずかではあるが、河川の護岸沿いに数多くの湧水地があることがわかった。また、平成28～29年にかけて行われた井の頭池のカイボリでは、池底より、滾々《こんこん》として湧きあげる湧水を確認することができた（写真4－2）。

文化的景観については、崖線に沿って、主要な社寺仏閣などが分布しており、また、昭和初期から、郷土の景観として保全されてきた風致地区、コミュニティのシンボルとして守られてきた貴重木、および庭園の四つの視点から、基盤情報図を作成した（図4－12）。

こうして、「生物多様性」「水循環」「文化的景観」の3要素を重ね合わせて開発したも

写真 4-2　井の頭公園のカイボリ（2018 年 2 月）（口絵）

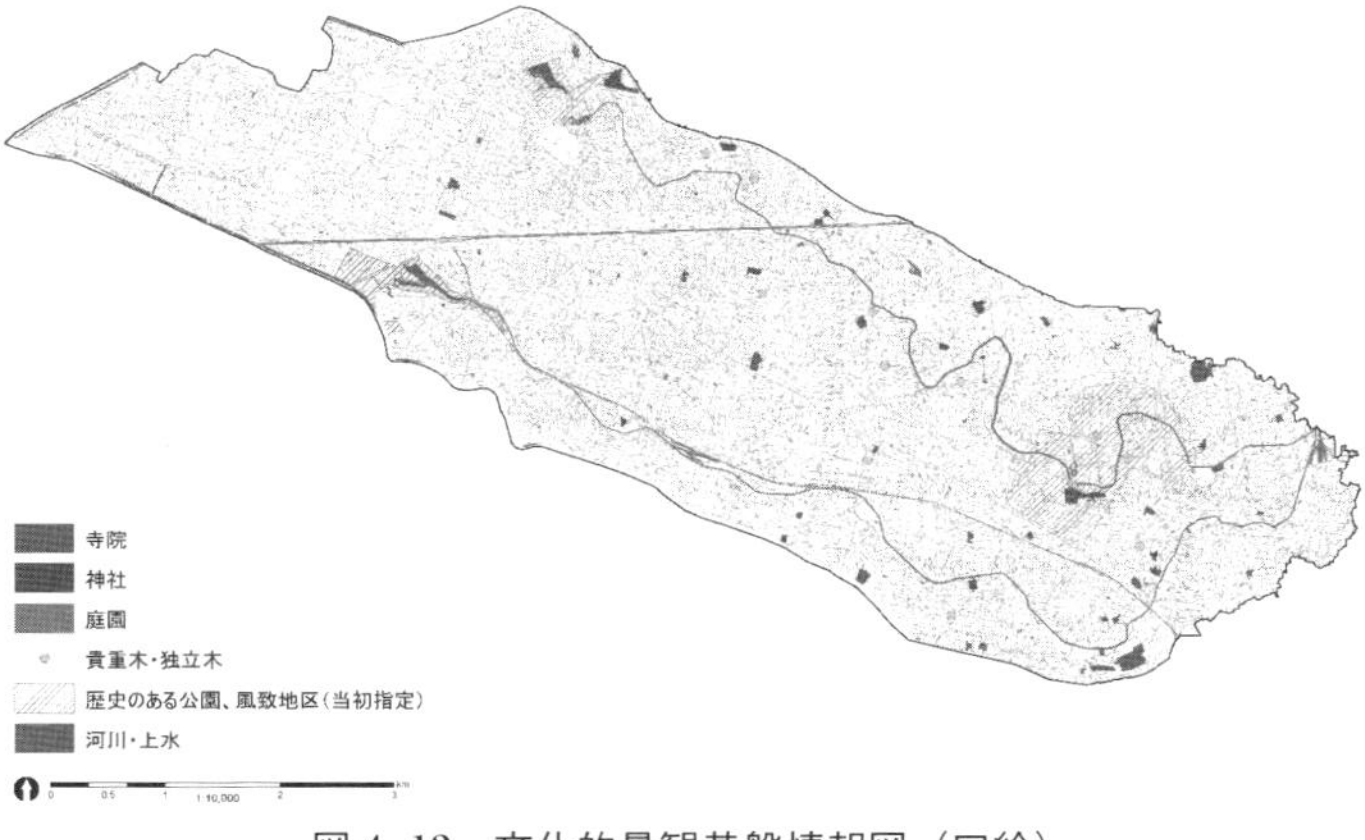

図 4-12　文化的景観基盤情報図（口絵）

のが、グリーンインフラ・マップである。

グリーンインフラ・マップは、以下に示す66のグリーンインフラ・ユニットに類型化することができた。

樹林地系（24ユニット）、草地系（3ユニット）、湿地・湿田系（2ユニット）、水域系（15ユニット）、歴史・文化系（8ユニット）、市街地内の緑地（9ユニット）、都市系（5ユニット）などである。図4－13は、善福寺川中流域の和田堀公園周辺のグリーンインフラ・マップである。

当該区域には、弥生時代の墓赤である方形周溝墓《ほうけいしゅうこうぼ》があり、古くから人々の暮らしが営まれてきた地域であることがわかる。大宮八幡神社の創建は1063年と言われており、聖なる文化的景観として継承されてきた。大宮神社の本殿裏は、ウラジロガシ、クスノキなどの常緑樹とムクノキ、ケヤキなどの落葉樹の混交林からなる社叢林となっており、善福寺川の段丘崖の急傾斜地には、コナラ、クヌギ、イヌシデ、ケヤキなどの武蔵野台地の典型的な雑木林が継承されている。一方、氾濫原であった低地部では、池や中島に湿性植物群落が成立しており、和田堀公園は、遊水池として、深く掘りこまれたスポーツ施設が創り出されている。このように、都市の緑地は、様々の機能と利用に応じた、特色の異なる多様なユニットのモザイク状集合体であることがわかる。したがって、生物多様性の維持向上のためには、一律な手法ではなく、ユニットの特性を踏まえたモザイク構造を前提とする考え方への転換が必要である。

水循環の視点からみれば、それぞれのグリーンインフラ・ユニットは、地被の状況により雨水

図 4–13　和田堀公園周辺のグリーンインフラ・マップ（口絵）

浸透量が異なっており、降った雨を大地で受け止め、水循環を回復していくための指針を水循環マップから読み取ることが可能である。

そして、これらを包含するものが、弥生時代より聖なる地として継承されてきた文化的景観マップであり、この三つの緑・水・文化の軸から、私たちは、グリーンインフラ拠点（ＧＩ拠点）を導きだした。図4－14に示したものが、神田川上流域のＧＩ拠点であり、井の頭、高井戸、浜田山、下高井戸、武蔵野中央、善福寺、和田堀の7カ所のＧＩ拠点を抽出することができた。これらの拠点を結ぶものが回廊（ネットワーク）であるが、当該区域では、神田川、善福寺川が、その役割を果たしている。しかしながら、河川沿いの環境は、地域により大きく異なっており、緑地としてのネットワークの評価と、その改善の手法は、今後の課題となっている。また、このような大きな緑地とは異なる、住宅地などの「基層的な緑」は、地域全体でみると、拠点の緑地を上回る緑被率となっている。「基層的な緑」を育んできた都市計画の制度が、昭和初期に制定された風致地区であり、善福寺風致地区、和田堀風致地区は、その代表的事例である。風致地区制度は、今日では適用されることは少なくなったが、これにかわり、様々の緑を創り出していく緑化の取り組みが行われており、「基層的な緑」の充実は、今後の大きな課題である。

基層的な緑の一つに都市農地がある。当該区域は、明治期までは、農村地域であったため、地割に沿って、屋敷林などが今日なお継承されており、農地も点在している。平成28年5月には、都市農業振興基本計画が閣議決定され、都市農地は従来の「宅地化すべきもの」から、「都市に

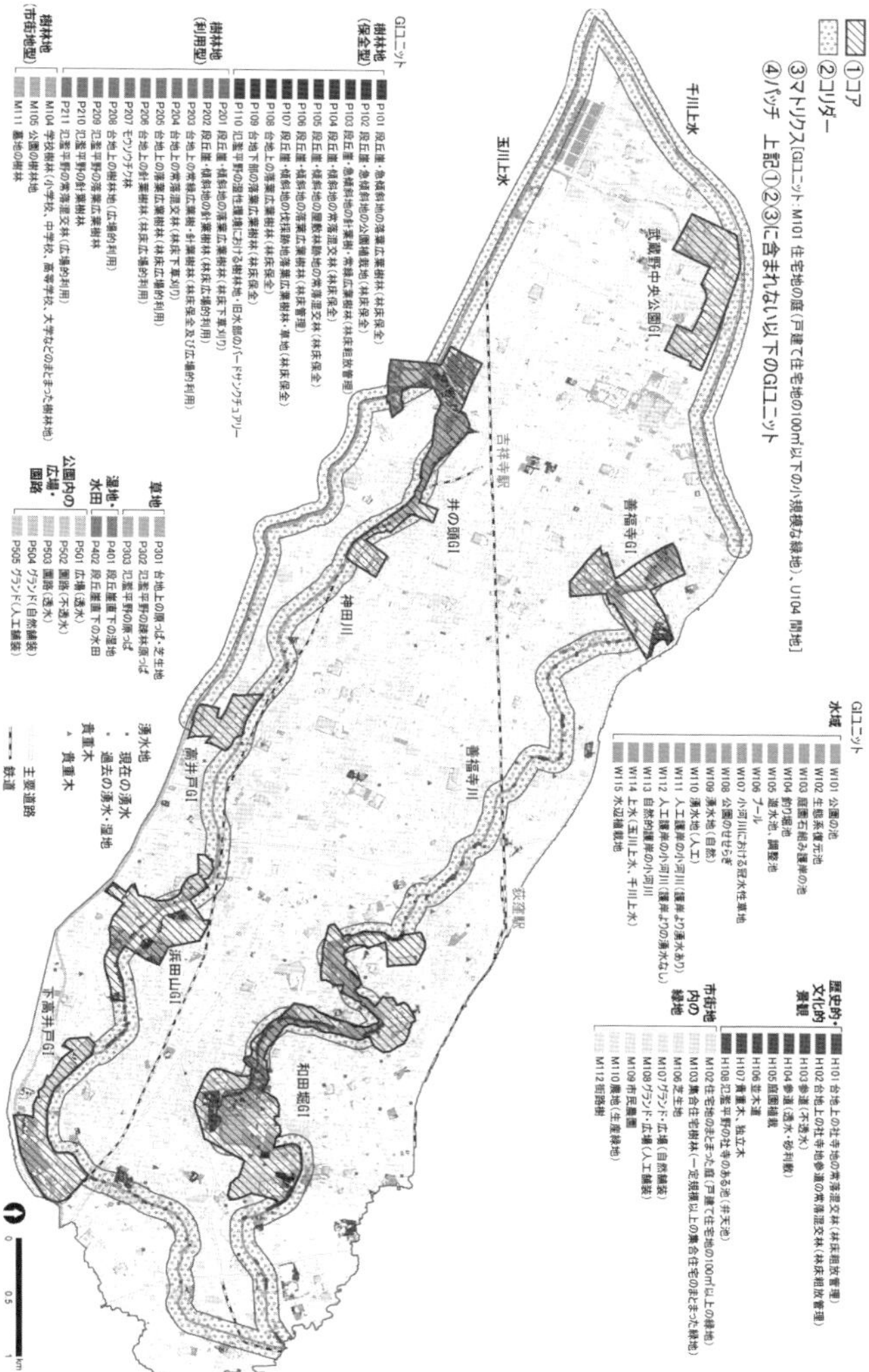

図4-14　グリーンインフラ・マップ（神田川上流域）（口絵）

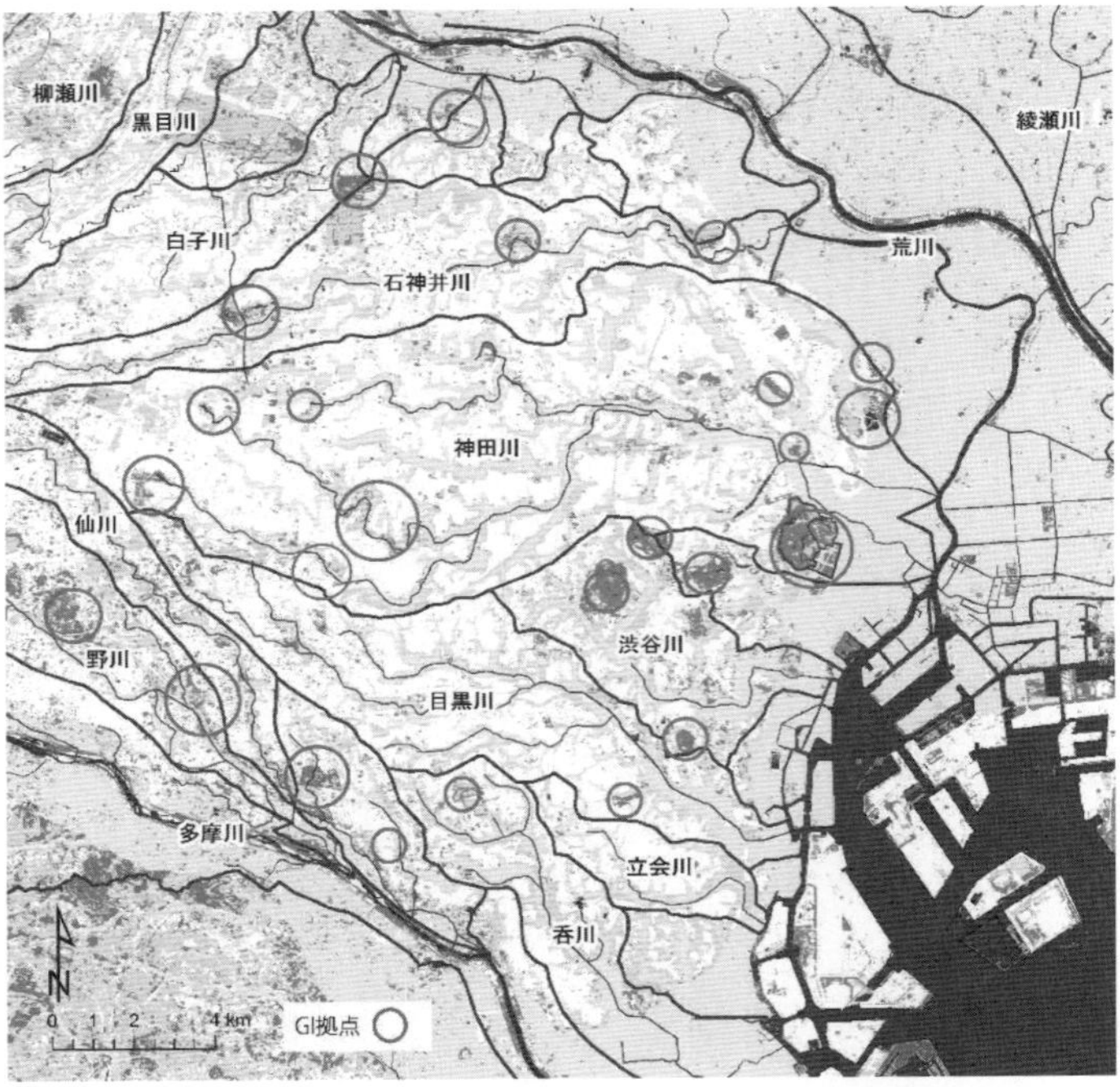

図 4-15　東京 23 区における GI 拠点

あるべきもの」へと都市政策上の考え方の転換が行われた。平成29年5月には、都市緑地法が改正され、都市農業を持続的に行っていくための様々の政策が展開されるようになった（区民農園、コミュニティ農園、福祉農園、農家レストランなど）。このように、グリーンインフラ・マップの開発により、生物多様性、水循環、文化としての緑の課題にとどまらず、新しい都市の緑の保全と創出にかかわる様々の情報を共有し、多様な人々が、それぞれの場で実践、行動に結びつくプラットフォームを創りだしていくことが可能となった（図４－15）。今後は、本研究で開発を行ったグリーンインフラ・マップをより広域に展開し、「拠点」・「ネットワーク」・「基層的な緑」の構造を踏まえ、地球環境問題に身近な環境から、一人ひとりの市民が取り組んでいくことが可能となるヴィジョンを創り出していきたいと考えている。

参考文献

［１］石川幹子：『都市と緑地』岩波書店（２００１）

［２］宇沢弘文：『社会的共通資本』岩波新書（２０００）

［３］石田頼房：『日本近現代都市計画の展開』自治体研究社（２００４）

［４］佐藤昌：『日本公園緑地発達史（上）』都市計画研究所（１９７７）

［５］吉田葵・片桐由希子・石川幹子：落合崖線上における緑地の現況とその質に関する研究―東京都新宿区立おとめ山公園を対象として―、都市計画論文集46（３）、６３７－６４２、日本都市計画学会（２０１１）

［６］吉田葵・林誠二・石川幹子：「都市緑地における種組成の差異が雨水涵養機能に与える影響に関する研究―新宿区立おとめ山公園を対象として―、都市計画論文集48（３）、１０１１－１０１６、日本都市計画学会（２０１３）

［７］飯田晶子・大和広明・林誠二・石川幹子：神田川上流域における都市緑地の有する雨水浸透機能と内水氾濫抑制効果に関する研究―内外水複合氾濫モデルを用いたシミュレーション解析―、都市計画論文集50（３）、５０１－５０８（２０１５）

第5章　アジア大都市における水循環とグリーンインフラ
―マニラ大都市圏のエコロジカル・プランニング―

ナピイ・ナヴァラ・石川　幹子

5・1　マニラ大都市圏の課題

マニラ大都市圏は、2293万人の人口を擁する世界第5位の都市圏である。その中核がマニラ首都圏であり、マニラ、ケソン、カロオカン、パッシグ、マカティ市など16市1町から構成される（図5－1）。面積は約638平方キロメートルであり、東京23区の面積は626平方キロメートルであることから、ほぼ同様の規模であることがわかる。東京と同じく、海に面しており、マニラ湾の夕陽は、東洋一の美しさを誇っている（写真5－1、5－2）。

マニラの都市形成は、16世紀の終わりに、当時、フィリピンの初代総督になっていたロペス・デ・レガスによって始められ、「イントラムロス」と呼ばれる城壁に囲まれた要塞都市が形成された。城内には、マニラ大聖堂、教会などが建設されたが、第2次大戦中に多くは破壊され、現在は唯一、サン・アウグスチン教会が残っており、世界遺産となっている。19世紀になると独立

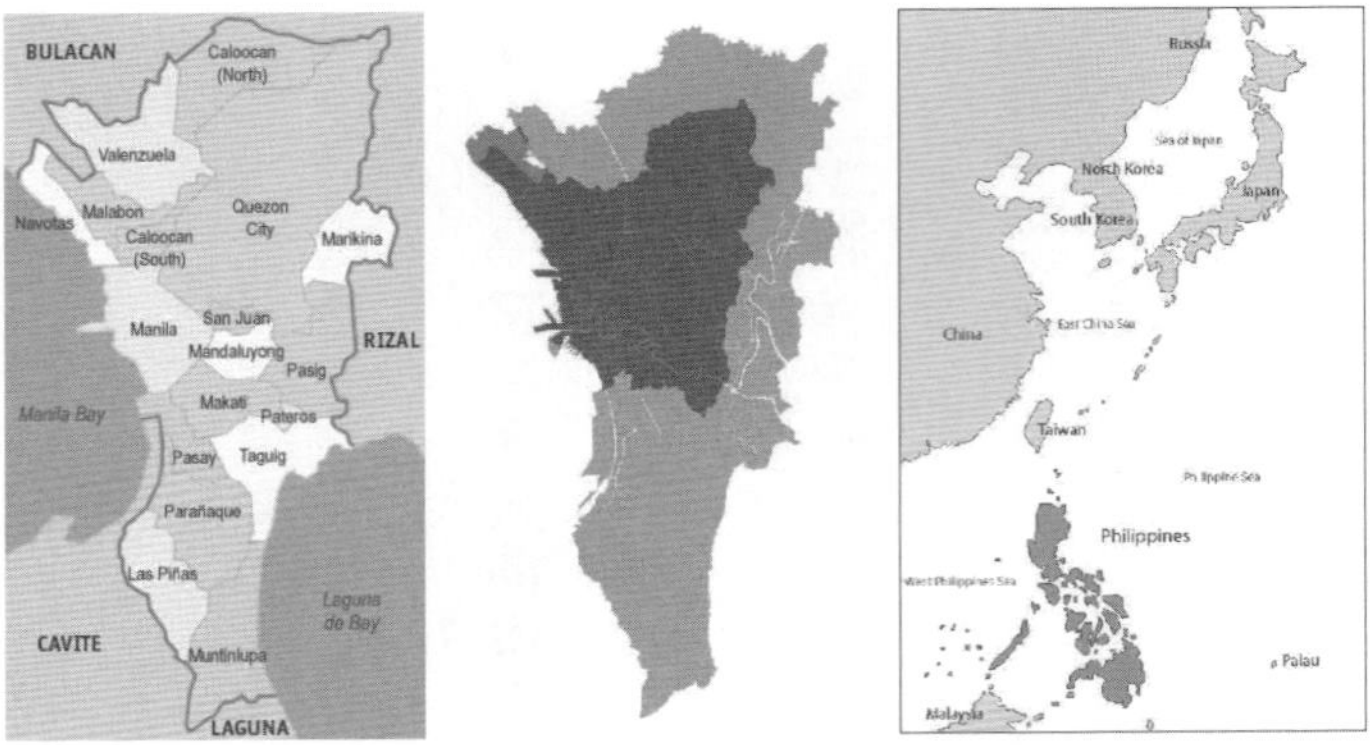

Image by universal_lexikon.deacademic.com/272710/Metro_Manila

図 5-1　マニラ大都市圏の位置と行政区域

写真 5-1　マニラ湾

写真 5–2　マニラ湾の夕陽

運動が盛んになり、ホセ・リサールなどの闘士が活躍した。マニラ市の中央公園は、独立戦争の英雄を讃え、リサール公園と命名され、58ヘクタールにのぼる広大な公園がマニラ湾沿いに整備されている。1898年、フィリピンはアメリカの統治下におかれることとなった。当時、アメリカでは、1893年に開催されたシカゴ博覧会を契機とし、「都市美運動」が盛んに提唱されており、その旗手であったダニエル・バーナムはシカゴでの実績をもとに、マニラ、ケソン市の都市計画を行った。ケソン市の街区、マニラ湾に沿って走る壮麗なブールヴァールは、この「都市美運動」の遺産である。

第2次世界大戦では、フィルピンは日本の統治下となったが、戦後の混乱の中で、十分な都市計画が行われないうちに、都市への人口集中が進み、低所得者層が劣悪な環境の中で居住する事態が生じ、貧困がまちづくりの大きな課題となっている（写真5－3、5－

写真 5–3　マニラ湾の不法居住地

写真 5–4　中小河川沿いの不法居住地

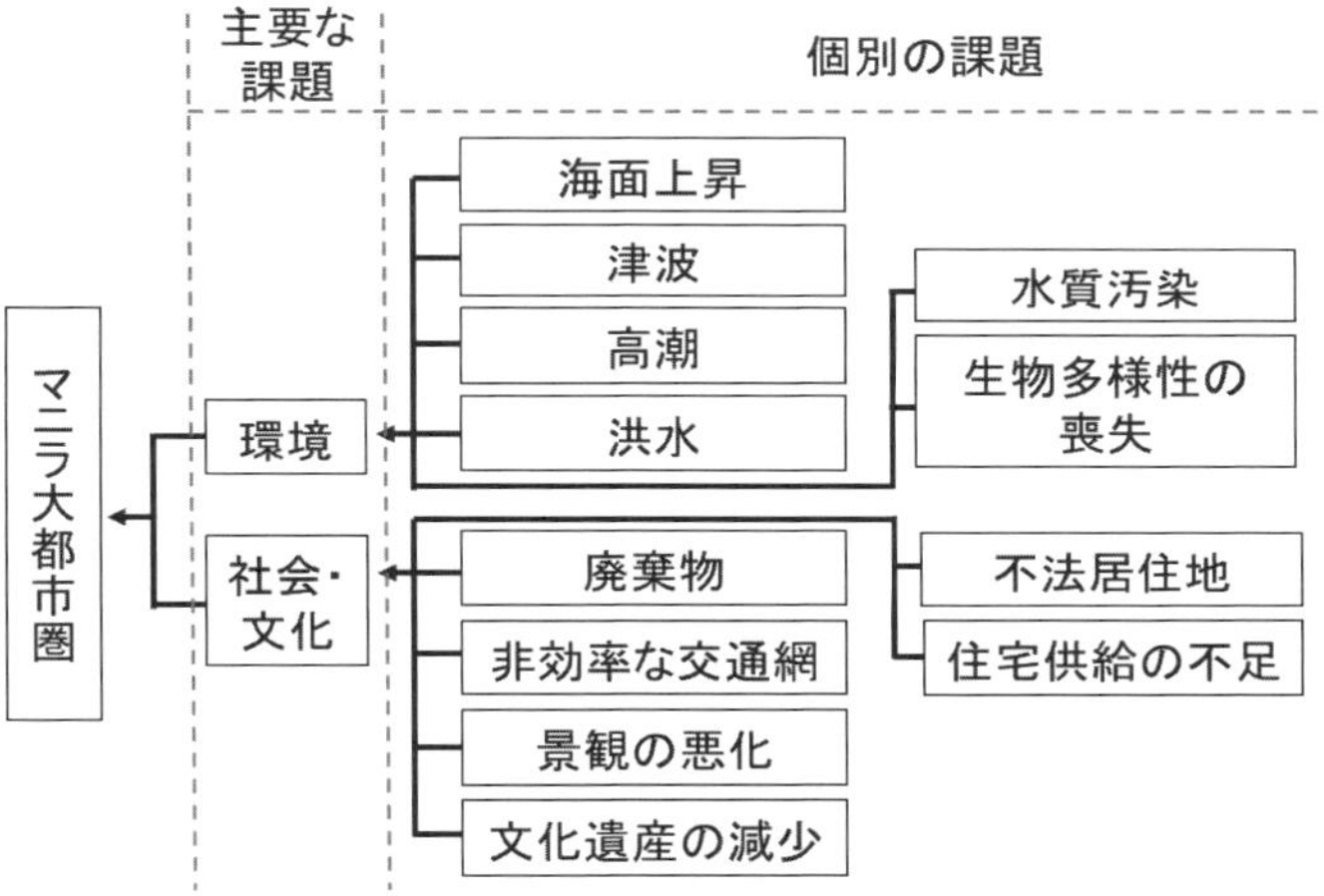

図5–2　研究の背景

4）。

マニラでは低所得者層が、マニラ湾や中小河川沿いに稠密な居住地を形成しており、台風、高潮、洪水などの直撃を毎年受けている。マニラ首都圏は、アジアにおける気候変動の影響を顕著に受ける地域として2番目に位置づけられており、海面上昇などの不可避の事態に対して、抜本的な都市政策の導入が抜き差しならない状況にあることを物語っている。

本研究は、このような背景を踏まえて、緑地を社会的共通資本として導入し、グリーンインフラを将来のマニラの都市基盤として据えるための方法論の検討を行ったものである。図5－2は、研究の構図を示したものであり、大きく環境的問題と社会的・文化的問題に分かれる。環境的問題は、温暖化に伴う海面上昇、津波、高潮、洪水などにより引き起こされる生態系サーヴィスの損失である。社会的、文化的問題は、ゴミ問題、不十分な都市交通、文化的遺産の消失などを伴う不適切な居住地の拡大である。本研究はこれらの問題に対して、マニラ首都圏におけるエコロジカル・プランニングの方法論の開発を行ったものである。

5・2　エコロジカル・プランニングの基盤としてのハビタット・マップ

緑地を基盤とするグリーンインフラを形成していくためには、まず現況の把握を行い、計画に資する原単位の構築を行わなければならない。原単位がハビタット・ユニットであり、これを図示したものが、ハビタット・マップである。作成手法は、第4章、第9章で詳述した。また、鎌倉、ベルリン市、東京区部の事例を第9章で示したが、その形態は都市により異なる。

マニラ首都圏のハビタット・マップは、図5－3に示す通りであり、地形、土壌、植生、水系を重ね合わせることにより作成を行った。マニラにおけるハビタット・マップの特色は、「貧困」が居住環境に大きな影響を与えており、解決すべき最大の課題となっている点にある。以下、図5－3に示したハビタット・マップを、二つの軸、すなわち、「自然的ハビタット・マップ」と、都市的利用が優占する地域における「都市的ハビタット・マップ」に分け、その内容について述

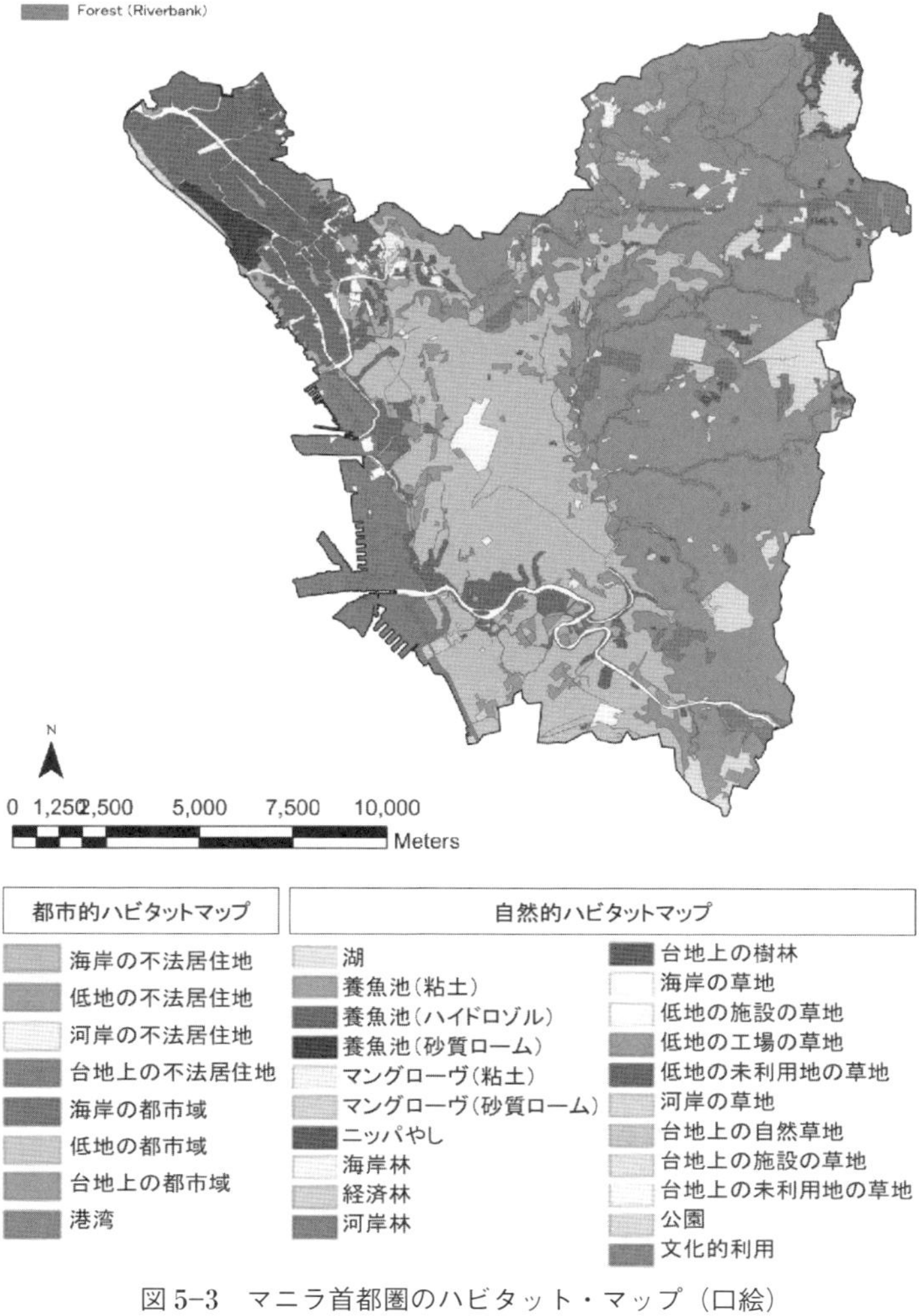

図5–3　マニラ首都圏のハビタット・マップ（口絵）

べる。

（1）自然的ハビタット・マップ

マニラ首都圏における特色は、大規模なコアに相当する自然環境が偏在しており、市街地にはパッチと呼ばれる小規模のハビタットが点在しているにすぎないことにある。大規模なコアは、マニラ湾沿いの養魚池、ケソン市の北部に位置する水源池と周辺の森林、および大学・公共施設の緑地である。

養魚池の面積は335ヘクタール、水源地は森林を含め437ヘクタール、大学などの公共施設は747ヘクタールであり、この三者が、マニラ首都圏における緑地の最も重要なコアを構成していることがわかった。市街地の形成されている中央部には、公園緑地も含めて、コアとなる自然的ハビタットはほとんどないが、パッチと呼ばれる小規模なハビタットが点在していることがわかる。

ハビタットの具体的特色を示したものが、図5－4である。図5－4は、コアとなる養魚池を取り囲む樹林地の構造を示したものであり、養魚池を取り囲む堤体上に植栽された樹林とマングローヴ林からなるハビタットである（写真5－5）。海の生態系の多様性を維持しているにとどまらず、高潮などの災害から養魚池を保全する役割を担っている。この堤体は台風により破壊されたが、補修する費用がないため放置され、海の生態系が回復している。

自然的ハビタット6： **マングローヴ(砂質ローム)**

地理	沿岸の島
土壌タイプ	砂質ローム
土地被覆	マングローヴ

断面

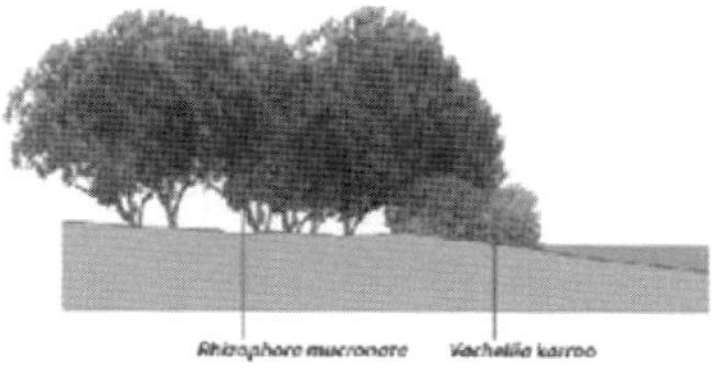

特徴

- 自然の、および再生されたマングローヴの森
- 養魚池を高潮から保護
- 見学会やマングローブの植樹が催される
- エコツーリズムの対象
- 埋立やゴミ捨て場への転用の危機

種	木本	地被
	Rhizophora mucronata	*Vachellia karroo*

野生動物　鳥類

Halcyon smyrnensis
Sterna fuscata
Egretta garzetta

分布

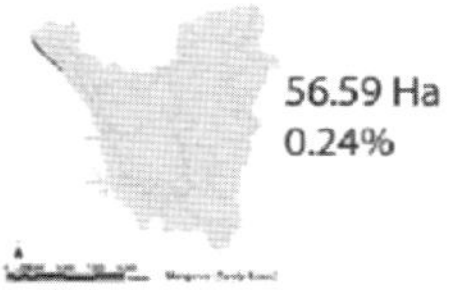

機能	生物多様性	洪水対策	文化	貧困	アメニティ	生産性
	中	高	–	–	中	低

図5–4　自然的ハビタット・ユニット
(養魚池の堤体上の樹林地とマングローヴ林)

写真5–5　養魚池周辺の樹林地とマングローヴ

このようにして抽出されたそれぞれのハビタットを、生態系サーヴィスの考え方に基づき評価を行った。評価項目は、生物多様性、食料生産、文化、貧困、アメニティ、生産性の6項目である。この結果、水源池や水源林が最も高い評価となり、次いで養魚池やマングローヴ林が高い評価となった。

(2) 都市的ハビタット・マップ

都市的ハビタット・マップを示したものが、図5–5である。地形的条件から、大きく台地上の都市地域、低地の都市地域、湾岸沿いの都市地域に分かれるが、中小河川沿いに不法居住地が連なっており、貧困がハビタットの特質に大きな影響を与えている。図5–5は、不法居住地帯の実態を示したものであり、河川沿いの氾濫原に無秩序な居住地が形成されている。

都市的ハビタット：
台地上の不法居住地

地理	緩斜面
土壌タイプ	粘土
土地被覆	不法居住地

断面

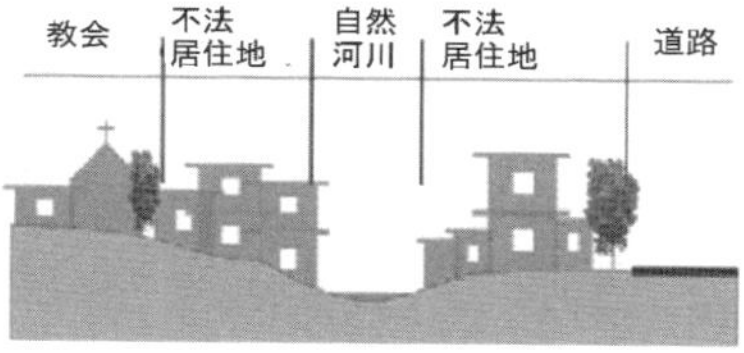

特徴

- 主要道へのアクセスを有するコミュニティ
- 内部のアメニティにより持続されている
- 地役権のある土地、セットバック地、建設不可地に出現（送電線の下、水道管の上、運河沿い）

分布

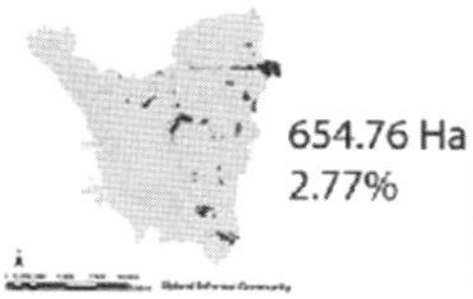

形態

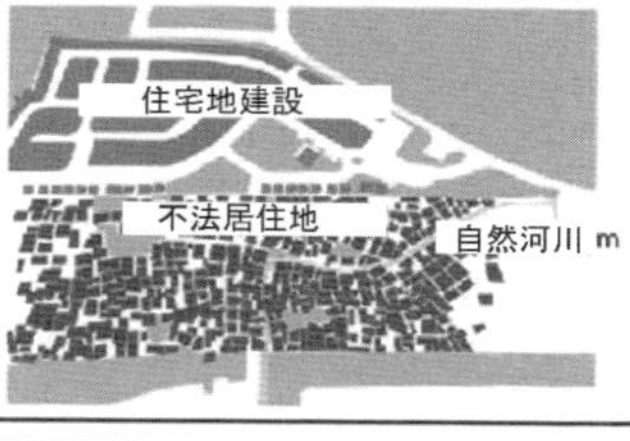

機能	生物多様性	洪水対策	文化	貧困	アメニティ	生産性
	低	–	低	高	低	–

図 5–5　都市的ハビタット・ユニット（不法居住地域）

5・3　エコロジカル・プランニングの構造

マニラ首都圏における課題は、洪水・高潮に伴う不法居住地域の安全性の確保にあるため、流域圏マネジメントが重要である。このため、小流域の区分を行い、洪水危険区域、貧困層居住区域、文化的資源保全区域の抽出を行い、ハビタット・マップと重ね合わせることにより、将来に向けたエコロジカル・プランニングの構造を明らかにした。その結果が図5−6であり、既存の大規模緑地（コア）を拡充し、中小河川沿いの氾濫危険区域を回廊として位置づけ、マニラ湾沿いの港湾区域、不法居住区域は、災害に対するレジリエンスを考慮し、エッジとして位置づけた。それぞれの数と大きさは次の通りとなった。

①コアとなるエリアは、中規模緑地も含め、22カ所、３５１１ヘクタール
②回廊（コリダー）となるエリアは42カ所、７５４５ヘクタール
③マニラ湾沿いのエッジとなるエリアは、12カ所、３１６４ヘクタール

これから、中小河川沿いの氾濫原のエリアが最も大きく、それぞれの地域の特性に配慮した施策の導入が必要であることがわかる。

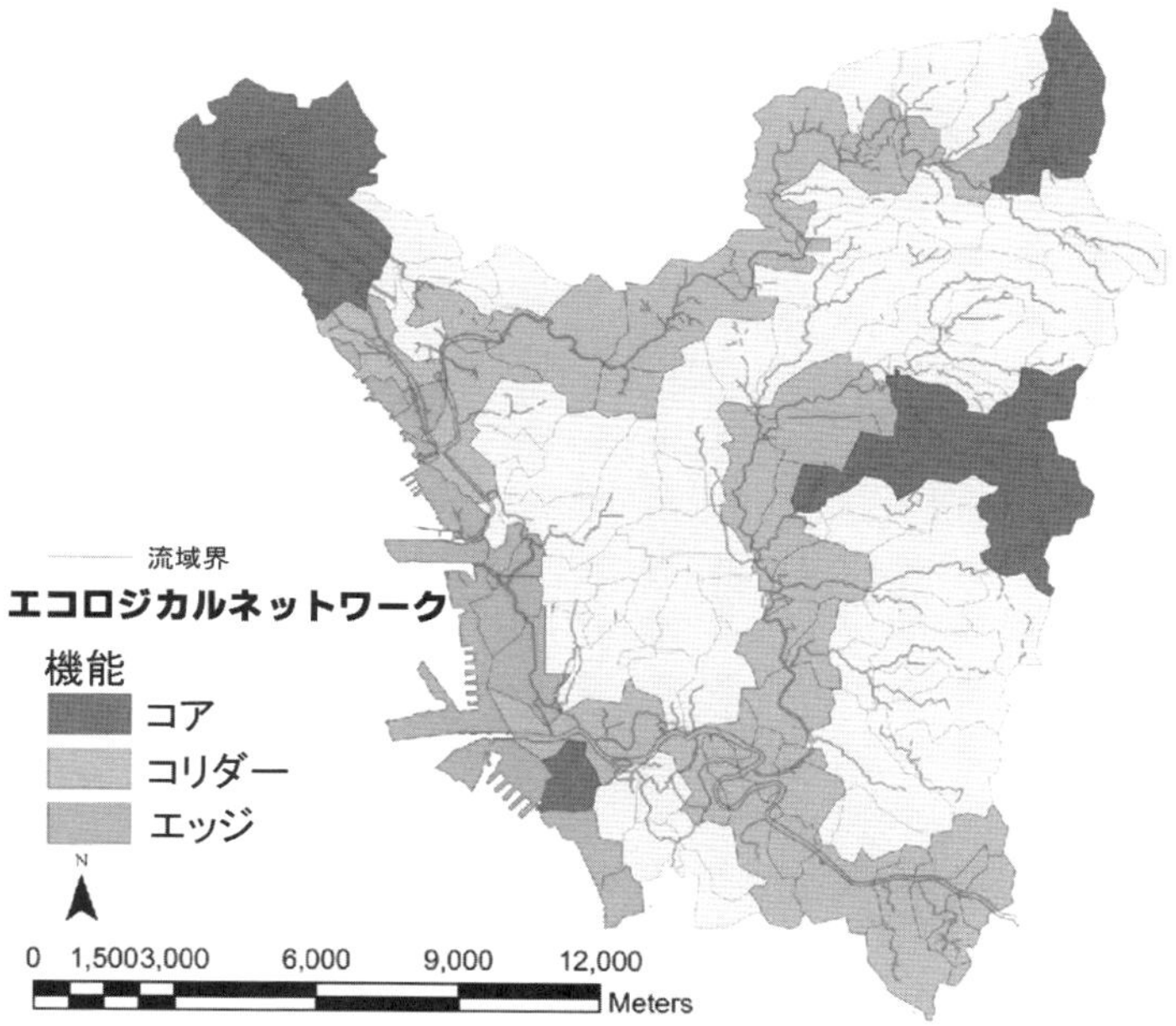

図5–6　流域圏を踏まえたエコロジカル・プランニングの構造

5・4　マニラ首都圏におけるエコロジカル・プランニング

図5－7は、コア、コリダー、エッジを包含した、マニラ首都圏におけるエコロジカル・プランニングの提案図である。

コアとなる保全区域は、大きく4カ所である。水源地域は今後とも手厚い保全施策の継続が必要である（コア1）。フィリピン大学周辺地域は台地上の都市地域の要としての保全施策が必要である（コア2）。一方で、マニラ湾に面する養魚場は台風により破壊された後、海の自然としての自律的遷移が進んでいる。首都圏を代表する生物多様性の宝庫として位置づけ、生態系の維持向上に向けた施策の展開が必要である（コア3）。「イントラムロス」地区は歴史的資産を保全し、文化的コアとしての保全・再生が必要である（コア4）。

大きな面積を占める中小河川沿いのコリダーには、不法住宅地が連坦しているが、所々に点在している緑地資源を活用し、コミュニティを重視したネットワーク形成に向けた施策の展開が必要である。マニラ湾に面するエッジのエリアは、高潮、海面上昇の影響を受ける区域であり、市街地の撤退を基本とし、海の自然を回復していくための抜本的施策の導入が必要である。かつて東京湾では、公害により海域が汚染されたが、半世紀に及ぶ試行錯誤の中から、海の自然の回復が実施され、１９７０年代に創り出された葛西海浜公園は、環太平洋の渡り鳥の飛来地として、

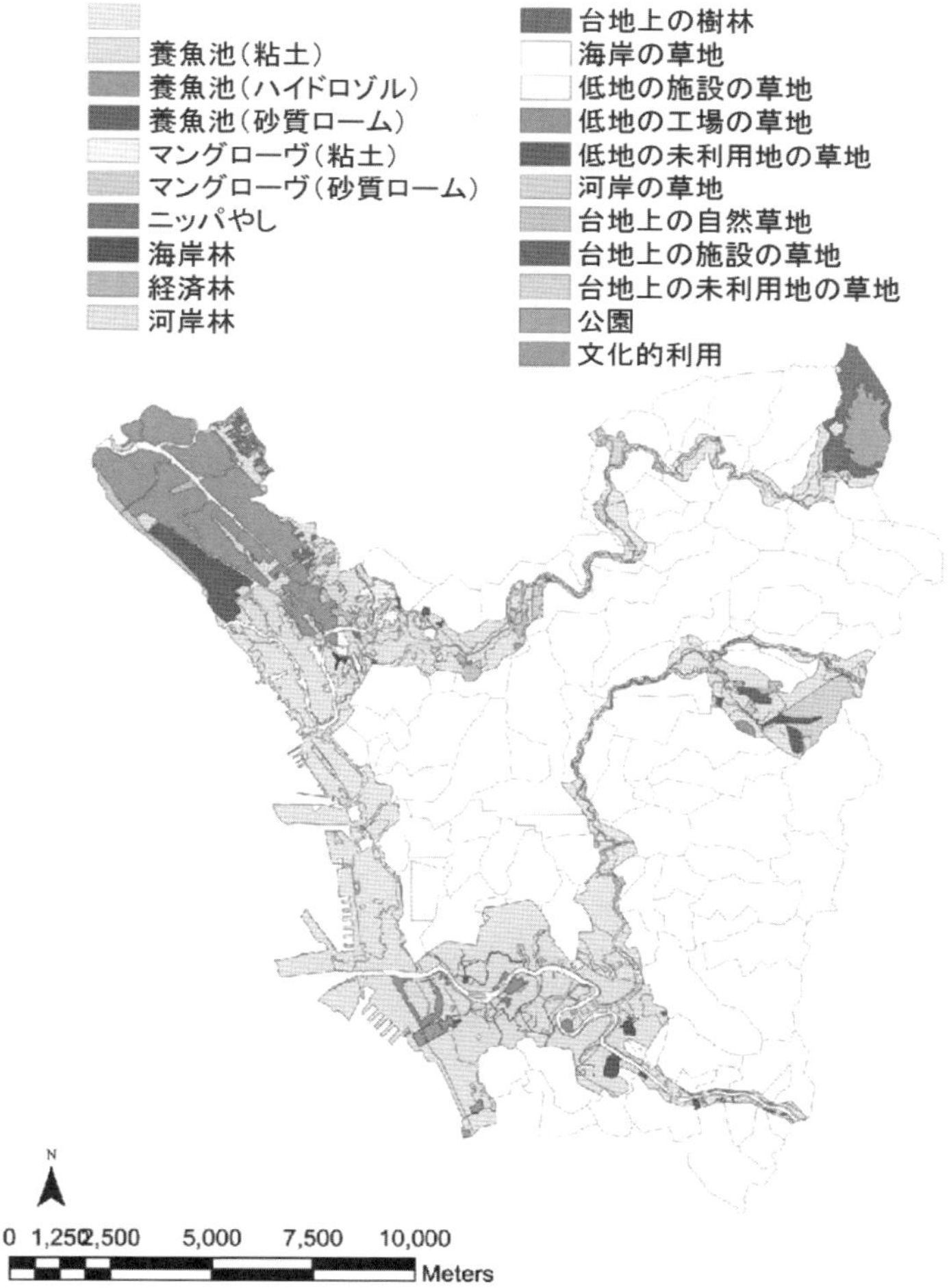

図5‒7　マニラ首都圏におけるエコロジカル・プランニング計画図（口絵）

ラムサール条約の候補地ともなっている。

重要なことは、望ましい未来のヴィジョンを科学的方法論により提示し、多くの人々が未来を共有する基盤を創り出し、これに基づき、できるところから具体的行動を一歩一歩実施していくことにある。この意味で、本章で展開したエコロジカル・プランニングは、その一つの道標となると考える。

第6章　食と水循環―アフリカでの挑戦―

船橋　真俊

6・1　はじめに

世界中の半乾燥地域で進行する砂漠化の原因には、自然要因と人為要因があるが、特に不適切な農業の実施が砂漠化を加速し、推定10億人がその影響下にある。半乾燥地域においては、農業や放牧による過剰な伐採は生態系のレジームシフト（非可逆的な破壊過程＝砂漠化）を引き起こすことが知られている。

中でもアフリカ・サブサハラ諸国は人口と食料需要の増加によって生態系破壊が最も危惧されている場所であり、今後人類社会が直面する食料危機と発展のジレンマの典型をなしている。生態系の多様性の構築に水循環は根本的な役割を担っているため、そのようなレジームシフトが危惧される場所においては、水大循環と生態系の関係に基づく農業が必要となる。その一例として、本章では、生態系全体の自己組織化を促すことで、生物多様性と生産性を両立させる「協生農法」

の取り組みを紹介する。同時に、生物多様性に基づく農業のマネージメントに必要な情報通信技術（ＩＣＴ）の要件とそのプロトタイプを紹介する。

6・2　協生農法

今、地球規模での物質循環の収支が農業によって大きく崩れつつあります。図６－１をごらんください。陸地でどれだけの生態系が破壊されているのかというのが、緑から赤のスケールで表示されています。(1) サハラ砂漠やシベリアなどのそもそも破壊できる自然資源が少ない場所は変化なしということで緑ですが、人間が入ったところはことごとく赤に変わっており、特に農業が生態系を破壊してしまうということを如実に示しています。また、地下水汚染による海洋生態系の死滅が報告されている区域が黒い点で沿海上に示されています。主に農業からの排出物によって、このままでは沿岸海域の海中も低酸素化によって砂漠化し、生物がいなくなってしまう深刻な環境破壊が進行しています。これだけ外部不経済が明白な農業のあり方に関して、経済や行政から抜本的な対策がとられていないという現状に対して、最先端の科学技術でも解決できないという状況は、現在の人類の文明レベルを如実に表していると思っています。

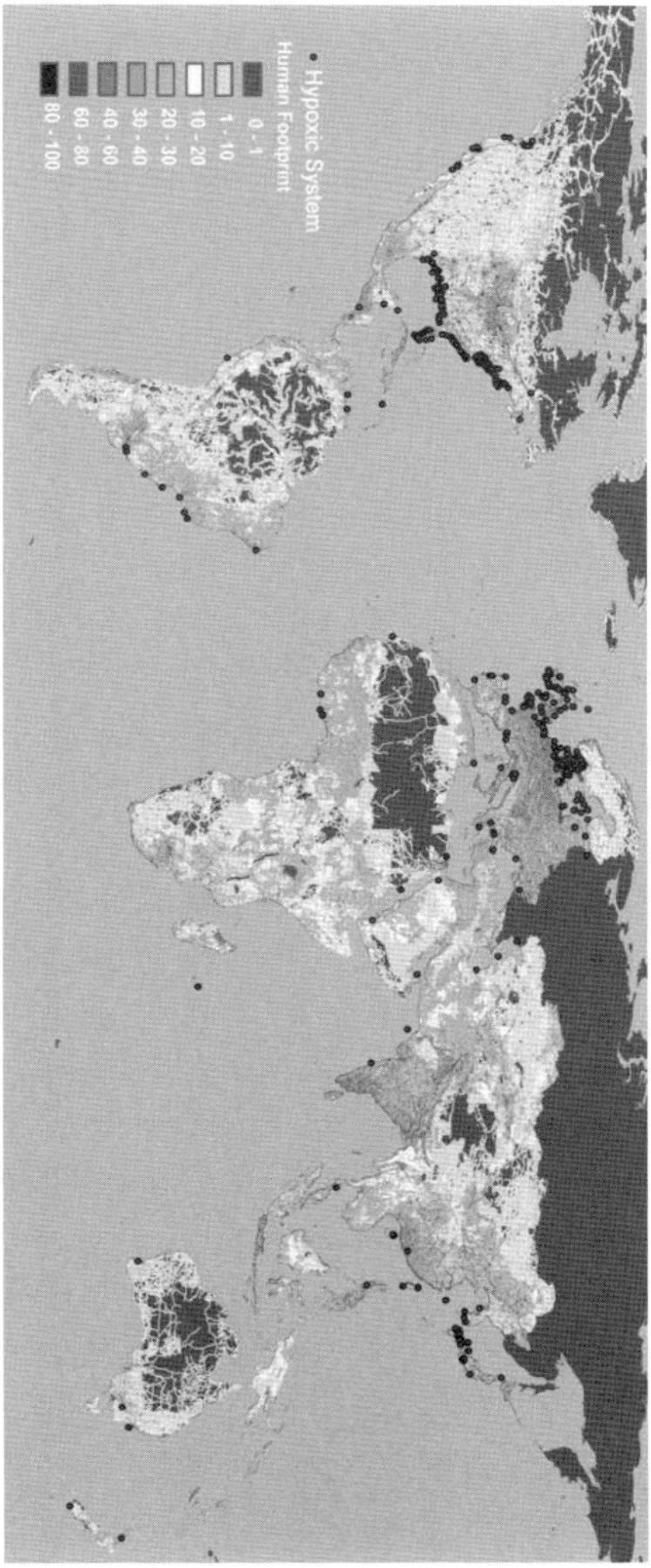

図 6-1　人間活動、主に農業による陸地および沿岸生態系の破壊状況（口絵）

陸域の色勾配は、主に農地転換による陸域生態系の破壊の度合いを示している。沿岸部の黒円は、低酸素化により海洋生態系が壊滅的な打撃を受けていることが報告されている場所を表す。文献[1]より引用私は、これらの問題を物質循環や生物多様性の両面から解決するために、小規模で実践できる協生農法という新しい農法を作って、日本やその他アジアの国とアフリカのサブサハラという地域を中心に展開しています。今までの農業のやり方では、それまであった生態系をすべて破壊して更地にしてしまい、物質循環やそれを支えていた様々な生物間相互作用を止めてしまい、その中にごく少数の作物だけを入れて生産性を高める方向に発展してきました。このやり方では、自然が賄ってくれる水循環をはじめとした様々な生態系サービスが損なわれてしまうことがわかっています。

協生農法では、逆の発想で生産性を高めます。そのために、自然生態系の中で様々な生物間相互作用を担う植物を、我々が収穫したい作物に置き換えてやります。図６－２は三重県伊勢市の（株）桜自然塾が実験している圃場の図ですが、２００種類ぐらいの野菜、果樹、ハーブ、山菜などの農作物を高密度に植え合わせて、自然生態系のようなニッチを形成させ、そこから間引いて収穫していきます。その結果、耕したり、外部から肥料を施したり、農薬を使ったりといった従来の農業における環境負荷要因を、全体の生産性を損なうことなく撤廃できるデザインになっています。

協生農法の圃場で特徴的なのは、普通の農地と違い、様々な植物がゴチャゴチャとひしめき合

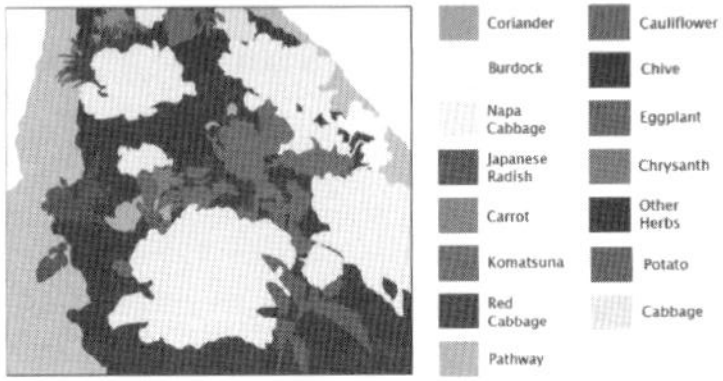

図6-2　三重県伊勢市にある協生農法の実験農園（(株) 桜自然塾による運営）（口絵）
1,000㎡に200種類以上の有用植物を混生密生させている（左図）。典型的な生産面では、4㎡に14種類程度の野菜類が混生している様子が見て取れる（右図）

って育つことです。規則的ではなく、自然がゴチャゴチャと自発的に作るパターンのことを冪《べき》分布、もしくはロングテールと言い、一見無秩序なのですが、実際に面積を測ってやると見事にその分布に合致するデータが得られています。普通の農業というのは、収穫量が正規分布で平均値があって、「この作物が毎年このくらい採れます」という再現性があるものですが、協生農法に関しては個々の作物種の収穫高の揺らぎが物凄く大きくなります。しかし、収穫できるもの全体を合算すれば、地産地消の地域経済の中に産物を供給して自活していけるだけの十分な収穫量が得られるのです。立地条件や加工保存方法、マーケティングによっては外部に売ることもできます。さらには、近年増加している異常気象や自然災害に対しても、慣行の農業より全体の収量では安定的な生産ができることがわかっています。

協生農法の説明をすると、「肥料をやらない？　それでは生産性が上がらないでしょう」と言われますが、実験農園の売り上げデータを見る限りでは、農水省発表の農家の経営収支と比べて1反（1000平方メートル）当たり2倍から4倍の生産性が上がっています。これは、肥料をあげなくても生産性が落ちないという話ではなく、今まで農家が生産できたとしても規格外品として普通のスーパーや農協に卸せず、したがって現金化できなかったという流通・マーケティングに関わる話です。肥料の使用は、市場の規格に合わせた農産物に育成するために必要不可欠な側面が大きく、コスト収益比でみると小規模生産では必ずしも生産性に結びついていません。そもそも市場経済以前の段階では、植物に由来する食料の供給量とは、食物として利用可能なバイオマス量のことです。そのため、純粋に自然科学的にみたとして、単に圃場における有用植物のバイオマスの生産量とそのコスト収益比で考えると、慣行のやり方よりも協生農法のほうが優位である可能性があります。端的に言えば、雑草が生えてくるように、手をかけずとも健全な野菜ができてくれれば収穫して売るだけで済みます。重機や資材も使わず、収穫や種苗の定植以外の農作業をしなくて済むため、収穫管理コストも慣行農法よりだいぶ低くなります。

問題は生産システムの変化に対して、流通・マーケティングを再編成し、食の常識を変える必要があるということです。それは従来の意味での農業の６次産業化に加えて、生産方法そのものを見直すという農業の存立構造自体を変革することに相当し、総合的にみて新規開拓できる自由度が最も高い領域なのです。実験農園からは独自のルートを使って販売しており、質の高い農産物であれば市場の規格に関係なく流通可能です。既存の流通路に乗せなかったということ以外は需要に対して供給するという市場原理に従っています。協生農法でできた産物の姿形は様々ですが、実験農園からはおおよそ有機農法の農産物と同じぐらいの価格帯、慣行農法の１・５倍ぐらいの値段で売れており、需要に対して供給が追いついていない状態です。もっと高くても買いたいという方はいますが、我々の目的は協生農法によって生まれる健全な食物の流通なので、適正価格を設定して提供しています。野生状態と同質な環境で育った野菜の健康効果を期待して購入される方も多いです。食べ物として健康に寄与する質と、農産物として流通させるための規格というのは全く別物なんですね。

協生農法ではその時々によって生産されてくるものが異なります。図６－２に示した実験農園では、１０００平方メートルに２００種類以上の有用植物が導入されています。このような状態でできたものから間引き収穫していきますから、実際の出荷品目や出荷量を普通の農協の方々へ見せると常識とかけ離れていて驚かれてしまいます。初めの年には10種類ぐらいできて、その次の年に一部分ができなくなるけれどもまた別の作物ができてくるというふうに、収穫物のポートフォリオが非常に多様化していき、最終的に3年間で２００種類ぐらいの作物が生産できました。良くできたものだけで80種類ぐらいになり、全国の消費者に宅配したり、付属のレストランなどでも提供できるくらいの作物が生産できました。２０１０年から２０１６年にかけて、６０００人以上の方々に協生農法の産物を提供しています。つまり、いわゆる食料生産の質や量という意味では十分成り立つという結果が出ているのですが、農家や農業生産、産物の多様性というものの認識を一段変えなければ協生農法のような新しいシステムの実装に対応できないということなのです。社会変革を促すという意味では行政がやれればベストですが、これだけの多様性を相手にするには荷が重すぎるかもしれません。

それから異常気象をはじめとして、環境の揺らぎが非常に大きくなり、日照りが続いたり、ゲリラ豪雨が降ったり、寒波の後に気温がいきなり暖かくなって、春一番が吹いたと思いきやまた雪が降ったりといったことがあります。そういった環境変動に対して、協生農法の場合は非常にポジティブな応答が返ってくるということがデータからわかります。図6－3の横軸は気象の揺らぎです。右に行くほど気温・降水量・日照時間の揺らぎが大きくなります。揺らぎの大きさに対して、我々の実験農園から出荷できた産物の種の多様性、何種類出荷できたかという種数が縦軸です。揺らぎが増えるほど多様性が増加しています。これは異常気象で収量が減ってしまう普通の農業からみると常識に反する結果です。平均気温（黒）および日照時間（灰色）のゆらぎ（X軸）に対して、産物種数（Y軸）は1％有意に正の回帰がみられました。また、季節性は確認されませんでした（春や秋の気象変化が激しい期間と種苗の定植時期が重なって見かけ上の相関関係が生じているわけではありません）。一方、降水量（データ非表示）に関しては有意な回帰は存在しませんでした。これは、降水量の変動に対して収穫産物の多様性を一定に保つ機能と解釈できます。いずれも環境条件の変動に対する収穫可能な産物種の適応多様化が、圃場生態系における多様な相互作用の正味の結果として生じていることを示唆します。しかし、今まで生き物の進化の過程を長い時間スケールでみると、世界中の生態系に対して、隕石が落ちて来たり、恐竜が絶滅したり、火山が噴火したりと、極めて大きな外乱があったわけですが、そういったものに対して常に多様化し適応したものが残ることで生き物というのは進化し、新しい種を作って

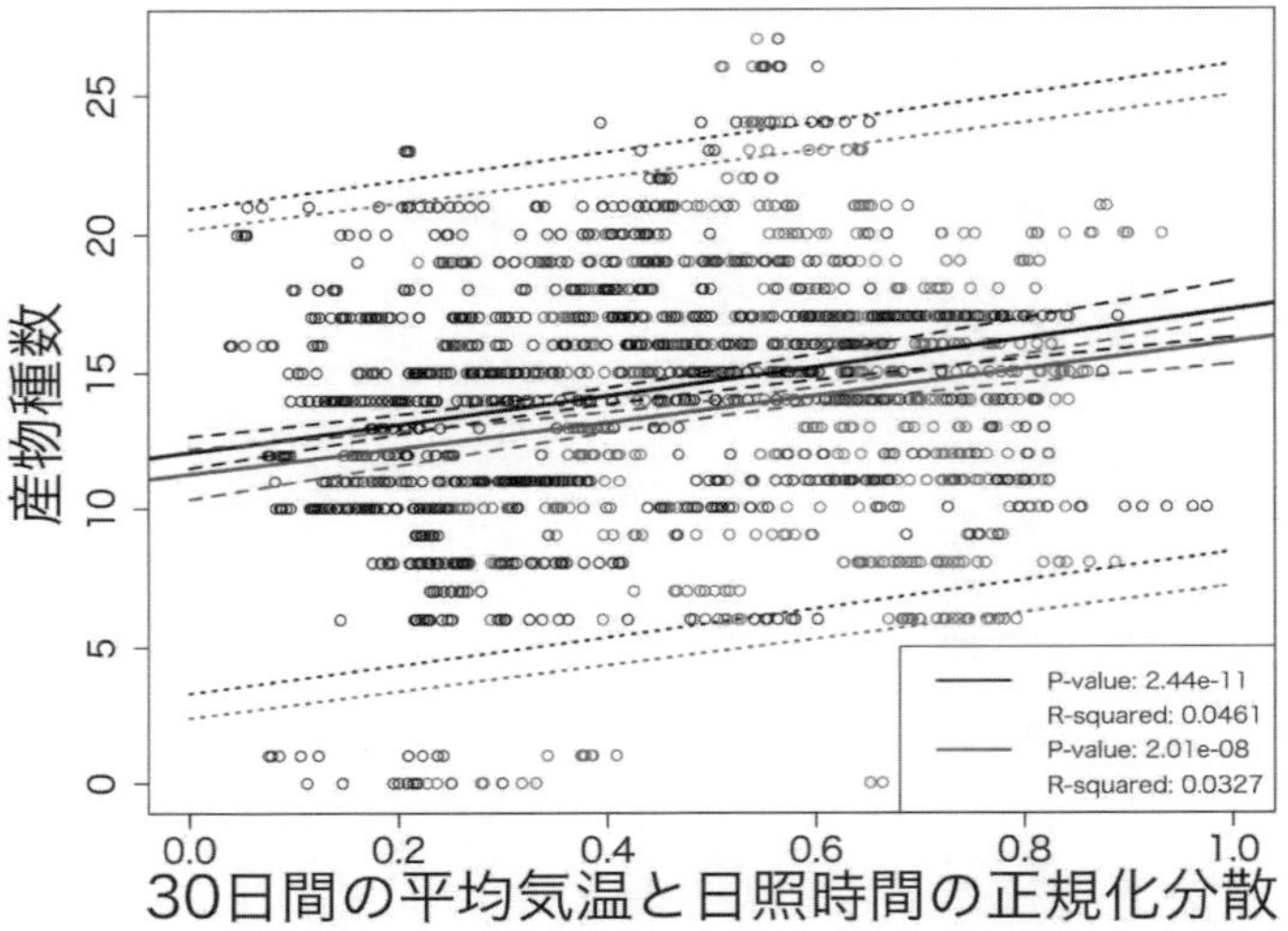

図 6–3　環境変動に対する協生農法産物の多様性

横軸：収穫日から過去 30 日間の日ごとの平均気温と日照時間の分散値。最大値を 1 に正規化。AMeDAS 鳥羽観測所のデータに基づく

縦軸：伊勢協生農園において収穫された産物種数

黒線および黒円：過去 30 日の平均気温の正規化分散に対する収穫産物種数

灰色線および灰色円：過去 30 日の日照時間の正規化分散に対する収穫産物種数。円が実データ、実線が 5% 有意な単回帰、長破線が 95% 信頼区間、短破線が 95% 予測区間を表す

生き延びてきました。それが進化というスケールまで及ばなくても、圃場のような小さな生態系に多種の植物から成る群落（コミュニティー）を形成する上でも、こういった揺らぎに対するポジティブな反応があるということが協生農法でもそれが再現されました。

6・3　アフリカ・サブサハラでの実証実験

サハラ砂漠の南側には海岸線に向けて徐々に森林の被覆が広がっています。衛星写真で見ると、ちょうど茶色い砂漠と森林の緑の境が移り変わるサブサハラのサヘル地域という場所に我々はパイロットプロジェクト拠点を作りました。何故サブサハラをターゲットにしているかと言いますと、それは、水循環、食料生産や人口問題を考える上で多くの困難な要素が集積しており、ここでソリューションが見つかれば、おそらく全世界で展開できるほど条件が厳しいところだったからです。グローバルにみると、これから人口増加が一番見込まれているのがアジアと、このサブサハラのアフリカです。それに伴って、例えば２０５０年までに見込まれている農業セクターの温室効果ガスの増加分のうち２／３ぐらいが、これらの人口増加地域から排出されるだろうと予想されています。つまり、これから農業生産を増やすべき量の２／３がこのサブサハラとアジア各国に局在しています。地政学的にも非常に不安定なところで、プロジェクト拠点のあるブルキナファソという国では先週もテロがありました。クーデターがあって一時期無政府状態になったりするところなので、外交ルートで入ってくる情報もあまり信用できません。

図６－４の世界地図は、気候変動に対して社会がどれだけ被害を被るかという指標を緑から青のスケールで表しています。[2]青が濃いほど気候変動のあおりを受けて農業生産など重要な経済活動が低下するリスクが高いところです。ご覧のように世界の穀物市場を牛耳る大国や先進国ではなく、熱帯の小国や途上国に局在しています。ところが、これらの国々では社会体制の腐敗が深刻な場合が多く、国際的な支援が民衆まで届きにくいと予想されています。アフリカや南米に対する国際支援が却って社会格差を広げたり環境破壊を進めてしまうことも指摘されています。これらの場所では家族経営の小規模な生産者（smallholder）が大多数です。上からの支援に頼らずに草の根の食料生産者が直に恩恵を享受できて、このような厳しい気候的・地政学的な状況の中で健全な地域経済を作るのに役立つ農業技術が少ないのです。

さて、ブルキナファソにおける協生農法の実験ですが、最初に行ったのは生態系がサバンナ、ステップから砂漠に移行する、トランジションがある、ちょうどその辺りです。基本的には砂漠です。そんなところに、地元のＮＧＯの方たちが２０１５年から協生農法の実験を地道に始めました。図６－５が農園造成時の様子と最近の写真です。２０１８年でもう４年目になって、初期

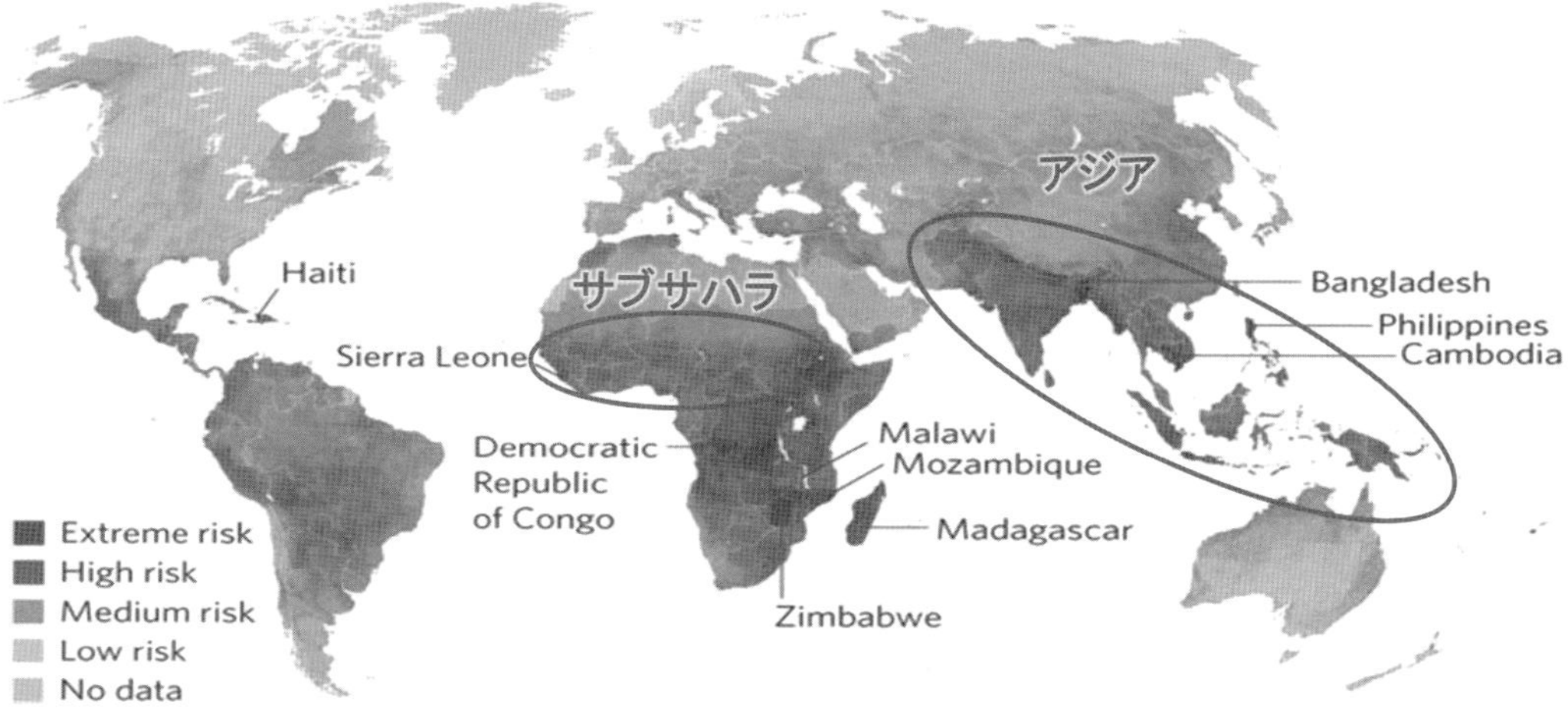

図6-4　気候変動に最も脆弱な10カ国とその社会的腐敗率（口絵）

文献[2]より引用。サブサハラとアジアにおける、人口増加率と社会腐敗率が高い地域を円で囲んでいる

図 6–5　ブルキナファソ東部のタポア地方マハダガ村に位置する協生農法実験農園

上図：2017 年 11 月から 2018 年 5 月の乾季の様子。乾季でも常時収穫可能な有用植物に満ち溢れた植生を保っている

下図：農園造成時の様子。2015 年 4 月に撮影

の成果がだいぶ出てきたところなのです。そもそもブルキナファソは半分くらい砂漠化してしまっているので、慣行農法の生産性が非常に低く、市場に流通している農産物の質もあまり良くありません。まずは砂漠化から生態系を回復させて、そこからさらに同時に生産するという協生農法のような方法が非常に有効であると考えます。実際の結果は、マーケットにきちんとアクセスがある状態では５００平方メートルで月１０００ユーロ、13万円ぐらいの生産性です。慣行農法に比べて農産物の質が格段に良かったので、市場の相場の２倍の値段で売れました。現地の農産物市場で実際に協生農法の収穫物を売って稼いだお金です。これは現地の人にとって大きな収入であり、国民１人あたりの平均所得の約20倍に相当します。裏庭で少し協生農法をやっただけで平均年収の20倍を稼げるという非常に良い話なのです。

現地では貧困問題が非常に深刻です。生活に必要な最低限の食べ物を買ったり、衣服を買ったり、家賃を払ったりという、そういった最低賃金に達していない人がたくさんいます。月１０００ユーロあれば、だいたい50人ぐらいが、首都のワガドゥグで最低賃金水準以上の生活ができます。平均するとだいたい10平方メートル程度の小さな場所で協生農法を行い市場に流通させることができれば、大人が１人が貧困から脱却できる計算になります。ブルキナファソ政府の統計院が発表している慣行農法のデータの生産性と比べると、40倍から１５０倍にもなります。(3)

ただし、これは単純に割り算で算出されています。このように、上からの支援に頼らずに地域経済に生産者の側から貢献できるインパクトが非常に大きいのです。

実験を始めた土地は伝統的な農業によって痩せて砂漠化してしまい、固くて水が浸透せず、掘ろうにもスコップの刃が立たないという、日本で言えば硬く固められた小学校の校庭のようなガリガリの土地でした。それを協生農法で1年ぐらいやっただけで食べられる植物に満ち溢れたジャングルに変えることができ、肥料無しで土壌有機物も自然に増えてきました。経済的なインパクトもそうですが、この砂漠化（生態学ではレジームシフトと呼ばれている）が転換できる。この取り組みに対して現地の政府もいろいろと支援してくれました。4回ほど国際シンポジウムを開いています。シンポジウムと言っても私が一人で乗り込んで行き、半信半疑の向こうの専門家相手に喋ってきたという話です。ただ、やるたびに説得される人が増えていき、今はサブサハラに協生農法を主眼とした新しい研究所と、協生農法を専門的に学べて高校から大学レベルの学位を授与する機関を三つの省庁の支援を受けて作っています。(4) もちろん意図していたことでもありますが、こうやって現地に行って実際にやってみたら面白いことがいろいろと起きています。その結果、(5、6) 協生農法は国際的にも生物多様性を促進する農業の有意なソリューションとして登録されています。

6・4　砂漠化＝レジームシフトを防ぐには

協生農法は自然放置ではなく、有用植物種を人為的に導入し、生態系を自己組織化させます。これを「人間による生態系の拡張（Human augmentation of ecosystems）」と呼んでいます。[16] このように拡張された生態系をベースに食糧生産をしていくことは、生態系機能を損なわずに新たな形の生物多様性を実現し、持続可能な生態系サービスを高水準で発揮させる上で重要だと考えています。一方で、このような拡張された生態系に関して、自然生態系と全く同じ仕組みが成り立つのか、条件によって増強されたり減衰する生態系機能はあるのか、それらを総合的に持続可能性に資する方向に発展させるためにはどのように制御できるのか、などといった課題があります。特に、「拡張された生態系の生態学（Ecology of augmented ecosystems）」というテーマは、構造解明を目指す学問としての生態学が今後数十年で新たに取り組むべき重要なテーマでしょう。[17]

ある程度成果が出てきてから、乾燥地域の生態学の知見をみてみると、協生農法のような拡張された生態系を実現する上でいろいろな工夫が考えられます。図6－6に示したのは、乾燥地帯の生態学において砂漠化が進行する過程のモデルです。[7] 左側の森がどんどん穴だらけ（ギャップ）になっていき、だんだん迷宮のようなパターンになって、最後には砂漠の中に木がポツポツと残

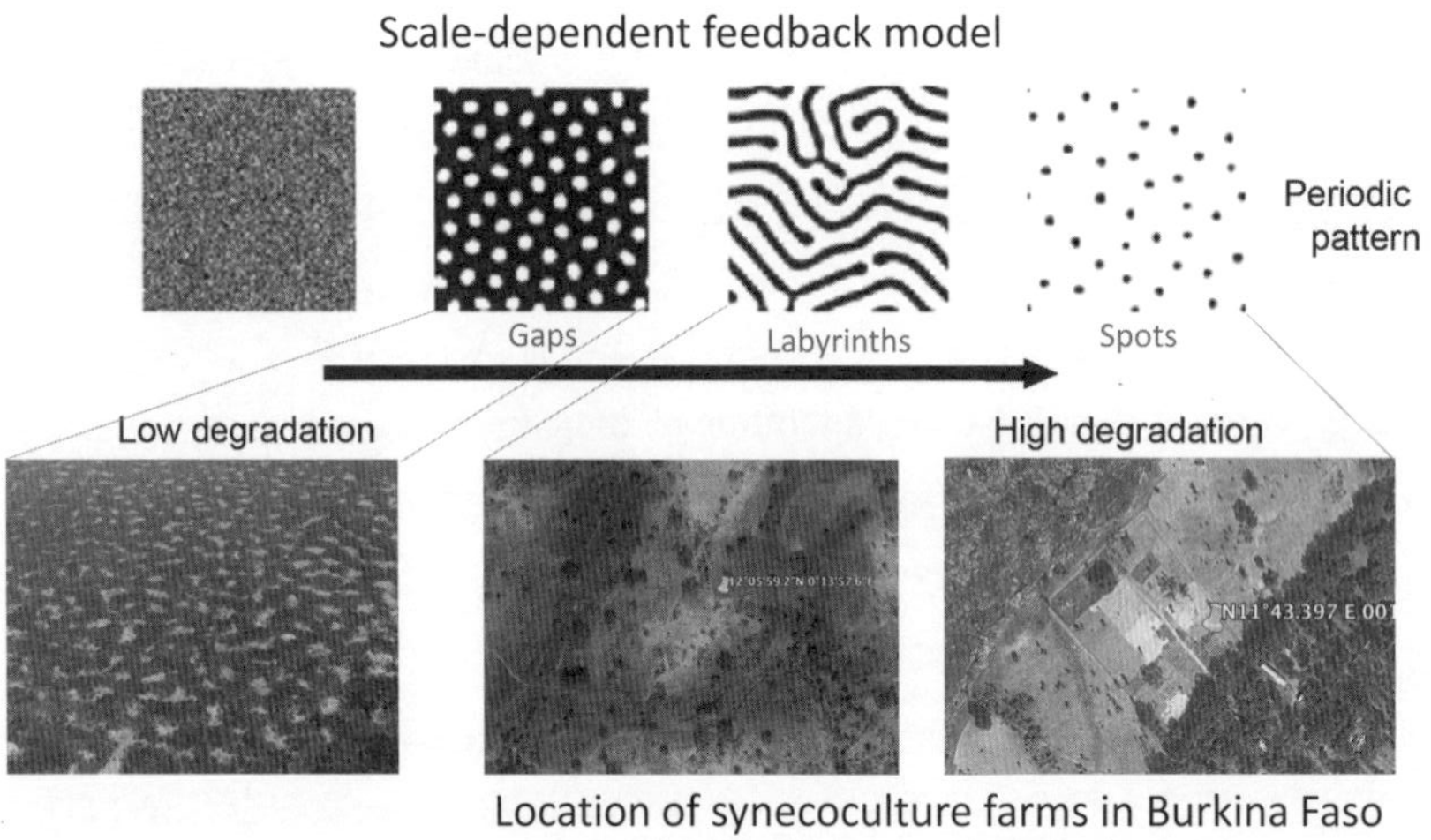

図 6–6　乾燥地帯の生態学における砂漠化の進行過程モデル
植生と地表水との間の正のフィードバックは、乾燥地生態系におけるパッチパターンのギャップ－迷宮－スポット遷移を作り出す。上段：文献[7]によるモデル研究より引用。下段左：文献[8]より典型的なギャップパターンの生態系の写真の引用。下段右：ブルキナファソにおける協生農法実験農園の衛星写真（Google Earth による）と迷宮－スポットパターンとの対応

っているっていうような状況（スポット）へのトランジションになっています。このモデルと我々の実験地の衛星写真を対応させてみると（図6－6下段）、いきなりガクンと砂漠化してなかなか元に戻らないタイプの「レジームシフト」と言われる砂漠化が起きてしまったあとの状況であることが残された植生の空間パターンから見てとれます。物質循環と生物活動の間に非常に強い相互作用があると、それが崩れたときにこういう破壊現象的になります。ちょうど複雑な高い構造物が脆い状態でかろうじて立っていたものが、わずかな外乱でガラガラと崩れ落ちるような現象です。逆に低い物体が離れて並んでいるだけのような、物質循環と植物・生物があまり関係していないといったエコシステムもモデル上は考えることができ、そういうところでは徐々になだらかに木が減っていくだけの挙動が予想されますが[9]、サブサハラに関してはいきなりガクンと木がなくなって元に戻せないというようなタイプになります。一般的には、近くの植物同士で共生的な相互作用があると、このような破壊現象が生まれるメカニズムが生じますので[10]、レジームシフトの危険性はすべての大規模な生態系に成り立つと考えてよいでしょう。これは別に不思議なことではなくて、高層建築から航空機、生物の代謝、生態系にいたるまで、複雑なシステム一般に内在している仕組みなのです。従来のように、すべての生態系を取り払ったあとに、要素としての植物だけを入れて、水循環や物質循環、生物多様性のあいだの相互作用を考えない農業というのは、乾燥地の生態系の脆弱さに対して非常に親和性が悪いのです。

例えば日本政府や欧米諸国が行っているＯＤＡの典型例として、トラクターを使った農業の技術支援というものがあります。しかし、ブルキナファソのような厳しい環境では、トラクターを１回かけると生態系が死んでしまって、運が悪ければレジームシフトに陥ってしまい、もう回復できません。先進国の生活環境に依存している我々の一般常識では歯が立たず、限りある外部資源や資金援助への依存を取り払って、生態系のメカニズムをベースで考えていかなければいけないということです。

協生農法のように、現地にある生物資源を活用して、物質資源、特に土壌中にある窒素やリン、ミネラルの表土の貯留率を高めて、植物を介して循環させ、植物による利用率や土壌環境とのインタラクションを高めていき、丈夫な生態系を作っていこうという自律システム的なアプローチでないと構造的に成り立たないのです。特に乾燥地域の生態系では、耕すことが致命的であり、耕さずに植物同士の共生的な相互作用を活用することが植生の回復にとって重要であることがわかっています。[11] さらに、自然回復に任せると種子散布戦略が短い距離に偏った植物が勝ち残って、生態系の多様性が抑制されることが予想されています。[12] パラドックスに聞こえますが、長距離の種子散布戦略をとる植物は、生態系全体の相互作用の中では「絶滅に向かって進化」してしまうというのです。協生農法のように人が植生配置に介在することで、自然状態では絶えてしまう植物種に対しても、拡張された生態系の中で維持していくことが可能でしょう。

先ほど冪《べき》分布という話をしましたが、冪分布は特に砂漠で重要です。図６－７は相図といって、モデルがパラメータ変化に対してどのように挙動を変えるかを分類したものです。[13]植生の被覆率が高いところでは、植生の小さな塊ごとの面積が冪分布を成し、これは協生農法でも観察されています。これは高度に自己組織化した自然植生一般の特徴です。砂漠化に向かうに従って、この冪分布から外れ、だんだんと規則的になっていきます。先ほどの穴あきパターンが出てくるとか、迷宮のようになってくるとか、そういう前兆情報が出て、その後ガクンと砂漠化してしまうわけです。それならば、こういう兆候が出てきたところに協生農法を導入して、健全な植生パターンとしての冪分布を回復させてやるという手法が有効なのではないかというのが我々の経験から見えてきたところです。実際に、森林を構成している植物種の多様性は表土の水循環を支えており、干ばつ時の生態系の復元力を高めることが報告されています。[14]このような話は我々が実験を始めた２０１５年ではわかってはいなかったのですが、最近になって世界各地の乾燥地域でも同様な仕組みでレジームシフトが起こりつつあるという論文[15]も出ており、今非常にホットなところです。

もう少し歴史的に長いスケールでみてみると、サブサハラのように木が生えていたところが砂漠化した場所と、もともと何万年、何十万年近く砂漠であった場所では環境条件が根本的に違っています。例えば日本の場合は、砂漠化という現象はそもそも起こらなくて、耕せば草はなくな

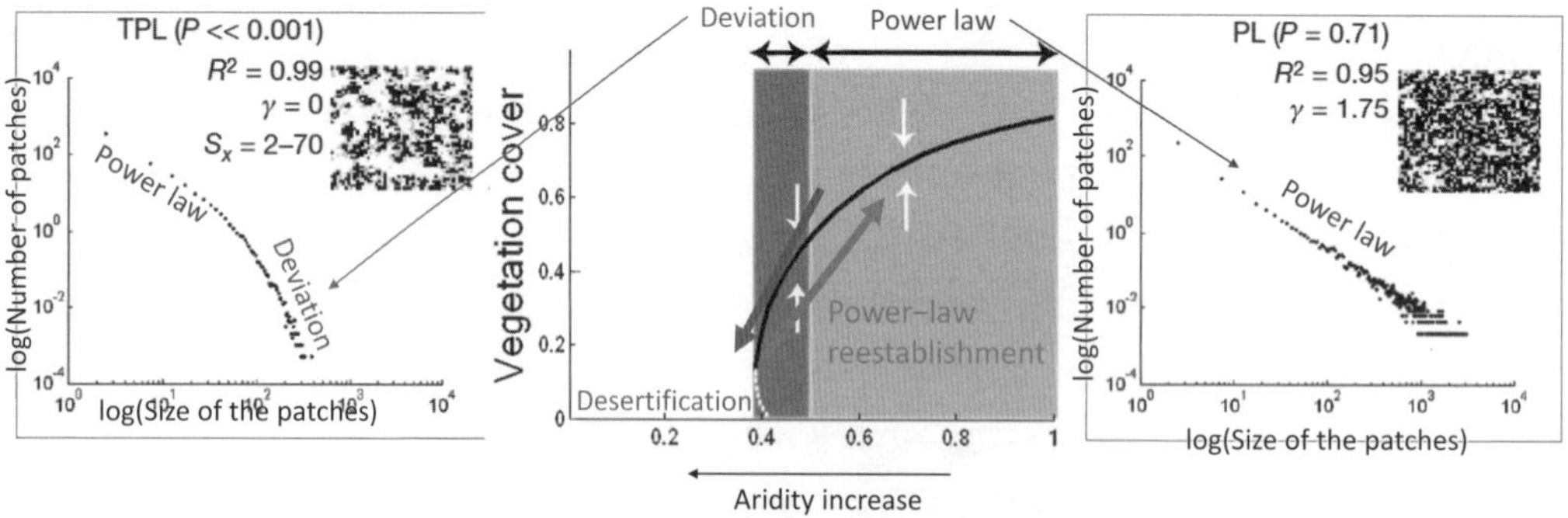

図 6–7　シミュレーションモデルにおける植生面積の冪分布と砂漠化による逸脱

パッチサイズの冪《べき》分布からの逸脱（灰色矢印）は、砂漠化の初期徴候として観測できることを示したモデル研究の例。文献[13]より引用。協生農法による生態学的最適化は、パッチパターンの冪乗則分布を再構築することができ、砂漠化の防止に寄与する可能性があるりますが、翌春には生えてきます。砂漠化と、日本のように耕して植生がなくなった状態というのは根本的に違います。砂漠化というのは、放置しても植生が以前のレベルに自然回復しない状況です。ブルキナファソでは１９６０年代は緑がもっとありました。

そして北のほうのサハラ砂漠にいくと、そこが何万年もずっと砂漠だったかというと、実はそうではありません。最近の地質学的な解析をした論文によると、サハラはだいたい８０００年から４５００年前ぐらいの間にそれまでの湿潤な草原や森林から乾燥化へ向かったという知見があります。[18] そこには二つの要因があって、一つは常に起きている地球の自転の歳差運動により、少し地軸が立ったらしいのです。そうするとサハラの辺りに太陽光がもっと当たるようになり、砂漠化、乾燥化に向かったと言われています。加えて、それだけでは砂漠化しないという意見もあって、乾燥化が進むにつれて８０００年から４５００年ぐらい前の住民たちが、家畜を伴って生態系を焼き払ったらしいのです。焼き払って畑にしたり、あとは焼き払ったあとに出てくる草を食べさせたりというふうにして、どんどんサハラを拡散していったという歴史があります。現代においても、サブサハラにおける農業による伐採は少なくとも気候変動と同じぐらい砂漠化を引き起こす原因とみなされています。[19] 天文現象と人間活動、その二つが合わさりレジームシフトが引き起こされているので、地球上に本来構築できる自然生態系や生物多様性を推測するには、その割合をよく調べる必要があります。一度人為的な要因で砂漠化してしまうと、自然放置では元に戻りません。８０００年ぐらい前のサハラの植生があったラインはもっと凄く北のほうで、ブルキナファソは今のコートジボワールとか、それ以上に湿潤な森、草原が広がっていたということがわかっています。気候変動はあったにせよ、最終的には人為的要因でレジームシフトが起きて現在のサハラ砂漠となった可能性が高いのです。さらにサハラの地下には今でも莫大な地下水資源が眠っていると言われており、たぶん８０００年ぐらい前までに涵養されたものであると言われています。

もし、現在のサハラ砂漠が地球の歳差運動以上に８０００年前からの人為的な要因によって引き起こされたレジームシフトの結果であるとしたら、協生農法のような環境構築型の農業によってそこに緑を回復することが原理的には可能です。天文現象が支配的な場合はテラフォーミングでもしない限りは太刀打ちできませんが、過去の人間活動が原因ならば現地の産業を変えることで解決できる余地があります。そして、レジームシフトの性質上、砂漠化からの植生回復は自然放置しても起こらず、人間活動による生態系の拡張をサハラの地で実現することが必要不可欠になるでしょう。[20] 実際に、温暖化により現在北アフリカは長期的な緑化トレンドにあり、気温上昇により植物の水利用が向上する相乗効果が観察されていますが、[21、22] これはサブサハラの協生農法における水効率の増加と見事に対応しています。[23]

６・５　ＩＣＴによる支援

協生農法のような生物多様性の持っている力を最大限発揮する農業を支援するのに、ＩＣＴ、情報通信技術が非常に重要です。拡張された生態系というのは生物多様性だけではなくそれに付随している情報も莫大に増えるということであり、その中で食糧生産をマネージメントするには、様々な有用種とその使い方を実践知・共有知としていく必要があります。乾燥した地域の場合ではどういう成長の仕方をして、水が多い場合はどういう成長の仕方をする。何を育てた後に植えたほうがよいか、何と植えあわせるとよいか。それぞれの場合に、いつ収穫するのがよいか、などと、意思決定に際して物凄くたくさんの分岐構造があります。特にこのサブサハラでは一般的な意味でのインフラが非常に脆弱な反面、皆が携帯電話を持っているので、アフリカの政府は今、軒並みスマートフォン端末を利用したデータ支援をやろうとしています。我々は今後のインフラ技術の発展方向も考慮して、協生農法の支援システムを作っています。具体的な生物多様性、作物の様々な情報を記録したビッグデータと、直感的につながりがわかり操作できるインターフェースを備えて、様々なレベルのリテラシーの人たちに提供できるようにしています。雑多な情報を纏める人工知能を使った解析や、その結果を実際の農地などに重ねて見せられるように拡張現実（ＡＲ）や仮想現実（ＶＲ）を使って遠隔支援するシステムも構築しています。これらの支援技術を活用して協生農法の集団的な経験知を世界中の様々な気候帯で形成し、生物多様性条約・愛知目標やSDGsに代表される持続可能性に向けた課題を解決していきたいと考えています（CSDC2018）。

最後に、このCOI－Sプロジェクトでは、水の大循環のシミュレーターを作っていますが、それとの接続ができたらいいでしょう。我々が作っているこのマネジメントシステムはセンサーなどを使って実地に取得した情報間を繋げていくインターフェースの機能があるのですが、それだけでは生態系や水循環は歯が立たないぐらい複雑です。例えば、地下水の流れや海洋の大局的な対流は離れた陸地の生物多様性にも影響を与えています。これらについてはシミュレーションしないとわかりません。物質循環の情報と、さらに協生農法が得意としている生物相互作用的な情報のあいだを橋渡しする、そういった統合的に生態系のダイナミクスと嚙み合うものに繋げていければいいなと思っています。

具体的には、個々の小規模農業の現場で、自分の判断が大局的な生態系や水循環にとってどのような意味を持つのかを判断できるような定性的モデルが必要だと考えています。例えば、自分の畑に新しい作物種を植えることが地域の生態系ネットワークにとってどのような作用をもたらし得るのか、自分の土地を耕すことは、流域一帯に環境負荷を生むのか、小規模ならポジティブな攪乱としてむしろ生物多様性に貢献するのか、下流に水源がある場合は、上流に森林がある場合は、それが天然林と人工林ではどう違うか。そういった具体的な行動に対して多様な解釈の幅を提示して、大局的なマネージメントを合議するための材料が十分多様に得られることが重要だと思います。

参考文献

[1] Robert J. Diaz and Rutger Rosenberg: "Spreading Dead Zones and Consequences for Marine Ecosystems" Science, 321 (5891), 926–929　DOI: 10.1126/science.1156401 (2008.8.15)

[2] Anna Petherick: "A note of caution" Nature Climate Change, 2, 144–145 (2012)

[3] André Tindano and Masatoshi Funabashi, editor: "Proceedings of the 1st African Forum on Synecoculture" (English Version). Research and Education material of UniTwin UNESCO Complex Systems Digital Campus, e–laboratory: Open Systems Exploration for Ecosystems Leveraging, No.5.

[4] https://www.facebook.com/carfs.org/

[5] https://panorama.solutions/en/solution/synecoculture-synecological-farming-project

[6] http://www.cs-dc.org

[7] Kéfi, et al.: "Early Warning Signals of Ecological Transitions: Methods for Spatial Patterns" PLoS ONE. 9 (3): e92097 (2014) https://doi.org/10.1371/journal.pone.0092097

[8] Barbier, et al.: "Self-organized vegetation patterning as a fingerprint of climate and human impact on semi-arid ecosystems" Journal of Ecology, 94 (3), 537–547 (2006)

[9] Kéfi, et al.: "When can positive interactions cause alternative stable states in ecosystems?" Functional Ecology, 30 (1), 88–97 (2016)

[10] Xu, et al.: "Local facilitation may cause tipping points on a landscape level preceded by early-warning indicators" The American Naturalist, 186 (4) (October 2015), E81–E90 (2015)

[11] Pueyo, et al.：“Comparing Direct Abiotic Amelioration and Facilitation as Tools for Restoration of Semiarid Grasslands” Restoration Ecology, 17 (6), 908–916 (2009)

[12] Kéfi, et al.：“Evolution of Local Facilitation in Arid Ecosystems” The American Naturalist, 172 (1) (July 2008), E1–E17 (2008)

[13] Kéfi, et al.：“Spatial vegetation patterns and Imminent desertification in Mediterranean arid ecosystems” Nature, 449 (7159), p. 213 (2007)

[14] Anderegg, et al.：“Hydraulic diversity of forests regulates ecosystem resilience during drought” Nature, 561, 538–541 (2018)

[15] Berdugo, et al.：“Plant spatial patterns identify alternative ecosystem multifunctionality states in global drylands” Nature Ecology & Evolution, 1 (2), 0003 (2017)

[16] Funabashi M.：“Human augmentation of ecosystems: objectives for food production and science by 2045.”npj Science of Food, 2, Article number: 16 (2018)

[17] https://en.wikiversity.org/wiki/Portal:Complex_Systems_Digital_Campus/FOOD#Ecology_of_Augmented_Ecosystems

[18] David K. Wright: “Humans as Agents in the Termination of the African Humid Period” Front. Earth Sci., 26 January 2017　https://doi.org/10.3389/feart.2017.00004

[19] Gaiser, et al.：“Future productivity of fallow systems in Sub-Saharan Africa: Is the effect of demographic pressure and fallow reduction more significant than climate change?”Agricultural and Forest Meteorology, 151 (8), Pages 1120–1130 (2011.8.15)

[20] Evan, et al.：“The past, present and future of African dust” Nature, 531, 493–495 (2016.3.24)

[21] Lu, et al.：“Elevated CO2 as a driver of global drylands greening” Scientific Reports, 6, Article number: 20716 (2016)

[22] Xu, et al.：“Ecosystem responses to warming and watering in typical and desert steppes”Scientific Reports, 6, Article number: 34801 (2016)

[23] André Tindano and Masatoshi Funabashi, editor：“Proceedings of the 2nd African Forum on Synecoculture” (English Version). Research and Education material of UniTwin UNESCO Complex Systems Digital Campus, e-laboratory: Open Systems Exploration for Ecosystems Leveraging, No.7.

第Ⅱ部　水大循環研究のフロンティア

第7章　現象の予測可能性
—そもそも何がどこまで予測可能なのか—

大西　領

7・1　正確な気象予測のために、ちりの正確な運動を知る必要があるか？

図7－1は、最近、学術論文に発表したエアロゾルや雲粒子一粒一粒の運動と成長を精緻に追跡計算した結果です。(1) 空気中のエアロゾル（ちりやほこり）から微小な水滴が生じ、凝縮成長、衝突成長を経て、雨粒にまで成長し、地上に落下してくる様子を再現することに成功した世界初の成果です。このような精緻な計算は物理現象の解明に対して、非常に強力な武器になることは容易に想像いただけると思います。しかし、天気予報をするときにここまで精緻なシミュレーションは必要でしょうか？

将来、遠い将来、量子コンピュータなんかよりももっと高性能な計算機が存在する世界を想像してみましょう。コンピュータ上に、現実世界と全く同じサイバー世界を構築できるようになっている世界。雲粒だけでなく、ちりやほこりの一つ一つの位置と運動まで再現し、予測計算まで

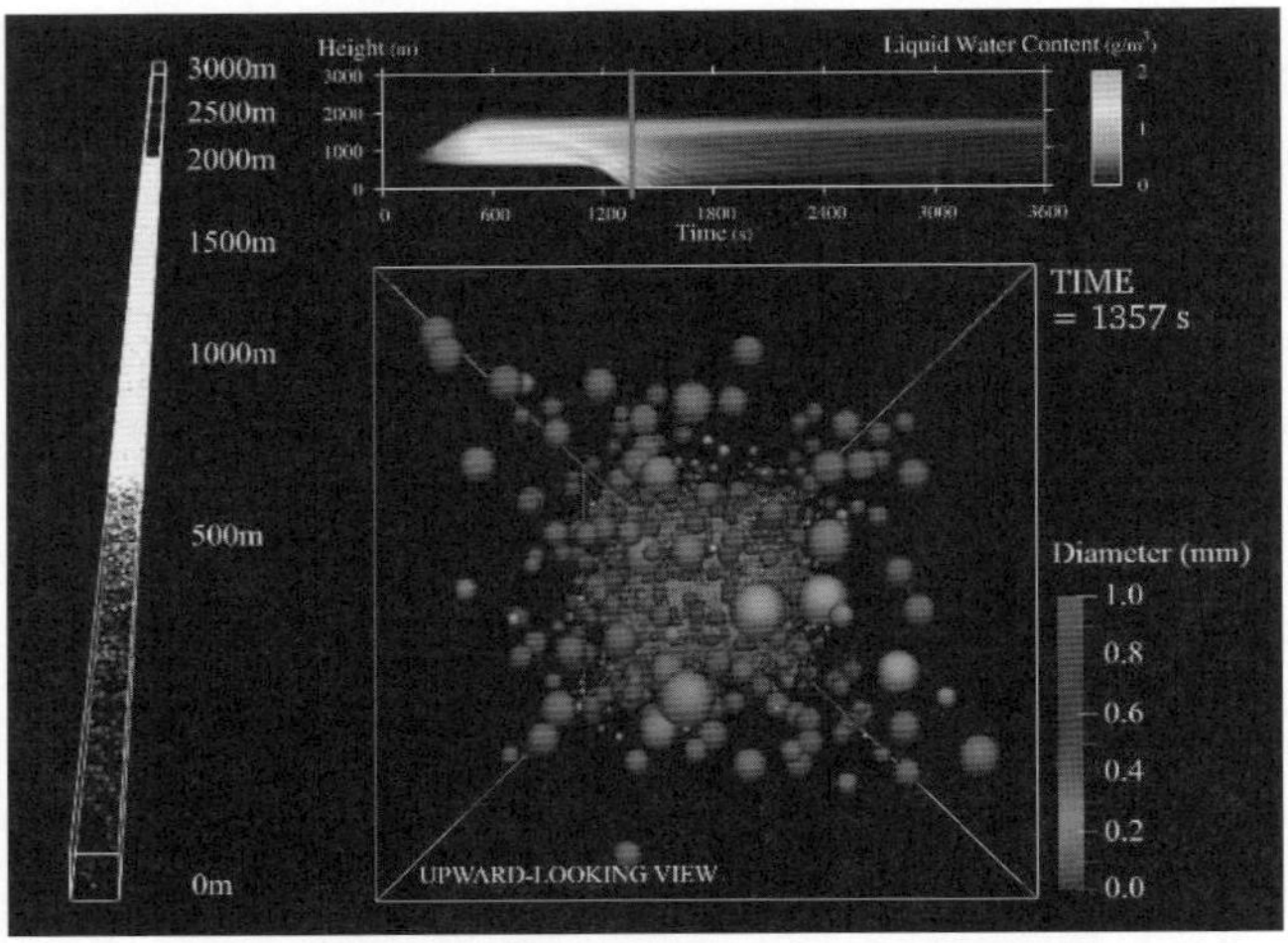

図 7–1　鉛直方向に極端に引き伸ばされた３次元領域の中で、エアロゾルが雲粒、雨粒に成長し、地表にまで落下する様子を再現したシミュレーションの可視化（口絵）

図中右側にあるように計算開始から 1,357 秒後の様子を示している。左は 1cm × 1cm × 3km の計算領域の中での水滴分布の様子、右上はその計算領域内に含まれる液水量の時空間分布、右下は地上から上空を見上げた画面をそれぞれ図示している。水滴は大きさに応じて着色されている。なお、エアロゾル粒子は描画されていない。動画は当該論文(1) の supplementary としてオンラインから入手できるできる世界。でも、本当に雲粒、ちりやほこり一つ一つまで再現すると予測の信頼性が向上するでしょうか？　答えは、否。そんなに微細（マイクロメートル）な現象まで精緻に再現することは、天気予報の観点では、意味がありません。では、どこまで小さい現象なら天気に影響を与えるのでしょうか？　チョウチョくらい（センチメートル）はきちんと扱わないといけないのでは？　バタフライ効果っていうし。いえいえ、（おそらく）メートル単位くらいで十分でしょう。10～１００メートルくらいでも十分かもしれません。といっても現在の天気予報シミュレーションはキロメートル単位で行われているので、予報精度を上げるためにはまだまだ高解像度化のメリットはあります。でも、あまり頑張りすぎても意味がありません。本章ではそんな話をしたいと思います。

７・２　気象の本質的な不確定性（統計的揺らぎ）

予測誤差は、①予測モデルの持つ誤差、②観測誤差、③気象現象自体が持つ本質的な誤差（カオスに由来する不確定性、統計的ゆらぎ）から成ります。モデル誤差と観測誤差に関しては予測モデルと観測手法の高精度化によって今後縮小できると期待されます。しかし、統計的ゆらぎはなくなることはなく、むしろ予測シミュレーションの高解像度化に伴い、その影響は増大していきます。

気象予測計算ではオイラー法と呼ばれる方法に基づき、計算格子内の平均量（バルク量）の時間変化が計算されます。例えば雲水混合比（乾燥大気に対する含まれる雲水の質量比）などです。仮にある計算格子内と別の格子内のバルクの雲水混合比が同じであったとしても、それらの計算格子内に含まれる雲粒の大きさや配置などのミクロ状態が厳密に同じになることはありません。そのミクロ状態の違いがバルク量にどれだけ影響するのかをラグランジアン・クラウド・シミュレータ（ＬＣＳ）という、乱流（複雑に乱れた流れ）の中でのエアロゾルや水滴などの粒子ひとつひとつの運動と成長を詳細に計算する数値モデルを使って調べました（図７－２）。具体的には、同じレイノルズ数（バルク量）の乱流中に配された同じ数密度（バルク量）、同じ径分布（バルク量）を持つ粒子群の衝突による成長を、粒子の初期配置（ミクロ状態）だけを変えて多数回計算しました。その結果、例えば１００メートル解像度の雲シミュレーションを行う場合（一つの計算グリッドに粒子が$10^{13\sim14}$個程度含まれる場合）には、雲水から雨水への変換速度（バルク量）に$10^{-5\sim-6}$のオーダーの統計的ゆらぎが生じ、１メートル解像度になると10^{-2}のオーダーのゆらぎが生じうることが明らかになりました。気象予測精度の向上を考える場合、予測シミュレーションの高解像度化だけではいずれ限界が見えてくることを明らかにできたと考えています。

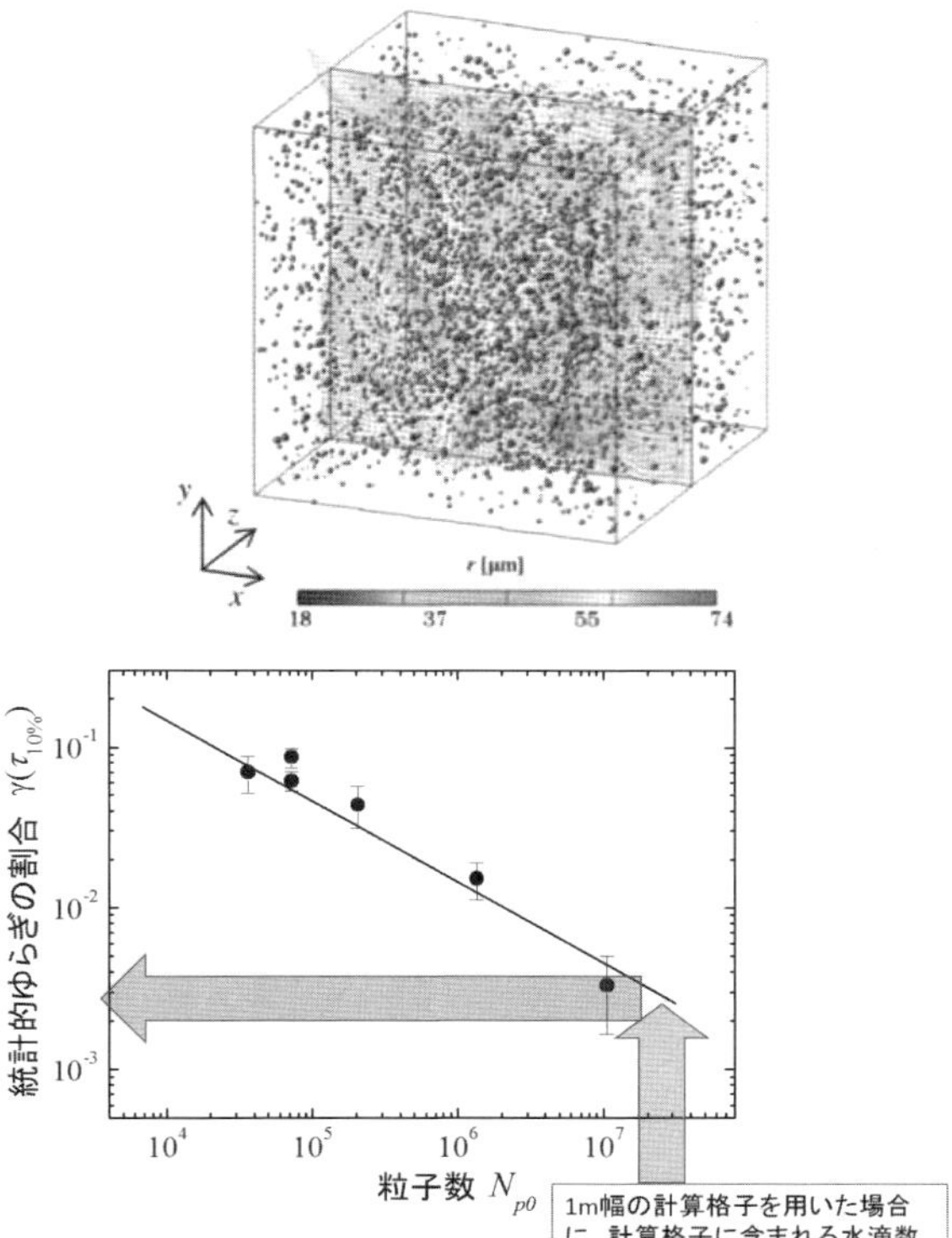

図7–2　周期箱（ある側面から出た粒子は反対の側面から入ってくる）の中に再現された乱流中の雲粒一粒一粒を追跡し、その運動と衝突成長を計算した

上：4,096個の粒子を追跡したテスト計算の可視化図。下：論文中では最大で1,000万個の粒子を追跡した。バルク成長速度の統計的揺らぎを粒子数に対してプロットした[(2)]。系に含まれる（周期箱中の）粒子数が減少するにつれてゆらぎが大きくなる様子がわかる

7・3　バタフライ効果と予測可能性

天気＝大気現象は、カオス現象の代表例です。カオス現象では、小さな差が指数関数的に（急激に）増大するので、遠い将来の状態を正確に予測することはできません。では、どこまで先なら予測可能でしょうか？

よく耳にする地球温暖化シミュレーションでは、１００年後の気候を予測します。一方で、自分の町の天気予報はたった数日先でもよく外れます。ではなぜ、地球温暖化シミュレーションでは、１００年もの先の気候の議論をできるのでしょうか？　それは、その時間、その場所の現象を対象とするのではなく、気候という長い期間、大きな範囲を対象とした現象を対象とするからです。つまり、予測可能性は、対象とする現象、また、その現象に関して時空間的にどこまで細かく予測するかによって、どれだけ先まで予測可能であるかが変化します。時空間的に細かく厳密に予測できる期間は短く、時空間的に大雑把に予測するのであれば予測可能な期間は長くなります。

予測可能性を議論するときに使われるのがリャプノフ指数と呼ばれる値です。ある現象の状態をQで表してみます。例えば、$x-y$平面上を運動する物体の状態はその位置x, yと各方向の速度u, vの4変数で表すことができるでしょう。つまり、この場合$Q(x,y,u,v)$のように表現できます。

このQは時刻によって変化していくので、$Q(t)$のようにも表現できます。より正確に表現すれば、$Q(x(t),y(t),u(t),v(t))$となります。通常、Qは多次元ですが、大胆に1次元とみなしてその時間変化をグラフにすると図７－３の上図のように描くことができます。もし、時刻$t=0$でわずかに状態が異なっていると、その後、状態の違い、誤差はどう変化していくでしょうか。状態の違いをLとすると、カオスと呼ばれる複雑系では、そのLは時間とともに指数関数的に増大していきます（図７－３の下図）。数式では次のように書くことができます。

$$L(t)=\alpha\ \exp(\lambda t)$$

ここで、αは適当な比例定数で、λがリャプノフ指数です。このリャプノフ指数は時間の逆数の単位を持ちます。つまり、リャプノフ指数の逆数が時間の単位を持ち、予測可能な期間の指標となります。例えば、中緯度、高層大気のリャプノフ指数は0.3[1/day]と言われています。つまり、予測可能な期間は３～４日程度となります。これは、低気圧や高気圧システムの寿命ひとつ分くらいに相当します。

状態のわずかな違い、と言われてもイメージを摑みにくいかもしれません。気象予測の分野でよく使われる例が蝶々の羽ばたきです。よく耳にする言葉だと思いますが、「バタフライ効果」と呼ばれます。蝶々が羽ばたくかどうか、くらいのわずかな違いであっても、時間が経つと竜巻を生じうるような大きな違いを生み出し得る、という意味合いで使われる言葉です。このカオス

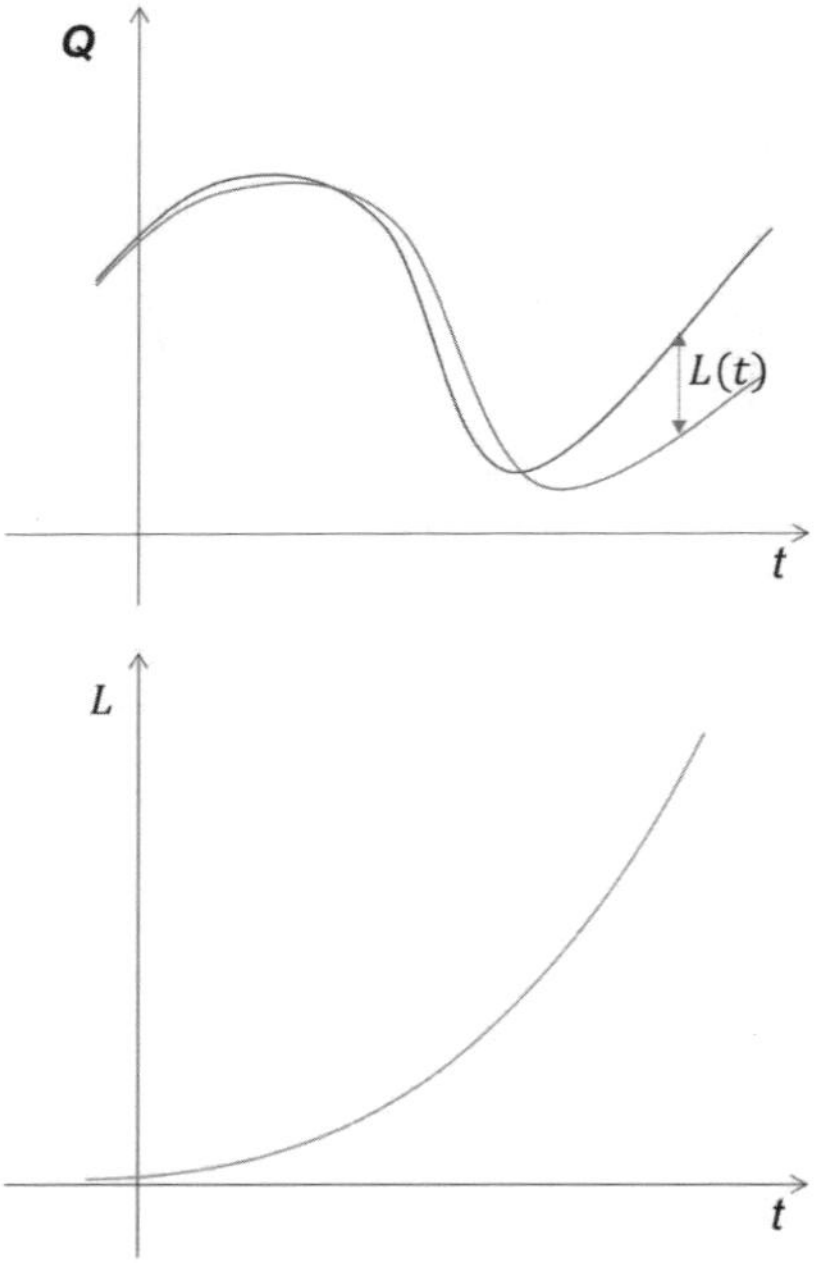

図 7‒3　カオス系における誤差成長の模式図
初期（t=0）のわずかな違いがその後の状態（Q）のに大きな違いをもたらす（上)。その違い（L）は時間に対して指数関数的に増大する（下）

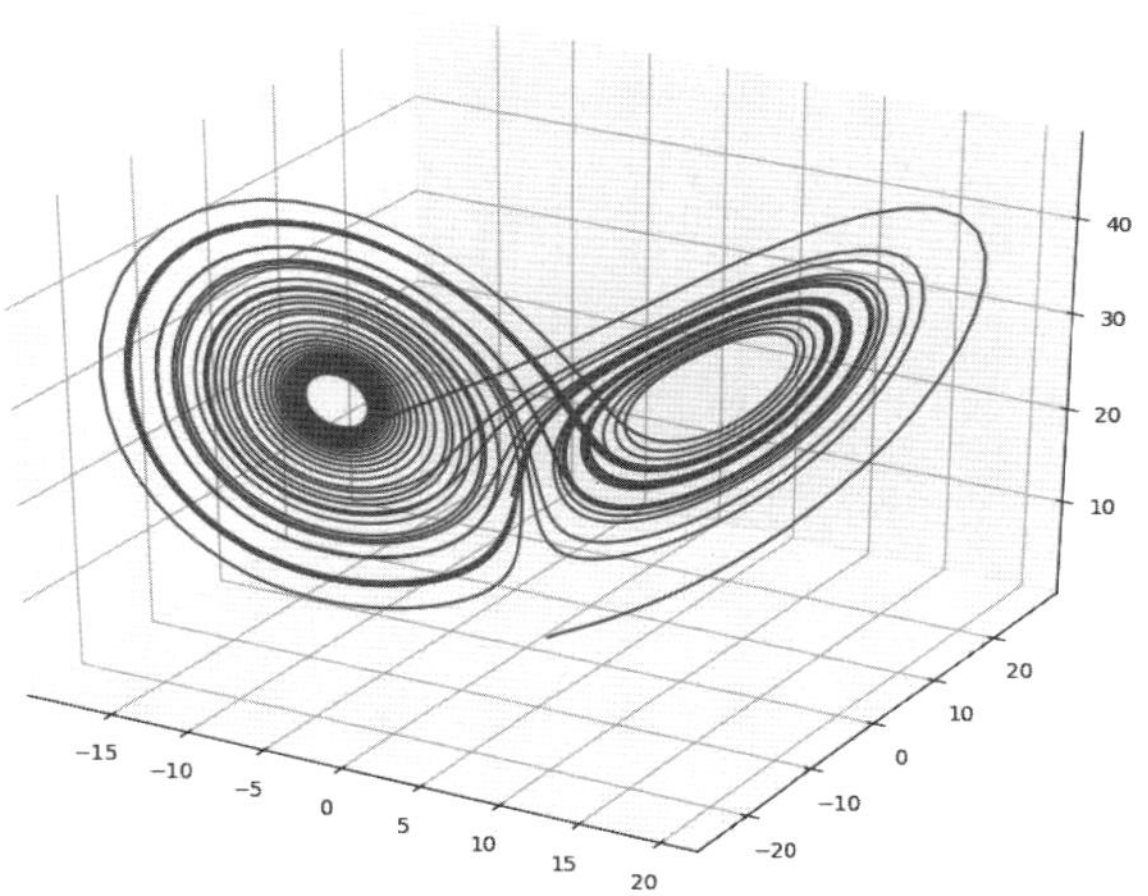

図 7–4　ローレンツ 63 モデル（カオス系）の可視化図
3 変数 x, y, z の値を 3 次元空間にプロットした（Jean-Francois Vuillaume 博士提供）

の研究はローレンツが１９６３年に発表した３変数 x, y, z の時間発展を表現する簡単な方程式を発表したことから始まります。方程式は非常に簡単な形をしているのに、ある程度先の解を正確に予測することが非常に難しいことがわかったのです。このカオス系はローレンツ63モデルと呼ばれ、現在でもカオス研究で大きな役割を果たしています。図７－４では、そのローレンツ63の解を３次元空間上に描画しています。各時刻の座標（x, y, z）を結んだ線で表現されています。この形が羽を広げた蝶々の形に似ていることが「バタフライ効果」という言葉の浸透に役立ったのかもしれません。実は、この蝶々の２枚の羽が重要です。初期位置がわずかに異なると、少し先に解がどちらの〃羽〃にいるのか予測することができなくなるのです。

　バタフライ効果は、カオス現象を印象的に説明する目的では良い例になります。現実的には、ある竜巻を1匹の蝶々の羽ばたきで引き起こすようなことは不可能です。気象現象を支配する方程式の中には現象を複雑にする項（非線形項）だけでなく、均質化する項（粘性項）もあります。蝶々の羽ばたきくらい小さい現象ではこの均質化する項が圧倒的に勝ってしまい、羽ばたき情報（羽ばたきによって引き起こされる風）はすぐに消えてしまいます。蝶々が大群になって一斉に羽ばたけば、もしかしたら竜巻の遠因になり得るかもしれません。

　蝶々がいたるところで羽ばたいて、空間全域にごく微小なノイズを発生させるような状況をコンピュータ上に再現する実験を行ってみました。同じ計算モデル（プログラムコード）を使い、同じ計算解像度、同じ計算手法、同じデータセット、同じコンピュータを用いて計算するのですが、計算開始時にわずかな違いを与え、その違いが時間とともに増大する様子を観察しました。

　予測対象としたのは、図7－5（上）に示すような台風です。図7－5（下）は２０１４年台風11号を対象に、全地球を対象に7キロメートル解像度で予測シミュレーションを行った結果を示しています。初期データに与えたわずかな違い（例えば、小数16桁目だけが違うなど）が時間とともに増大する様子がわかります。わずかな違いが24時間後には中心風速の平均風速で１ｍ／ｓもの違いに成長する。つまり、（この２０１４年11号）台風の中心付近の平均風速を１ｍ／ｓの誤差以内で予測可能な期間は約1日であることがわかります。これはあくまで、このモデルが

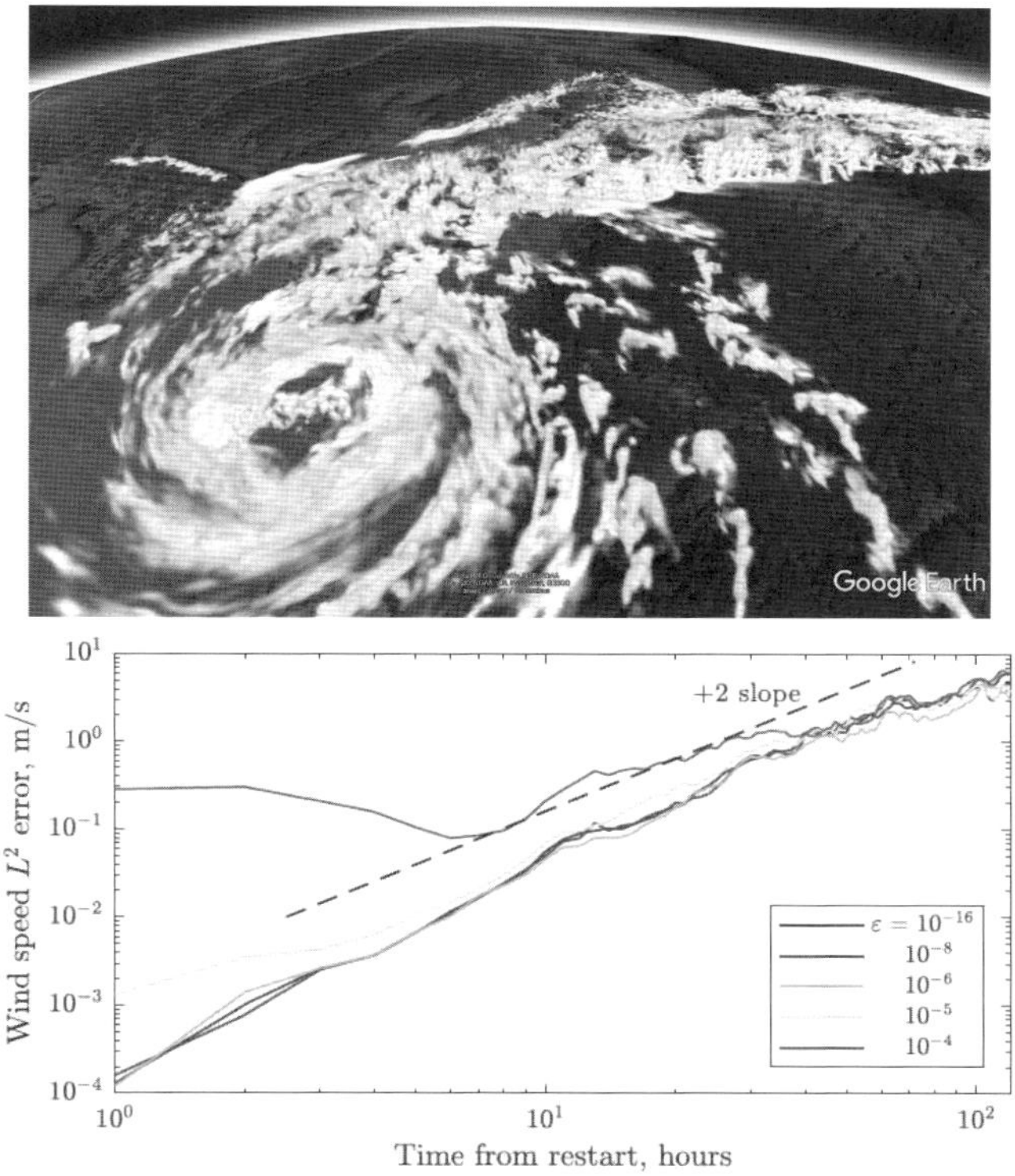

図 7–5

海洋研究開発機構が開発した MSSG モデルを用いて再現した 2007 年の台風 4 号を VDVGE [(3)] を用いて可視化した例（上）。指定した桁数よりも小さな数値を無視することによって圧縮した初期データを使って再計算した場合と、無圧縮データを使った場合（参照値）との誤差が時間とともに増大する様子 [(4)]。台風（2014 年 11 号）中心の周囲水平 10°× 10°の範囲内の平均風速の自乗平均平方根誤差の時間変化を示している。数値の 16 桁目が違うだけ（$\varepsilon=10^{-16}$）であっても、時間とともに急激に誤差が増大する様子がわかる（下）

はじき出した結果であり、モデルは完璧ではないので、実際の台風の予測可能期間とは異なるかもしれません。しかし、いくら精緻に計算しようとしても、避けられないいくらいほんのわずかな違いが予測結果に影響を与えるという事実に変わりはありません。

なお、図7－4の誤差の増大割合は時間に対して指数関数的でないことに気づいたかもしれません。これは、ある空間領域の平均値を対象としたからであり、何を対象にどういう統計値（領域平均値なのか、領域内最大値なのか、移動平均値なのか、一点値なのか）を見るかによって、増大割合は変わります。特に一点値を見た場合に、図7－3のような指数関数的な誤差の増大がみられます。すなわち、

見たい統計量によって、必要な計算精度が変わり、また予測可能な期間が変わる。

のです。

7・4　結　論

気象（を含む水大循環系）はカオス性によって、予測可能性に限界があります。この限界からは、どんなに高解像度な計算、信頼性の高い計算を実行しても逃れることはできません。

何がどこまで予測可能であり、どれくらい精緻なモデルでないと予測できないのか、どこまで

高精細な計算が必要なのかは、予測したい対象とその時空間的な広がり次第で、現実世界を見ていてもわかりません。まずは数値モデルがないと議論を始められません。

数値モデルを構築することが議論を始める第一歩。

我々は現在のスーパーコンピュータの計算資源を最大限に使って、可能な限り精緻なモデルと精緻なデータに基づく水大循環モデルを開発しています。信頼性の高い精緻な水大循環モデルが手に入れば、予測情報を活用した社会実装を検討する際に、予測計算をどのくらいの計算解像度で行えばよいか、どの物理過程を簡略化してもよいか、などが明らかになります。それが、水大循環モデルを社会実装するための大きな第一歩になると考えています。

参考文献

[1] Kunishima, Y. & Onishi, R.: “Direct Lagrangian tracking simulation of droplet growth in vertically developing cloud” Atmos. Chem. Phys.,18, 16619–16630 (2018)
[2] Onishi, R., Matsuda, K. & Takahashi, K.: “Lagrangian Tracking Simulation of Droplet Growth in Turbulence–Turbulence Enhancement of Autoconversion Rate” J. Atmos. Sci., 72, 2591–2607 (2015)
[3] VDVGE (Volume Data Visualizer for Google Earth), https://www.jamstec.go.jp/ceist/avcrg/vdvge.ja.html
[4] Kolomenskiy, D., Onishi, R. & Uehara, H.: Data Compression for Environmental Flow Simulations, arXiv preprint arXiv:1810.04822 (2018)

第8章　都市の水・熱環境を知るための高解像度シミュレーション技術

松田　景吾

8・1　都市街区スケールでの暑熱環境シミュレーション

近年、地球温暖化とヒートアイランド現象の影響により、都市部の気温は年々上昇する傾向にある。暑熱環境が水循環と関連していることは想像に難くないだろう。例えば、一面アスファルトに覆われた駐車場と水辺の草地とでは、水辺の草地の方が涼しいと感じるだろう。これには、地面からの水分の蒸発による地表面温度の低下が寄与している。地面から水分が蒸発するとき、水は地面から熱を奪うため、地面がよく湿っていると、地表面温度は低く保たれる。地表面温度が低く保たれれば、気温の上昇やそこに立つ人の体感温度がある程度低く抑えられることになる。ただし、同じ湿り具合でも空気中の湿度が高いと水分の蒸発が抑えられるため、必ずしも地表面温度が低くなるわけではない。暑熱環境を考えるときには、さらに、建物の形状・配置の影響や、人工排熱の影響、日射や赤外放射による加熱・冷却の効果、草や樹木による蒸散の効果なども合わせて考えなければならない。これが暑熱環境解析の難しいところである。

都市の暑熱環境を解析するときによく用いられるのが、数キロメートル程度の解像度で気温の分布を解析する領域気象モデルである。例えば、気象庁と気象研究所の共同で開発されたＮＨＭ（Non-Hydrostatic Model）や、米国大気研究センター（ＮＣＡＲ：National Center for Atmospheric Research）で開発されたＷＲＦ（Weather Research and Forecasting）モデルなどがよく用いられている。これらの領域気象モデルでは、要素モデルとして都市キャノピーモデルを使うことで、建物の密集度や都市被覆率などに応じて、人工排熱や放射熱収支などを考慮した都市の気温を計算することが可能であり、ヒートアイランド現象の地域ごとの特徴や、猛暑が発生したメカニズムの解明など、様々な研究成果が得られている[1、2]。

このように大きな成果を上げている領域気象モデルであるが、そのシミュレーションで明らかになるのは数キロメートルの計算格子サイズで平均化された風速や気温、湿度などである。しかし、まちづくりの観点で、暑熱環境を改善するための具体的な対策を検討するには、さらに細かい空間スケールでの気温分布の情報が求められる。つまり、ひとつひとつの建物の形状や配置の影響、街路樹や保水性舗装、遮熱性舗装などの効果が気温などに反映されるような街区スケールでのシミュレーションが必要となる。

国立研究開発法人海洋研究開発機構（ＪＡＭＳＴＥＣ）地球情報基盤センターの筆者らのグループでは、数メートルの解像度で都市の暑熱環境を解析するためのモデル開発が行われてきた。

そこで本章では、人々の暮らす都市やその周りの水・熱環境を明らかにするために開発が進められたシミュレーションモデルについて解説し、実在街区を対象として実施された解析事例を紹介する。最後に、地下水を含めた都市の水循環を明らかにするための課題について考えてみたい。

8・2　そもそも「暑さ」とは何か

高解像度化のためのモデル開発を行うためにに押さえておかなければならないのが、何をどこまで考慮する必要があるのか、ということである。高解像度化する過程では、それまで影響が小さかった様々な物理現象の重要性が増してくる。一方で、すべての物理現象を取り込むことは不可能である。これは、計算にかかる時間や実装の手間の問題だけでなく、その物理現象についての科学的理解が不足していることがあるためである。したがって、最低限必要な物理現象が何かを見極め、それを取り込むことが必要である。そこでまずは、ターゲットである「暑さ」の正体について考えておきたい。

「暑さ」とは、人が暑いと感じる度合いのことである。この暑さは気温に強く影響を受けるものの、気温だけで暑さが決まるわけではない。同じ気温でも、湿度が低ければ汗の蒸発によって体表面から熱が奪われるので比較的涼しく感じる。反対に湿度が高いときに蒸し暑く感じるのは、汗の蒸発が抑えられて体に熱がこもるためである。また、風が強く吹くと、（気温が体温より低ければ）体表面からの熱の放出が促進されるため、無風の場合よりも涼しく感じる。

暑さに関わる因子として、気温、湿度および風の影響と同様に無視できないのが放射の影響である。ここでいう放射とは、紫外線、可視光線、赤外線といった光のことである。放射は伝熱の基本3形態の一つ（他の二つは熱伝導と対流熱伝達）である。気象分野では、紫外線や可視光線、近赤外線などを含む、およそ0・2～4マイクロメートルの波長域の放射を短波放射、遠赤外のおよそ4～100マイクロメートルの波長域の放射を長波放射と呼ぶ。短波放射は太陽放射の主要な波長域に、長波放射は地上の物体からの熱放射（熱ふく射）の波長域に該当する。放射が暑さに影響を及ぼすことは、冬に日射を暖かく感じることや、灯油ストーブに手をかざすと掌で熱を感じることなどから直感的にも理解していただけるだろう。夏の場合には、日射はもちろんのこと、日射により50℃以上にもなるアスファルトやビルの壁面からの熱放射を受けて、人の感じる暑さが増すのである。

こういった暑さを定量的に評価する指標として、様々な体感温度指標が提案されている。中でも、湿球黒球温度ＷＢＧＴ（Wet-Bulb Globe Temperature）(3、4)は、熱中症搬送者数との相関が強いという調査結果に基づき、熱中症リスクの評価指標としてよく用いられており、近年では「暑さ指数」という名前で一般にも知られている。ＷＢＧＴは、乾球温度（気温）、湿球温度、および黒球温度にそれぞれ0・1、0・7、および0・2をかけて足し合わせることで算出される（日向の場合）。ここで、湿球温度は湿ったガーゼを被せた温度計で計測される温度であり、湿度の影響が考慮される。黒球温度は、表面を黒く塗った銅製の中空の球体によって計測される温度であり、周囲から受け取る放射熱と風によって奪われる熱とのバランスによって決まる。したがって、人が感じる暑さに影響を及ぼす因子である、気温、湿度、風、および放射の効果が、ＷＢＧＴでは考慮されている。

これらのことから、街区スケールの暑熱環境解析では、街区スケールでの風、気温、湿度、そして放射フラックスの分布を把握できることが重要であり、それらがわかれば熱中症リスクを評価することも可能であると言える。

８・３　マルチスケール大気海洋結合モデルＭＳＳＧ

ＪＡＭＳＴＥＣ地球情報基盤センターにおいて開発が行われているモデルは、マルチスケール大気海洋結合モデルＭＳＳＧである[5、6、7]。正式名称をMulti-Scale Simulator for the Geoenvironmentといい、略称としてＭＳＳＧと書き、「メッセージ」と呼ぶ。ＭＳＳＧは地球全体（全球スケール）から、領域スケール（メソスケール）および都市街区スケールまでを単一のモデルで取り扱うことで、マルチスケールの大気現象および海洋現象を明らかにすることを目的に開発されてきた。

近年では、次世代の台風予測のためのモデル間比較において他の先進的気象予測モデルと遜色ない予測精度を示した[8]ほか、大気海洋相互作用が熱帯の大規模な対流活動（マッデン・ジュリアン振動）に影響を及ぼすことを大気海洋結合計算によって明らかにする[6]など、大気海洋モデルとしての信頼性も確かめられている。

ＭＳＳＧでは大気の運動を計算するための基礎方程式として、圧縮性を考慮した流れの支配方程式を採用している。具体的には、大気密度の輸送方程式、運動量の輸送方程式（ナヴィエ・ストークス方程式）、圧力の輸送方程式である。これらに加え、水蒸気や雲水／雲氷、雨水などの移動を計算するために、各種水分量の輸送方程式を用いている。大気の温度は、上記の方程式で得られる圧力、密度、水分量から気体の状態方程式によって導かれる。なお、詳細は省略するが、海洋の運動については非圧縮性の流れの基礎方程式を採用している。

各輸送方程式は、それぞれの物理量の時間と空間についての偏微分方程式の形で与えられる。計算機を用いた数値計算では、空間をメッシュ状の計算格子で離散化し、格子点ごとの物理量の数値の時間変化を逐次的な積分により計算している。このとき、計算格子のメッシュサイズより小さなスケールの現象の効果は方程式を解くだけでは考慮できないため、要素物理モデルとしてその効果を導入する。要素物理モデルとして代表的なものは、雲微物理モデル、境界層／乱流モデル、地表面フラックスモデル、陸域モデルなどである。また、日射（短波放射）や赤外放射（長波放射）による放射熱輸送を取り扱う放射モデルも要素物理モデルのひとつである。これらの要素物理モデルは、基礎方程式が同じであっても、スケールに応じた適切なものを選択しなくてはならない。つまり、高解像度の数値シミュレーションは単にメッシュを細かくすれば実現されるものではなく、そのスケールに適した要素物理モデルを選択し、場合によっては新たに開発することが必要となるのである。実際、MSSGでは、暑熱環境解析を目的とした都市街区スケールでのシミュレーションのために、いくつかの新しい要素物理モデルの導入を行った。具体的には、建物壁面モデル、3次元放射モデル、および樹木モデルである。

8・4　メソスケール計算と都市街区スケール計算での建物の取り扱い

メソスケール（数キロメートルのメッシュサイズ）と街区スケール（数メートルのメッシュサイズ）で大きく異なるのは建物などの構造物の3次元性である（図8－1）。都市が大気に及ぼす影響を考慮する場合、メソスケールでは、建物がメッシュサイズより十分に小さいので、建物群を含む地表面が大気と交換する平均的な運動量と熱のフラックス（交換量）を計算する。運動量フラックスについては、建物群を流体力学的粗度により考慮し、風に働く抗力を変化させる。熱フラックスについては複数の形態があるため多少複雑である。地表面での熱フラックスの形態には、地表面が大気を暖める顕熱フラックス、地表面からの水分の蒸発による潜熱フラックス、

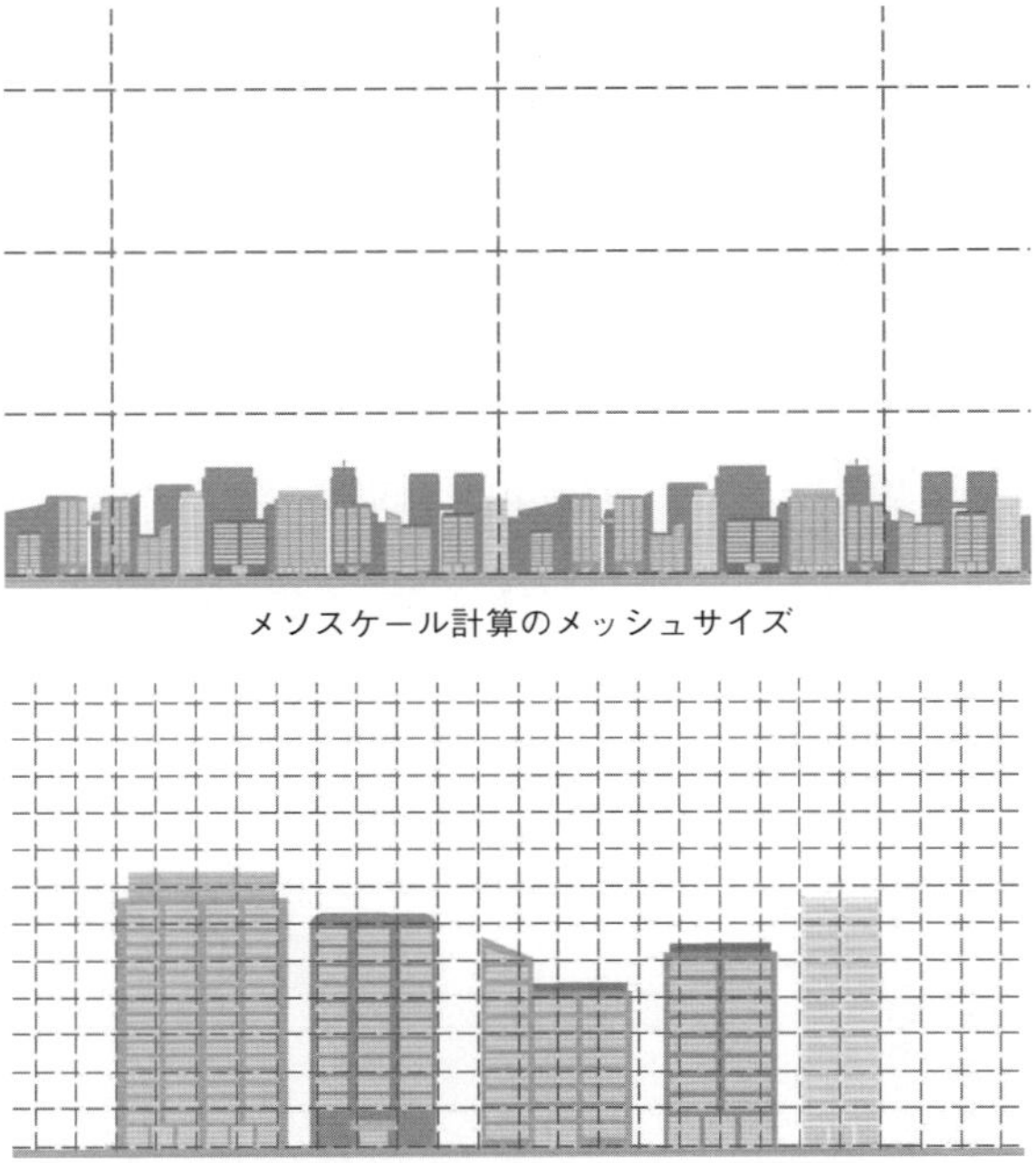

メソスケール計算のメッシュサイズ

街区スケール計算のメッシュサイズ

図 8–1　メッシュサイズと建物の大きさの関係

日射などが地表面を暖める短波放射フラックス、赤外放射によって地表面から熱が逃げてゆく長波放射フラックス、および地表面から地中への熱伝導フラックスがある。地表面ではこれらの熱フラックスがエネルギー保存則を満たすようにバランスしており、このバランスの結果として地表面温度が決まる。建物群がある場合、顕熱・潜熱フラックスの対流輸送係数、および短波・長波放射フラックスの反射・吸収係数に、建物群を考慮した数値を与えることになる。

一方、街区スケールでは、建物はメッシュサイズより大きいため、計算格子で建物形状を陽的に解像することができる。この場合、地面や建物の壁面および屋上面が大気と交換する運動量と熱のフラックスをメッシュごとに計算する。運動量フラックスについては、建物壁面による摩擦抗力を与えると同時に、建物内部の流速を強制的にゼロにすることで陽的に考慮される。熱フラックスについては、メソスケール計算の場合の地表面と同様に、顕熱フラックス、潜熱フラックス、短波放射フラックス、長波放射フラックス、および内部への熱伝導フラックスのバランスにより、建物表面温度が決まる。このとき、顕熱・潜熱フラックスの対流輸送係数と短波・長波放射フラックスの反射・吸収係数には建物壁面や建物屋上に適した数値を与える。また、壁面内部の熱伝導フラックスについても壁面内部の熱容量と熱伝導係数を与える。

これらの計算手法を比較すると、メソスケール計算では建物群の統計的な特徴のみを使って平均的な影響のみを反映する手法であるため、街区スケール計算のように建物の形状や配置の違いの影響をとらえることは難しい。その代わり、街区スケール計算のように具体的な建物の詳細な情報がなくても建物群の効果を取り入れることができる。一方、街区スケール計算では、建物の形状や配置だけでなく、その表面状態の影響までをも数値計算に反映させることができることが大きなメリットである。ただし、信頼できるシミュレーションを行うためには、これらの数値を適切に与えることが重要となる。そのため、街区スケールのシミュレーションを実施するためには、街区スケールでの精緻な建物などの構造物のデータを整備し、建物形状や表面条件などの情報としてシミュレーションに取り込むことが必要となる。さらに、シミュレーション結果が現実を再現しているかどうかを実測データと比較して検証することも入力データ整備と同等に重要である。

8・5　3次元の放射伝達を考慮する

建物を3次元的に解像する街区スケールの計算を行うために高度化が必要となった重要な要素物理プロセスのひとつが、放射プロセスである。放射プロセスとは、大気中の放射伝達による熱輸送プロセスである。メソスケール計算の場合、放射プロセスは鉛直上下方向の1次元での放射伝達のみを考える（図8－2）。これは、メソスケール計算の場合には、水平方向のメッシュサイズが鉛直方向のメッシュサイズに比べて大きいため、水平方向の放射伝達の影響が無視できる

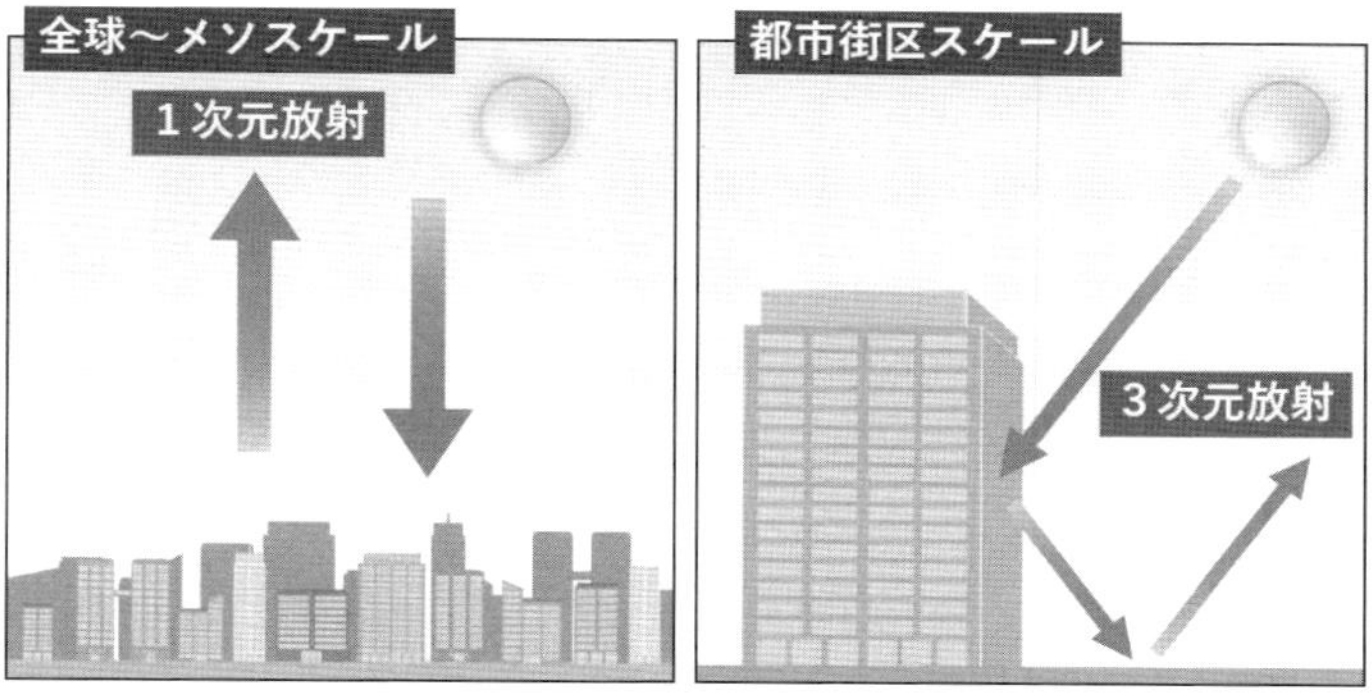

図8-2　全球・メソスケールと街区スケールでの放射モデルの違い

ほど小さいからである。しかし、街区スケールの場合には、建物壁面に斜めに差し込む日射や、その背後にできる日陰、壁面からの熱放射による放射冷却などを考慮しなくてはならない。さらに、日射や熱放射は建物壁面や地表面で反射を繰り返すことでトータルの吸収量が増えるため、多重反射の効果も考慮しなくてはならない。そのため、街区スケールの計算では、3次元的な放射伝達を計算する3次元放射モデルを使用する。ただし、3次元放射モデルでは1次元放射モデルに比べて一般的に計算量が莫大に増えてしまう。従来の数値計算では、3次元放射計算と大気の流れの計算を別々に行うなどの工夫がなされてきた。[9] しかし、顕熱・潜熱フラックスには面上の風速・気温・湿度が影響を及ぼし、その顕熱・潜熱フラックスと放射フラックスなどとのバランスによって建物などの表面温度が決まるため、3次元放射計算は大気の流れの計算の過程で繰り返し行われるべきである。そこで、MSSGでは、ラジオシティ法に基づく3次元放射モデルを導入し、計算の効率化を図った。

ラジオシティ法では建物表面や地表面をメッシュに沿って多数の面要素に分割し、任意の二つの面要素間の幾何学的な位置関係を形態係数というパラメータで表すことにより、各面要素に入射する放射と面要素から射出される放射の関係をシンプルな方程式で記述することができる。これをラジオシティ方程式という。このラジオシティ方程式をすべての面要素からの放射フラックスがバランスするように解くことで、放射フラックスの分布が得られる。MSSGでは、形態係数を事前計算し、データとして入力することにより、3次元放射計算を効率よく繰り返すことを可能にした。その結果、大気の流れのための時間積分計算を行う際に、繰り返し3次元放射計算を行うことで、時々刻々変化する風速・気温・湿度に対応した表面温度を算出することを可能にした。[7]

8・6　熱環境に及ぼす樹木の効果を考慮する

数メートルメッシュの街区スケール計算では、建物と同様に、樹木の樹冠（枝葉などの茂っている部分）も3次元的に考慮することが可能である。ただし、樹冠は建物とは異なる性質を持っているため、樹冠のためのモデルを新たに実装した。

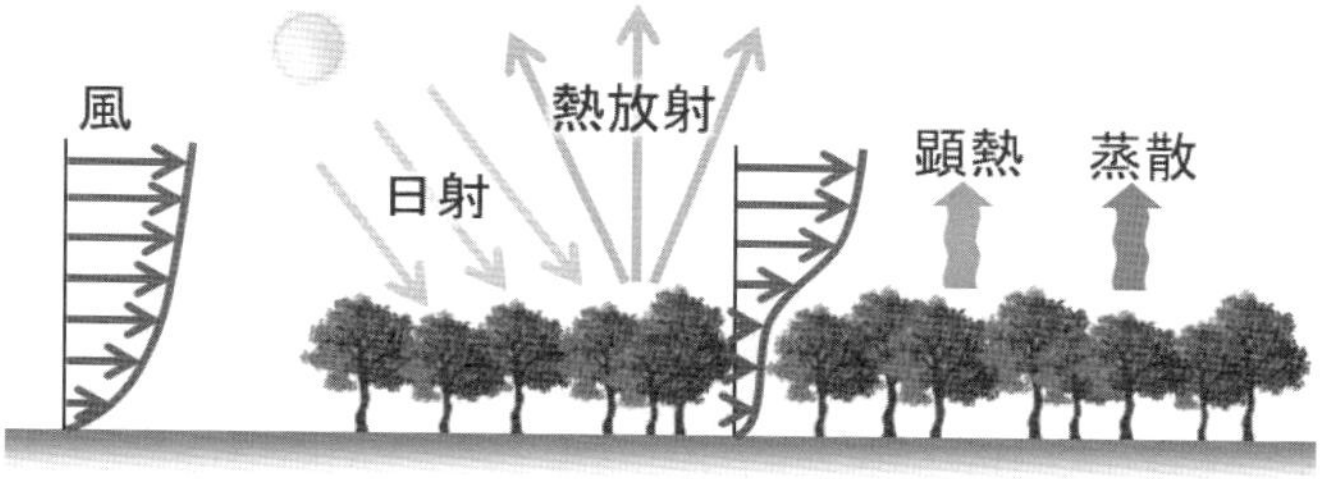

図8–3　樹冠に働く物理的作用

樹冠に関わる物理的作用は、主に3種類に分けられる（図8－3）。①風を弱める作用、②放射を遮蔽・散乱・射出する作用、および③大気と熱・水蒸気を交換する作用である。

①　樹冠が風を弱める作用は、建物の働きと一見似ている。しかし、樹冠の場合には、風が枝葉の間を通り抜けることができる。どのくらい風が通り抜けられるかは葉の茂り具合によって変わるはずである。そこで、葉の茂り具合を単位体積あたりに含まれる葉の総面積を表す葉面積密度を使って表し、葉面積密度に比例して風に抵抗が働くモデル式[10]を導入した。

②　放射に及ぼす作用については、樹冠中の放射の透過性を考慮しなければならない。樹冠をメッシュに沿って体積要素に分割し、葉面積密度に応じた透過性を与えることで、前節の3次元放射モデルに組み込むことに成功した[7]。

③　大気と熱や水蒸気を交換する作用については、樹冠の葉での熱バランスを考えて計算する点では地表面や建物表面と類似している。しかし、樹冠の場合、大気との水蒸気の交換は、葉表面の気孔からの蒸散によって行われる。単純な蒸発との

違いは、気孔の開き具合を決める植物生理学的作用の影響を受けることである。ＭＳＳＧでは、気孔の応答が日射量、葉面温度、湿度、二酸化炭素濃度に依存する植物生理学モデル式[11]を採用し、実装した。ただし、植物の気孔開口度と周囲環境の関係については、未だに完全には解明されておらず[12]、植物の蒸散作用を精密に再現するためには、更なる研究の進展を待たなければならない。

8・7　実在街区を対象とした大規模シミュレーションの実現

街区スケール計算を実在街区に適用した事例を三つ紹介する。

8・7・1　高層ビルに囲まれたオアシス緑地の低温化現象

一つ目の事例は、ＪＡＭＳＴＥＣ地球情報基盤センターと、株式会社三菱地所設計および株式会社竹中工務店の三者で行った共同研究であり、日本有数のビジネス街である東京都心の大手町・丸の内・有楽町地区に位置する「丸の内パークビル」の中庭を対象に、高層ビルに囲まれた緑地の低温化現象について、街区スケールの高解像度シミュレーションを用いて解析した事例である[13]。高層ビルの立ち並ぶ大都市においては、大規模な緑地の整備が困難であることもあり、丸の内パークビルの中庭のような緑地は小規模であっても都心部で働く人々や訪れる人々にとって貴重な「オアシス」であると言える。しかし、これらの緑地が具体的にどれほどの気温低減効果を持つのかについては、なかなか明らかにされていなかった。

中庭の内外に3次元的に観測点を配置して実施した屋外集中観測の結果では、夜間において、中庭の顕著な気温低下が確認され、樹冠がこの現象に関連している可能性が示唆された。そこで、中庭の緑地が屋外環境の低温化に具体的にどのように寄与しているのかを調べるため、ＪＡＭＳＴＥＣのスーパーコンピュータ「地球シミュレータ」を用いて、屋外観測で冷気生成効果が顕著にみられた２０１３年8月7日～8日の夜間を対象とした高解像度数値シミュレーションを実施した。数値シミュレーションの結果、深夜0時から午前3時にかけての時間帯に中庭中央で観測された風速の低下と風向の変化がよく再現された。午前2時以降の30分間に着目して実施した1メートル解像度の数値シミュレーション結果では、中庭内の気温が中庭外（都道沿い）に比べて顕著に低下する傾向が確認された。この中庭の内外での気温差が観測データと概ね一致していることも確認された。さらに、仮想的に中庭内に樹木がないケースとの比較を行ったところ、樹木がないケースの気温の分布では、樹木があるケースに比べ、中庭内外の気温差が小さいことが明らかになった（図８－４）。樹木があるケースでは、樹冠の放射冷却と蒸散により葉面温度が低下し、空気が冷却されることも確認されており、これらの結果から、樹木が中庭内で確認された低温の一要因を担っていることが示された。

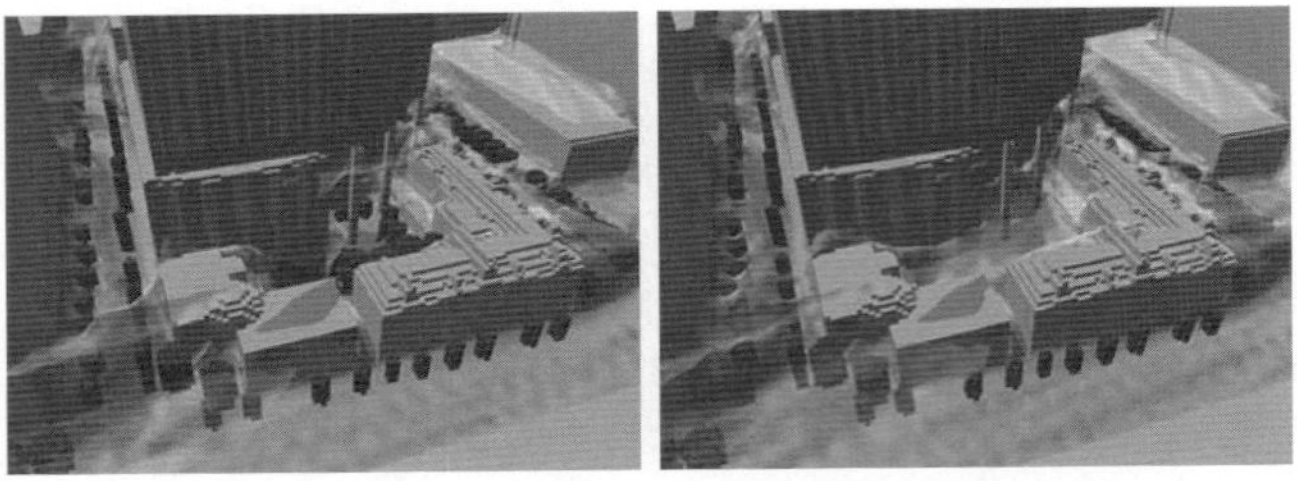

図 8-4　丸の内パークビル中庭周辺の気温分布（口絵）
（左）中庭に樹木があるケース、（右）中庭に樹木がないケース。午前 2:30 頃の気温（10 分間平均値）の等値面を半透明曲面（青、黄、赤の順に気温が高くなる）で 3 次元表示している[13]

8・7・2　東京湾臨海部の緑地の暑熱環境緩和効果

二つ目の事例は、環境省委託先検討会である「東京都市圏における環境対策のモデル分析検討会」[14]と連携する形で行われた、東京湾臨海部の暑熱環境解析である。２０２０年東京オリンピック・パラリンピック競技大会（以下、２０２０年東京大会）の開催にあわせて東京都市圏におけるインフラの更新・改変などが見込まれることを踏まえて、気候変動やヒートアイランドによる将来にわたっての気温上昇に対する持続的な暑熱環境対策の検討に資する情報を提供するために、真夏の暑い日の風の流れ、気温、湿度などに及ぼす緑地の効果を解析した。

計算領域には、２０２０年東京大会の大会計画（平成27年11月時点）において複数の競技開催予定がある東京湾臨海部の領域（東西12・5キロメートル、南北14・0キロメートル）を設定し、解像度を5メートルに設定した。関東地方におけるヒートアイランド現象の特徴的な分布がみら

図８-５　東京湾臨海部の３次元の気温分布（口絵）
南東から北西方向に海風が流入している。カラーは透明から緑、黄緑、オレンジ色になるにつれて気温が高いことを示す[14]

れた[15]、２００７年8月11日（東京において最高気温36・４℃を観測）の12時～13時10分における気象条件のもとで、「現況」と「臨海部の既存緑地がない場合」について暑熱環境を比較した。なお、本計算は、「地球シミュレータ」（全５１２０ノード）の約27％に相当する１４００ノード（最大）を使用した大規模高解像度シミュレーションである。

シミュレーションの結果、南東から吹く海風が臨海部で徐々に暖められながら都心まで流入する様子が明確に確認された（図８－５）。さらに、競技会場へのアクセスルート[16]（平成27年11月時点の会場計画に沿って取捨選択）上における地上気温と暑さ指数を比較した。その結果、地上気温については、緑地整備によって周辺の気温が顕著に低下していることが明らかになった。既存緑地の効果として、アクセスルート上の平均値で０・54

℃の低下がみられた。一方、暑さ指数に関しては、平均値には顕著な差がみられないものの、場所によって上昇するところと低下するところが存在した。熱中症リスクの観点では、暑さ指数が28℃以上の場合に「厳重警戒」または「危険」とされ、すべての生活活動で熱中症がおこる危険性がある。[4] そこで28℃を基準に詳細に比較した結果、暑さ指数が28℃未満となる地点が、既存緑地があることによって3・4倍に増加していることが明らかになった。これは、緑地があることによって、歩行者の避暑スポットが確保されることを意味している。

8・7・3　熊谷スポーツ文化公園の暑熱対策を事前検討

三つ目の事例は、ＪＡＭＳＴＥＣと埼玉県環境科学国際センターの共同で実施した、熊谷スポーツ文化公園の街区スケール暑熱環境解析の事例であり、文部科学省の気候変動適応技術社会実装プログラム（SI-CAT）の一部として実施されたものである。[17] ２０１９年のラグビーワールドカップ開催を控え、公園内の暑熱対策が検討されている中で、暑熱対策の効果を事前に把握するために数値シミュレーションを実施した。暑熱対策としては、駐車場からラグビー場に向かう公園来場者の想定ルートに沿って、高木の並木の植栽、その並木道に隣接する小森のオアシスの整備、並木道の遮熱舗装などを設定し、対策の効果を定量的に解析した（図８－６）。

計算領域として、熊谷スポーツ文化公園を中心とした5キロメートル四方のエリアに5メートル解像度のメッシュを配置し、さらにその内側3キロメートル四方のエリアに2メートル解像度

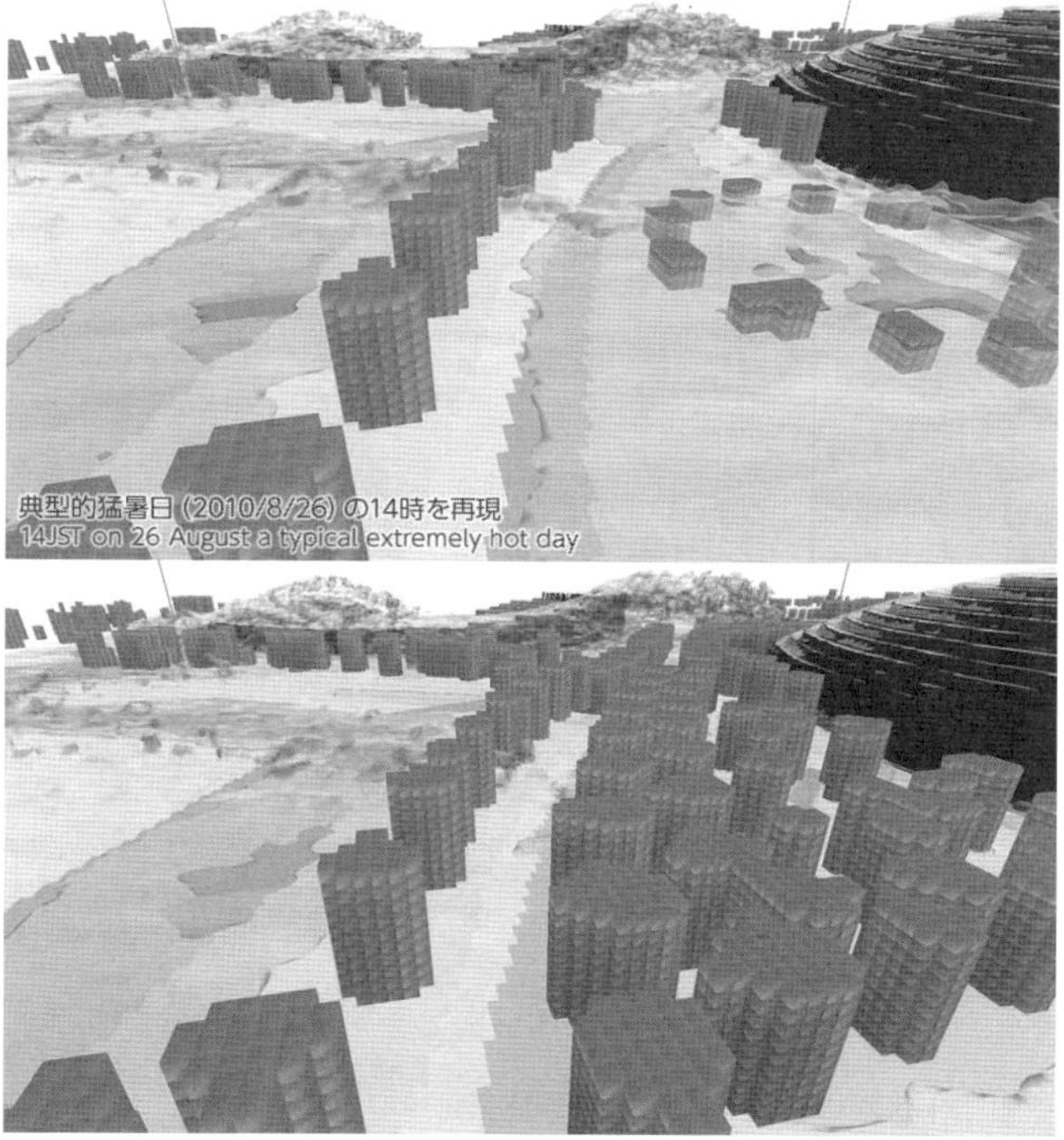

図 8-6　熊谷スポーツ文化公園の暑熱対策が気温の分布に及ぼす効果の事前評価（口絵）

のメッシュを配置した。解析対象日を、夏季の典型的な気圧配置の下で熊谷が猛暑日となった2010年8月26日に設定した。

シミュレーションの結果、対策領域の気温が対策前より0・7℃低下し、特に樹木を植栽する小森のオアシス付近は、0・9℃下がりうることが示された。また、高木の並木を植えることで新たに40％の木陰を創出でき、さらに、その並木の樹木を、並行配置で植える場合よりも、千鳥配置に植えた方が木陰の面積が相対的に5％増えることが明らかになった。対策領域の暑さ指数のヒストグラムを見ると、熱中症について「厳重警戒」または「危険」となる地点（暑さ指数が28℃以上の地点）が20％減少することも明らかとなった。埼玉県では、この数値シミュレーション結果を加味したうえで、暑熱対策の計画を決定し、実際の工事に着手するに至った。

8・8　地下水を含めた都市の水循環の理解へ向けた課題

ここまでに紹介したシミュレーション事例では、地表面より上の水分の移動は考慮されているが、地下水まで含めた水循環まではまだ考慮するに至っていない。人工構造物や緑地が複雑に影響を及ぼし合う都市の水環境や熱環境に対して水循環がどういった影響を及ぼすのか、または都市が水循環に対してどのような影響を及ぼすのかを明らかにすることがこれからの課題である。

ＪＡＭＳＴＥＣでは、こういった大気・海洋・地圏を繋いだ水循環シミュレーションを実現すべく、ＭＳＳＧと地圏水循環シミュレーションモデルであるＧＥＴＦＬＯＷＳとを結合した、ＭＳＳＧ－ＧＥＴＦＬＯＷＳ結合モデルの開発を進めている。具体的な対象領域として、関東平野の大流域圏を設定し、その周辺の海と大気と地圏を５００メートルで解像し、メソスケールの計算手法による結合計算を行っている。

このＭＳＳＧ－ＧＥＴＦＬＯＷＳ結合モデルの開発で最も重要となるのが、地表面や海底面を通しての、熱、水、および塩分の交換部分である。特に地表面はＭＳＳＧの大気パートとＧＥＴＦＬＯＷＳの双方の境界が接する部分であり、都市が存在している部分でもある。大気単体であれば、例えば、日射を受けたアスファルトやビル壁面による空気の加熱や、緑地の植物による蒸散の影響など、都市や緑地が大気に及ぼす影響を考慮する手法は確立されている。しかし、地圏と結合した場合に、これらの影響をどのように考慮すればいいのかについては慎重な検討が必要である。例えば、樹木の蒸散量は、実際には土壌水分量の影響を受けている。また、地下には、地上に建物と対応するように、地下街や地下鉄といった地下構造物が存在している。このような複雑な都市構造の中でどのような水や熱の輸送現象が生じるのかを整理し、どういった物理現象を取り入れるべきか、取り入れることが可能かというところを見極めることが不可欠である。さらに、開発したＭＳＳＧ－ＧＥＴＦＬＯＷＳ結合モデルの信頼性を実測データと比較して検証することも重要となる。これらの検討を行うためには、シミュレーション技術の開発だけでなく、都市の構造や緑地の分布、地質構造や地下水の状態など、様々な実測データを広い視野で集めることが重要な課題である。

参考文献

[1] 気象庁：ヒートアイランド監視報告２０１７（２０１８）

[2] Takane Y., et al.：“Investigation of a recent extreme high-temperature event in the Tokyo metropolitan area using numerical simulations: the potential role of a `hybrid, foehn wind” Quarterly Journal of the Royal Meteorological Society, 141, 1857-1867 (2015)

[3] Asayama M.：“Guideline for the Prevention of Heat Disorder in Japan” Global Environmental Research, 13, 19-25 (2009)

[4] 日本生気象学会：日常生活における熱中症予防指針Ver.3 確定版（２０１３）

[5] Takahashi K., et al.：“Challenge toward the prediction of typhoon behavior and down pour” Journal of Physics: Conf Ser., 454, 012072 (2013)

[6] Sasaki W., et al.：“MJO simulation in a cloud-system-resolving ocean-atmosphere coupled model” Geophysical Research Letters, 43 (17), 9352-9360 (2016)

[7] Matsuda K., et al.：“Tree-crown-resolving large-eddy simulation coupled with three-dimensional radiative transfer model” Journal of Wind Engineering and Industrial Aerodynamics, 173, 53-66 (2018)

[8] Nakano M., et al.：“Global 7km mesh nonhydrostatic Model Intercomparison Project for improving TYphoon forecast (TYMIP-G7): Experimental design and preliminary results” Geoscientific Model Development, 10, 1363-1381 (2017)

[9] Bakkali M., et al.：“Thermal large eddy simulation with sensible heat flux distribution from various 3D building geometries” Journal of Japan Society of Civil Engineers, Ser. B1 (Hydraulic Engineering), 71 (4), 433-438

(2015)
[10] Kanda M., Hino M.：“Organized structures in developing turbulent flow within and above a plant canopy, using a large eddy simulation” Boundary-Layer Meteorology, 68, 237–257 (1994)
[11] Collatz G., et al.：“Physiological and environmental regulation of stomatal conductance, photosynthesis and transpiration: a model that includes a laminar boundary layer” Agricultural and Forest Meteorology, 54, 107–136 (1991)
[12] Asawa T., et al.：“Continuous measurement of whole-tree water balance for studying urban tree transpiration” Hydrological Processes, 31, 3056–3068 (2017)
[13] 国立研究開発法人海洋研究開発機構：報道発表「高層ビルに囲まれたオアシス緑地の低温化現象と樹木の効果―3次元連続観測と街区解像シミュレーションにより解明―」（２０１５年３月19日）
[14] 環境省：東京都市圏における環境対策のモデル分析　最終とりまとめ報告書（２０１６年３月）
[15] 気象庁：ヒートアイランド監視報告（平成19年冬・夏―関東・近畿地方）（２００８年５月）
[16] 東京都オリンピック・パラリンピック準備局：初期段階環境影響評価書（２０１３年２月）
[17] 埼玉県：報道発表「最新スパコン技術を駆使して暑さから人々を守る！　熊谷スポーツ文化公園のヒートアイランド対策にスーパーコンピュータによる予測結果を活用」（２０１８年６月21日）

第9章　都市の生物多様性回復への挑戦
―ハビタットマップの可能性と課題―

根岸　勇太

9・1　都市域における水循環と生物多様性

人工物に覆われた都市域において、水辺のある空間は、都市に暮らす私たち人間にとって心安らぐ場所であるだけでなく、様々な植物や動物にとって生育、生息のための貴重な空間となっている。写真9－1は、東京都の井の頭公園にある井の頭池である。池の中では実に様々な水生生物が確認されており、池の周囲には大木から茂みまで変化に富んだ豊かな環境が広がり、多くの野鳥や小動物が見られる。この井の頭池がたたえている水の量は、詳しくは第10章で詳説する通り、周辺の都市域の水循環に強く影響されている。仮に、井の頭池の水がなくなってしまったら、多くの動植物がこの場所から姿を消してしまう。このように都市域において、水循環と生物多様性は切っても切り離せない関係にあり、この両者の関係性をしっかりと考慮しながら、今後の都市計画を展開していく必要がある。

写真 9−1　豊かなみどりに囲まれた井の頭池

しかしながら、これまで我が国の都市計画において、水循環と生物多様性を考慮した計画展開が十分になされてきたかといえば、そうとは言えないであろう。特に生物多様性に関しては、それぞれの場所がどのような動植物が見られる環境なのかについての情報を、都市域全体で把握するのは容易ではない。そのような情報がない状態では、都市域全体の将来を検討する都市計画において、生物多様性を考慮した計画展開を行うことは困難となる。

このような課題に対して我々の研究グループでは、都市域における生物多様性を支える環境を「ハビタットマップ」と呼ばれる形で整備し、「ハビタットマップ」を用いて環境を評価し、計画展開につなげていく方法論を検討している。ここでは最初に、そもそも「ハビタットマップ」とはどのようなものなのかについて、「ハビタットマップ」を積極的に作成しているドイツの事例を通じて紹介する。

9・2　生態系の基盤情報としてのハビタットマップ

9・2・1　ハビタットマップとは

ハビタットマップは「ハビタット（Habitat）」＋「マップ＝地図」から成り立っている言葉である。ハビタットとは、英語で「生物の生息空間」のことであり、ドイツ語圏では「ビオトープ（Biotop）」と呼ばれている。より詳しくは、「生物群集の生息または生育空間。最低限の面積を有し、一様な性質を伴い、周辺の空間から明確に区別できるような有り様」[1]とされており、ここでのポイントは、あるハビタットと隣のハビタットを区分していくことができるという点である。そして、同じような性質を持つハビタットは、「ハビタットタイプ」としてまとめることができる。つまり、ハビタットマップとは、ある地域において、複数のハビタットタイプを分類し、それぞれのハビタットを隣接するハビタットと区分して、地図として表現したものということになる。

9・2・2　ドイツにおけるハビタットマップ

ドイツでは、１９７０年代からハビタットマップ（ドイツ語では「ビオトープ地図

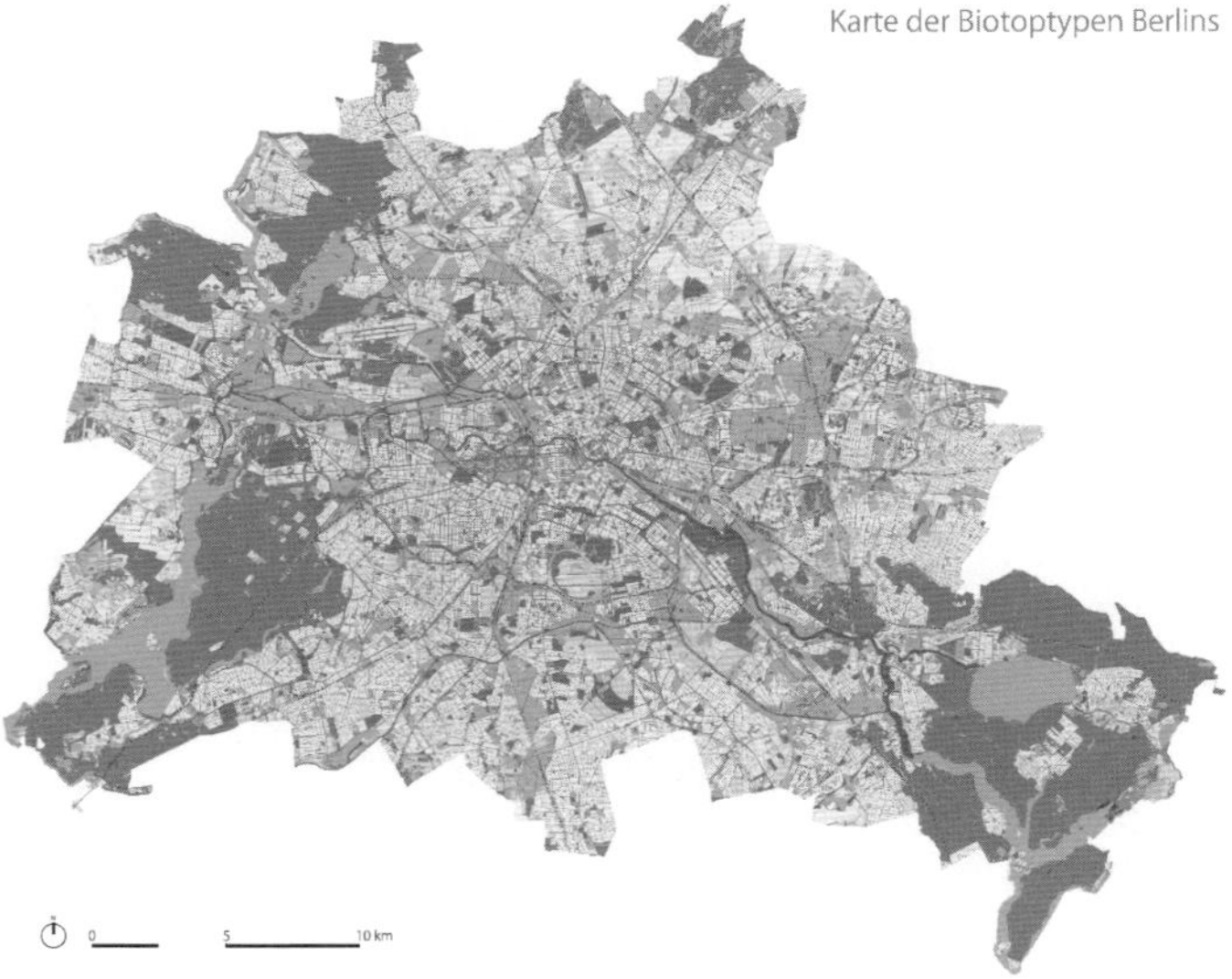

図9‒1　ベルリンのハビタットマップ（口絵）

Biotopkarte」や「ビオトープタイプ地図Biotoptypenkarte」と呼ばれているが、本書ではすべて「ハビタットマップ」とする）が盛んに作成されている。図9－1は、ドイツの首都ベルリンのハビタットマップ（2014年）である[2]。ベルリンの面積は東京23区の約1・5倍であるが、この全域にわたってハビタットマップが作成されている。全部で7382種のハビタットタイプが分類されており、これらは22種のハビタットタイプのグループにまとめられている。図9－2はこのハビタットマップの一部分を拡大したものである。ベルリンの北部を流れるテーゲル川の周辺を示しており、中心にテーゲル川が北東から南西の方向に流れて

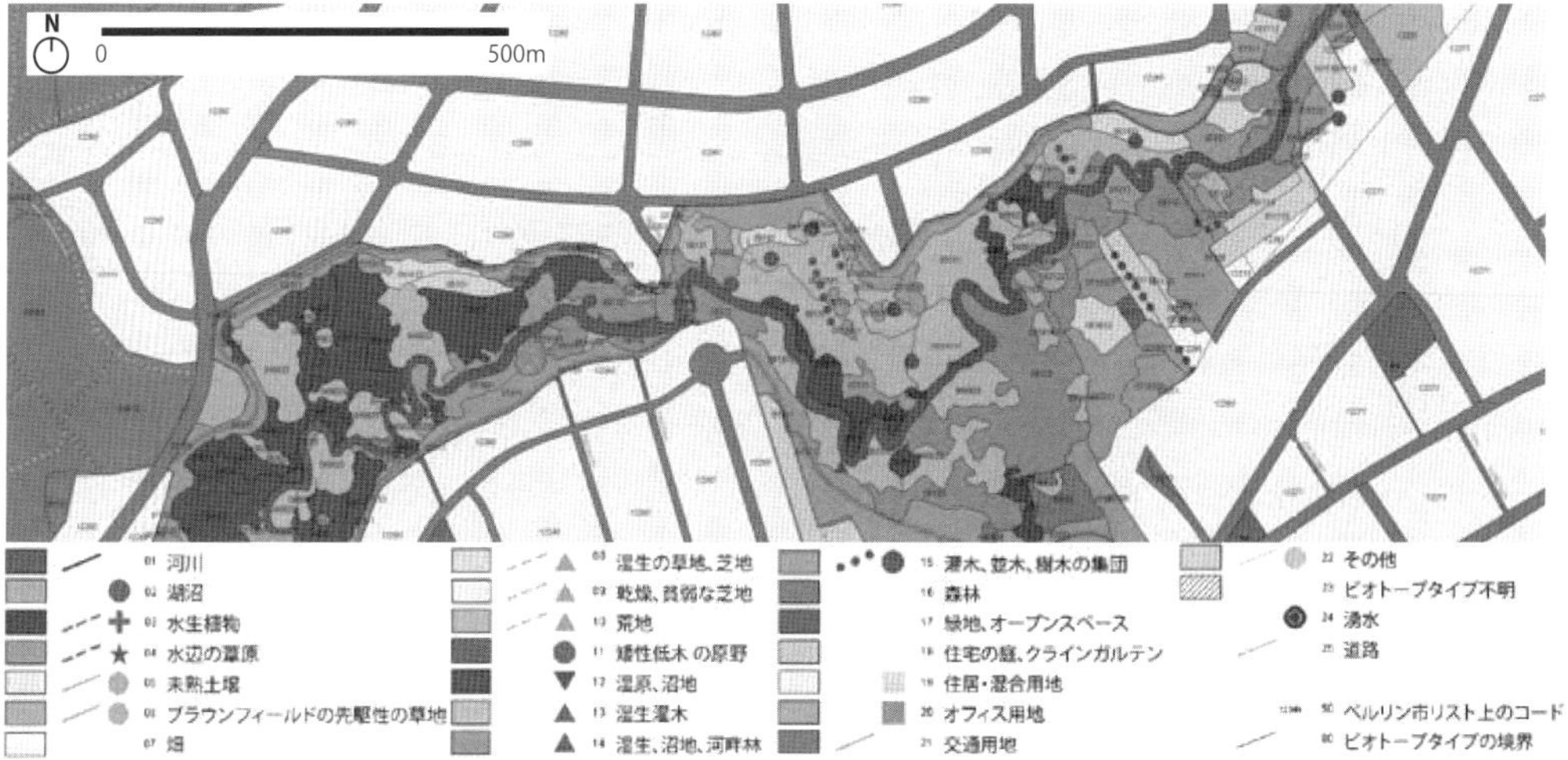

図 9–2　ベルリンのハビタットマップ拡大図（テーゲル川）（口絵）

おり、川の両側には、氾濫原が確保されている。この氾濫原には様々な種類の環境が成立していることがハビタットタイプによって表現されている。氾濫原のさらに外側には住宅地が広がっており、都市域の中の住宅地に挟まれたこれらのみどりについて、その環境が、ハビタットタイプとして細かく区分され認識されている。

ドイツにおいては特に近年、このような生物多様性を支える環境を、水循環と関連づけてマネジメントする取り組みが盛んになってきている。

まず、都市域においてコンクリートなどの人工面をはがして自然面へと戻すことで、生物の生息環境を豊かにするとともに、雨水を地下へと浸透させ健全な水循環を促進しようという取り組みがあげられる。ベルリンでは、どのコンクリート面を優先的にはがして自然面に戻すべきかについての方針が、「人工面の除去ポテンシャル」として定められている（図9－3）。ここではベルリン内の357カ所、1187ヘクタールの区画が再自然化すべき区画として示されており、その優先度の判定基準の一つとして、ハビタットの連結性が向上するかどうかが検討されている。2018年の時点で、このうちの約35ヘクタールもの区画の再自然化が完了している。[3]

別の取り組みとしては、みどりと水辺を連続または近接して確保することで、変化に富み、また生物の生育・生息や移動を可能とするハビタットを形成しようという取り組みがあげられる。ドイツ政府によって2017年に開始された、「ドイツの青いリボン（Blaues Band Deutschland）」というプロジェクトである。ここでは、2050年までに、国内の主要な水路（図9－4）のう

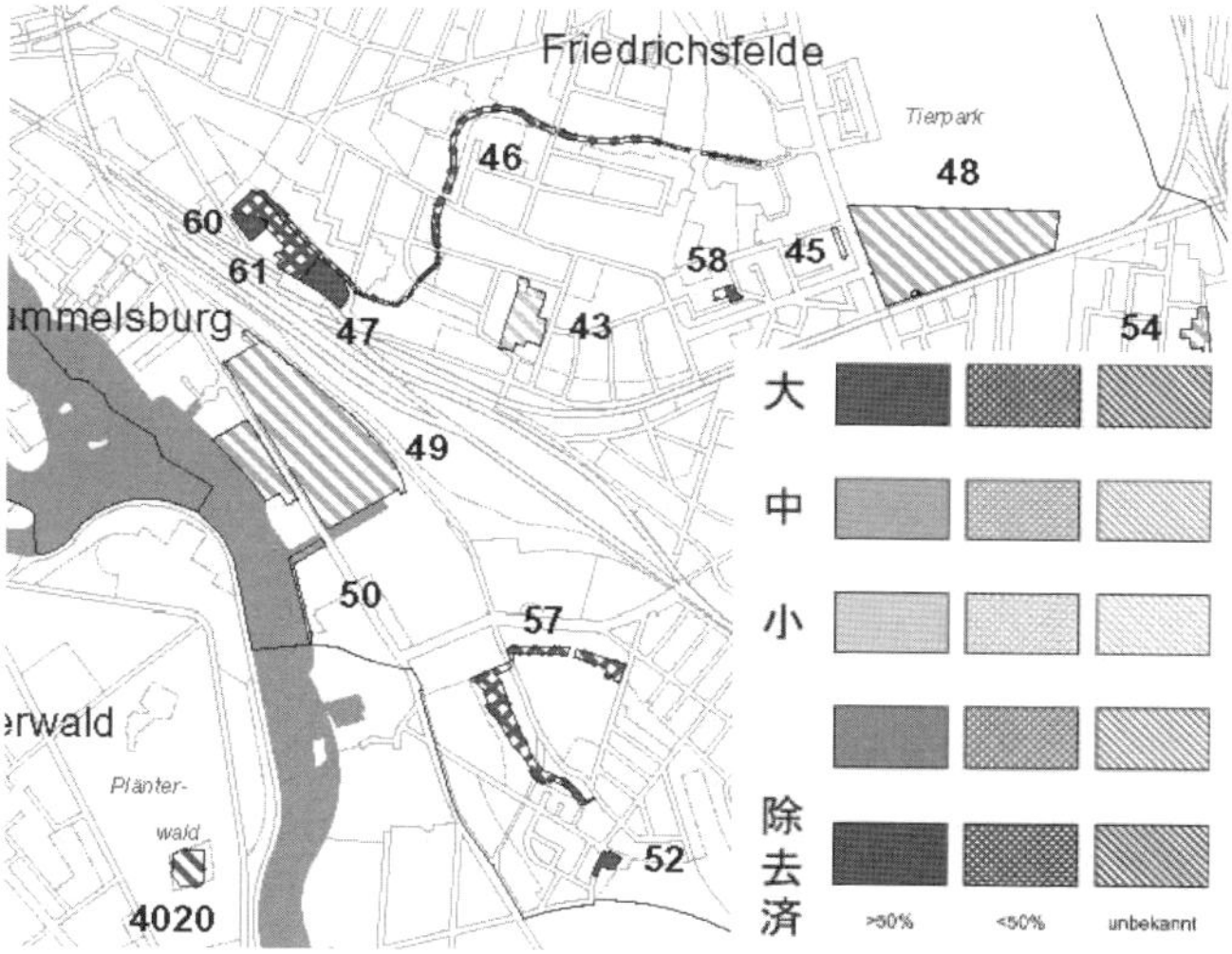

図9–3　人工面の除去ポテンシャル（口絵）

ち水運上不要となったものを再自然化することや、国内の主要な水路における副次的な水路と生態的なパッチを、ハビタットの連続性を高めるための構成要素とすること（図9－5）が目標として掲げられている。[4]

このように、ドイツでは、都市域、そして周辺地域の生物多様性を支える環境がハビタットとして認識され、その基盤情報としてのハビタットマップが整備されるとともに、水循環と生物多様性を向上させる様々な取り組みが展開されているのである。

9・2・3　日本におけるこれまでのハビタットマップ

我が国においても、ハビタットマップの作成は一部において試みられてきた。神奈川県の郊外部に位置する鎌倉市において

図 9-4　ドイツの主要な水路網（口絵）

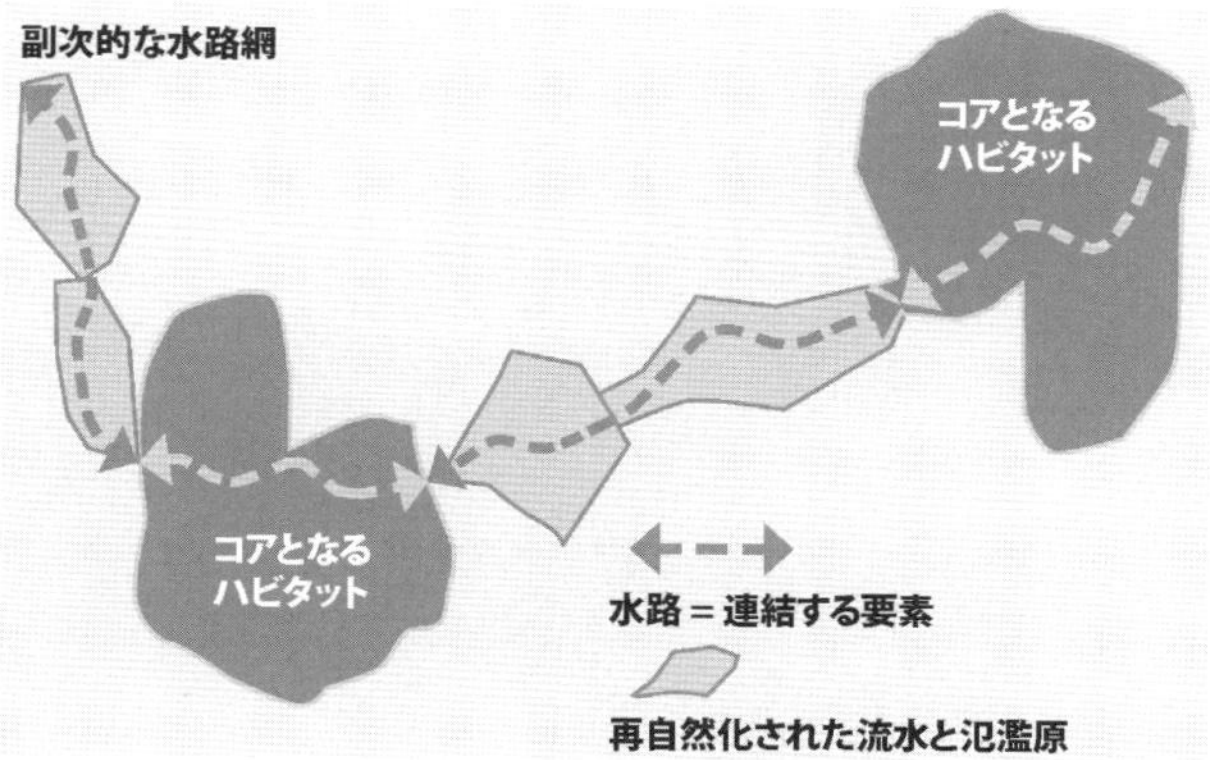

図 9-5　水路とハビタットの連結の考え方

は、２００３年に図９－６に示すハビタットマップが作成されている[5]。図９－６の右上は、広町緑地という大規模緑地の周辺を拡大したものであるが、大規模緑地の中の様々な自然環境がそれぞれのハビタットタイプとして分類されていることがわかる。

また、自然的な土地利用が多くを占める農村地域については、栃木県の市貝町と芳賀町にまたがるエリアを対象として、２００８年にハビタットマップが作成されている[6]。

このように我が国においても、郊外部や農村地域において、ハビタットマップの作成が試みられてきたが、実は、最も多くの人が居住し、それゆえに限られた自然環境が生物多様性にとって非常に重要な意味を持つ東京都心部のような都市域では、これまでにハビタットマップは作成されたことはなかった。

都市域の自然環境は、どのように把握することができるのであろうか。そして、都市域の自然環境を把握

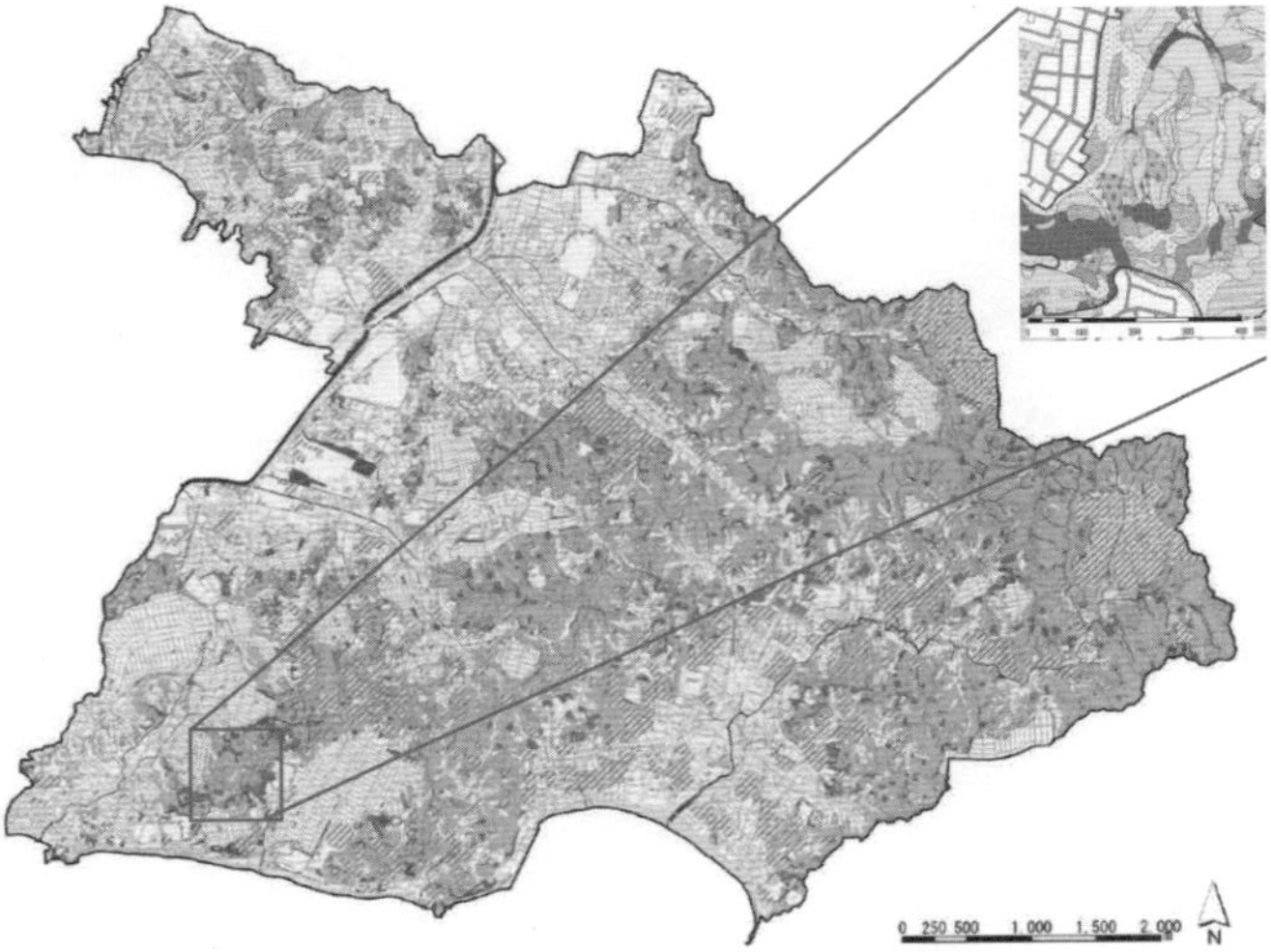

図9–6　神奈川県鎌倉市を対象に作成されたハビタットマップ

したハビタットマップを用いることで、生物多様性と水循環の向上を図るために、どのような計画を展開することができるのであろうか。このような課題に、我々の研究グループは取り組むことにした[7]。そして研究の対象地として選んだのが、東京都の神田川の上流域となる。

9・3　神田川上流域におけるハビタットマップ

9・3・1　神田川上流域とは

神田川は図9－7に示す通り、東京の高密な市街地の中心を流れる河川であり、神田川の流域の大半が住宅地などの都市的な

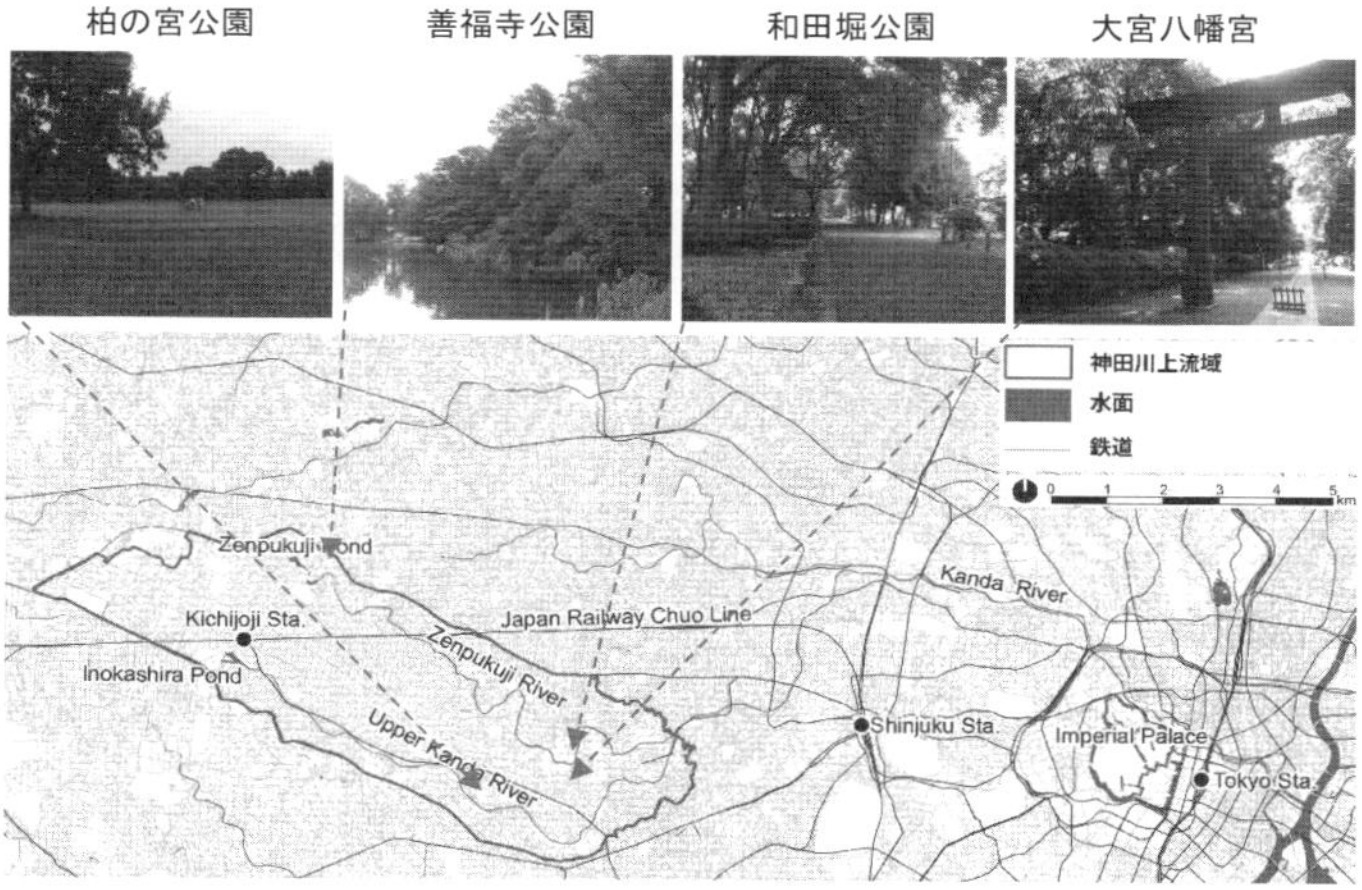

図9–7　神田川上流域

土地利用で覆われている。JR中央線吉祥寺駅近くの井の頭池を源流として東に流れ出た神田川は、途中で善福寺池を源流とする善福寺川、さらに、妙正寺池を源流とする妙正寺川と合流し、山手線の内側を流れてやがて東京湾へと注ぎ込む。我々の研究グループは、神田川と善福寺川が合流する地点より上流のエリアを「神田川上流域」として研究の対象地とすることにした。

　神田川上流域の地形を見てみると、神田川と善福寺川の両岸には沖積低地が形成されている。沖積低地とは長い年月をかけて河川が地面を浸食し、その周囲よりも標高が低い低地となったものである。沖積低地と、周囲の台地と呼ばれる標高の高い土地の境目は、崖線と呼ばれる斜面となっている。神田川上流域における主な土地利用は住宅地だが、神田川と善福寺川沿いには、沖積低地～崖線～台地上にまたがるいくつかのまとまったみどりが確保されている。写真9－1で示した井の頭公園をはじめ、柏の宮公園、善福寺公園、和田堀公園、大宮八幡宮などである。東京の他の地域や我が国の他の都市域においても、このような構造のまちを見ることができ、神田川上流域は、都市域における生物多様性と水循環の在り方を考えるのに適した地域といえる。

9・3・2　植生調査

まず、神田川上流域に確保されているまとまったみどりについて、植生調査を実施した。植生調査を行ったのは、善福寺公園、善福寺川緑地、和田堀公園、大宮八幡宮、井の頭公園、三井の森、柏の宮公園、塚山公園であった。最終的にハビタットタイプを区分することを念頭におき、まず航空写真と現地での予備調査、また存在する場合には公園の図面に基づいて、みどりの特徴が似ている部分をまとめて、図面上で区域を分割していった。そして、このように分割された区域のタイプごとに、どのような植物がどのような構成で生育しているのかを調査した。

ここで、ある調査地点における植物の生育状態を調査する方法として、ブラウン－ブランケ法という手法がある。みどりの中には、見上げるような高い樹木もあれば、足元に生えている小さな草本もある。また、大きな樹木の樹冠の高さよりも少し低いところに樹冠がある木々が見られる場合も多い。このように植物は、種類ごと、または個体ごとに、さまざまな高さの空間を縄張りに持ち生育している。植物が様々な高さで縄張り争いをした結果として、一般的にみどりは、高さ方向にいくつかの層から構成されるようになる。これを階層構造といい、一般的には、低い方から順番に、草本層、低木層、亜高木層、高木層として分けることができる。ブラウン－ブランケ法は、それぞれの階層で、どのような植物がどれくらい、かつどのように生育しているのかを記録するものである。

あるひとかたまりのみどりにおいて、それぞれの植物がどれくらい生育しているのかを記録するのはなかなか大変なことである。足元に生えている小さな草本を１本１本数えるのは気が遠くなる作業となる。そこで、それぞれの植物種が調査区の中で、どれくらいの面積の割合を占めているのかを記録することとしている。これを「被度」という。また、それぞれの植物種が調査区の中でどの程度かたまって生育しているかも記録する。これを「群度」という。このように、ブラウン－ブランケ法を用いて、いくつかの調査区を設定し、その調査区における階層構造を明らかにし、それぞれの階層で出現する植物種について、その種名と、被度、群度を記録していくのである。あらかじめ作成しておいた植生のまとまりの区分を、現地の植生調査を反映しつつ、修正していった。

このような現地での調査を経て、神田川上流域においては、非常に多様な植生の構造がみられることが明らかになった。具体的な事例はのちほど示すが、まずは、ここからどのようにハビタットマップを作成していったのかについて説明する。

9・3・3　ハビタットマップの作成

先述した通り、神田川上流域においては、大規模なみどりは沖積低地～崖線～台地面にわたって成立している。したがって、ある植生のまとまりにおいて、植生の構造が同じでも、地形の違いによってその環境には違いが生じることになる。このことから、現地調査を踏まえて作成した植生のまとまりの区分に、地形の情報（沖積低地、緩やかな斜面の崖線、急な斜面の崖線、台地面）を重ね合わせて、大規模なみどりについて、ハビタットタイプを作成した。

さらにここで、ハビタットマップは、神田川上流域のすべての範囲に対して作成するものであった。しかし植生調査を行うことができた大規模なみどりは、神田川上流域のごく一部の面積を占めるにすぎない。その他の区域では、住宅の庭や小規模な公園のみどりが地域内に散らばって分布している。このように、大規模なみどりでない、より小さく都市内に散らばっているようなみどりを「基質的なみどり」と呼ぶことがある。さらにこの他に、道路や建物といった人工面も都市内の地面を覆っている。したがって、基質的なみどりと人工面も、ハビタットマップに取り入れていく必要がある。これらのデータはどのようにそろえることができるのであろうか。

まず、人工面であるが、どこに道路があるのか、どこに建物が建っているのか、どこに鉄道が走っているのか、こういった情報は、実はすでに行政がデータを持っているので、そのデータを使わせていただくことになる。

問題は、基質的なみどりである。すべての地域を歩き回って、どこにみどりが見られるのかを記録するのは不可能である。したがって、航空写真を活用することになる。航空写真をコンピュータを用いて画像解析し、樹木が分布していると判断できる場所を抽出するのである。その上で、樹木が分布している区域の土地利用の違い（独立住宅、集合住宅、学校など）によって、これらの樹木を分類することとした。さらに、コンピュータを用いても航空写真から抽出できない「農地」「芝地・草地」「裸地」「グラウンド（自然舗装）」「グラウンド（人工舗装）」「墓地」といったみどりは、航空写真を目で見ながら、手作業でデータを作成していった。(8)

このように、大規模なみどりについては植生調査の結果、基質的なみどりについては航空写真から抽出した緑被データ、さらに、人工面のデータを用いて、ハビタットタイプを区分し、ハビタットマップを作成していった。

作成したハビタットマップを示したのが図9－8である。ここでは、62種類のハビタットタイプを区分することができた。大分類としては、樹林地系（林床保全・粗放管理型）、樹林地系（林床利用型）、草地系、湿地・湿田系、公園内の広場・園路、水域系、市街地内の緑地、都市系（人工面）の八つの大分類を設定した。

ハビタットマップを一部のエリア、ここでは浜田山地区にズームアップして示したものが図9－9となる。三井の森や柏の宮公園に注目すると、これらのみどりは、沖積低地～崖線～台地と連なる地形上に分布しており、これらのみどりの内部には、実に様々な環境が成立している。そ

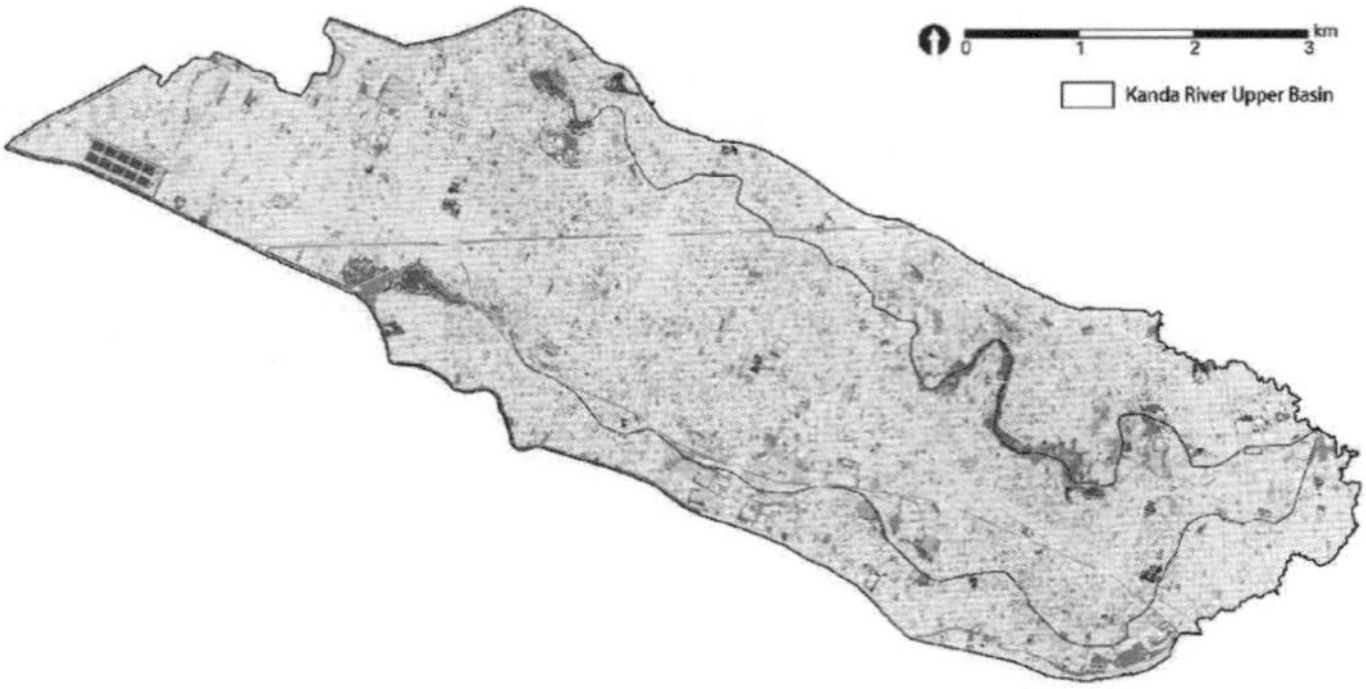

大分類	名称
樹林地系（林床保全・粗放管理型）	段丘崖・急傾斜地の落葉広葉樹林（林床保全）
	段丘崖・急傾斜地の公園植栽地（林床保全）
	段丘崖・急傾斜地の針葉樹・常緑広葉樹林（林床粗放管理）
	段丘崖・傾斜地の常落混交林（林床保全）
	段丘崖・傾斜地の屋敷林跡地の常落混交林（林床保全）
	段丘崖・傾斜地の落葉広葉樹林（林床管理）
	段丘崖・傾斜地の伐採跡地落葉広葉樹林・草地（林床保全）
	台地上の落葉広葉樹林（林床保全）
	台地下部の落葉広葉樹林（林床保全）
	氾濫平野の湿性環境における 樹林地・旧水部のバードサンクチュアリー
樹林地系（林床利用型）	段丘崖・傾斜地の落葉広葉樹林（林床下草刈り）
	段丘崖・傾斜地の針葉樹林（林床広場的利用）
	台地上の常緑広葉樹・針葉樹林（林床保全及び広場的利用）
	台地上の常落混交林（林床下草刈り）
	台地上の落葉広葉樹林（林床広場的利用）
	台地上の針葉樹林（林床広場的利用）
	モウソウチク林
	台地上の樹林地（広場的利用）
	氾濫平野の落葉広葉樹林
	氾濫平野の針葉樹林
	氾濫平野の常落混交林（広場的利用）
草地系	台地上の原っぱ・芝生地
	氾濫平野の疎林原っぱ
	氾濫平野の原っぱ
湿地・湿田系	段丘崖直下の湿地
	段丘崖直下の水田
公園内の広場・園路	広場（透水）
	園路（不透水）
	園路（透水）
	グランド（自然舗装）
	グランド（人工舗装）

大分類	名称
水域系	公園の池
	生態系復元池
	庭園石組み護岸の池
	釣り堀池
	遊水池、調整池
	プール
	小河川における冠水性草地
	公園のせせらぎ
	人工護岸の小河川（護岸より湧水あり）
	人工護岸の小河川（護岸よりの湧水なし）
	自然的護岸の小河川
	上水（玉川上水、千川上水）
	水辺植栽地
市街地内の緑地	住宅地の庭（戸建て住宅地の100㎡以下の小規模な緑地）
	住宅地のまとまった庭（戸建て住宅地の100㎡以上の緑地）
	集合住宅樹林（一定規模以上の集合住宅のまとまった緑地）
	学校樹林（小学校、中学校、高等学校、 大学などのまとまった樹林地）
	公園の樹林地
	芝生地
	グランド・広場（自然舗装）
	グランド・広場（人工舗装）
	市民農園
	農地（生産緑地）
	墓地の樹林
	街路樹
	庭園植栽
都市系（人工面）	道路
	駐車場
	鉄道敷
	間地
	建物

図 9–8　神田川上流域ハビタットマップ（口絵）

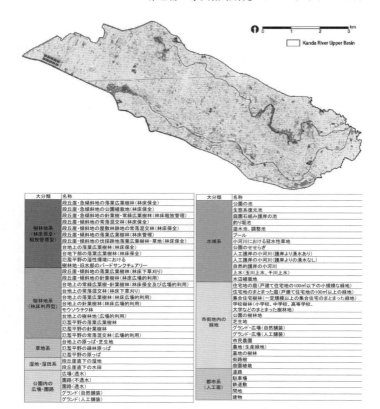

図 9-9　ハビタットマップ（浜田山地区）（口絵）

写真 9-2　湿地（三井の森）

写真 9-3　水田（柏の宮公園）

写真 9-4　階層構造豊かな樹林
（三井の森）

写真 9-5　林床利用型の樹林地
（三井の森）

してその様々な環境がハビタットタイプとして表現されていることがわかる。

例えば、沖積低地部分には湿地（写真9－2）や水田（写真9－3）が分布しており、これらに対応するハビタットタイプが区分されている。また、樹林地を見てみても、斜面地に成立し、林床がふかふかの落ち葉で覆われていて、それぞれの階層に多くの植物種がみられる樹林地（写真9－4）と、台地上部に成立し、人々がその林内のスペースを利用するために高木層にのみ多くの植物種がみられる樹林地（写真9－5）は大きく異なる環境である。このような樹林地の違いも、ハビタットマップで表現されていることがわかる。

次に、基質的なみどりはどうであろうか。基質的なみどりは、戸建て住宅の庭に成立している小規模な樹林や、大規模な集合住宅の敷地に成立している樹林などがあり、これらの違いがハビタットマップ上で示されている。また、住宅などの敷地には、樹林で覆われていない部分があり、その地表面は、コンクリート、砂利、土、芝生などで覆われている。しかし、これらの個別の敷地の地表面の情報を地域全体で調べることはできておらず、現段階のハビタットマップでは一様に「間地」というハビタットタイプに区分されている。

さらに、道路や建物といった人工面も表示されている。

このように、ハビタットマップにおいては、様々な生物が生育・生息する空間の環境の情報が、ハビタットタイプとして即地的に示されているのである。

9・3・4　ハビタットマップに基づく水循環に関する情報の整理

ハビタットマップは、水循環の観点からみても有益な情報を提供するものである。つまり、ハビタットタイプごとに、降った雨水が地中にどの程度浸透するか、すなわち雨水の浸透能を求めることができる。地表面や樹林の状態ごとにどの程度の雨水浸透能があるのかについては既往研究[9]が存在しているため、これらの既往研究を参考としながら、ハビタットタイプごとに雨水浸透能を割り当てることができるのである。[10] 雨水の最終浸透能として、我々の研究グループは、

222㎜／hから0㎜／hの値を割り当てた。ここで、国内の1時間当たり降雨量の最多記録は153㎜／hである（1999年10月27日　千葉県佐原市（当時））[11]。つまり、雨水の最終浸透能が222㎜／hの区画においては、もし大雨が降ったとしてもすべての雨水が地下に浸透するということになる。一方で、最終浸透能の値が小さくなればなるほど、雨水を地下に浸透させることができなくなっていく。

さらに、このような雨水の浸透が、雨水の地下への「入口」とするのであれば、雨水の地下からの「出口」にあたるものが、地下から湧き出す水である。地下から湧き出す水は、河川で水面下の川底から湧き出す場合もあれば、川岸や池のそばで、水面よりも高い位置から湧き出す場合もある。これらのうち、我々の目で直接確認できるものは一般に「湧水」として認識される。これまで対象地においては、神田川と善福寺川の河川内に合わせて3カ所の湧水が東京都によって確認されてきた[12]。我々の研究グループは、実はさらに湧水があるのではないかという仮説のもと、2017年と2018年に、対象地内の神田川と善福寺川のすべての区間を踏査し、河川内で目視で確認できる湧水を記録していった。その結果として、対象地内において、数十カ所の湧水が見られることが明らかになった[13]。

これらの調査を踏まえ、雨水浸透能と湧水分布の両者を格納したデータを作成した。図9－10は、このうち浜田山地区をズームアップして示したものである。三井の森・柏の宮公園・塚山公園は、特に内部に分布している樹林地を中心として高い雨水浸透能を有しており、都市域におい

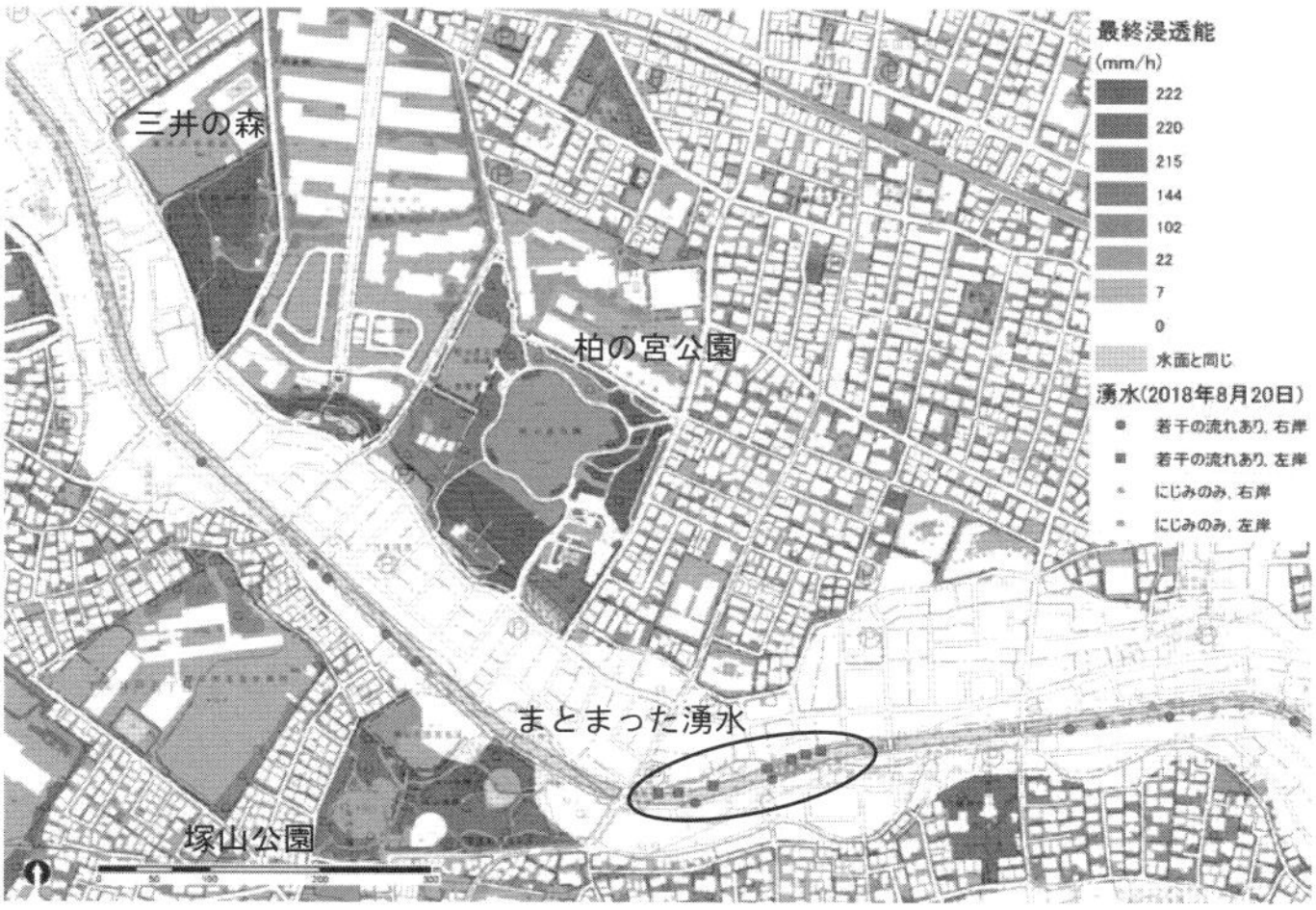

図 9-10　最終浸透能と湧水（浜田山地区）

て雨水を受け止め地下へと浸透させる重要な拠点となっていることがわかる。一方で、周辺の市街地において、個別の建物の周囲の「間地」については、最終浸透能を現段階では7㎜／hとして設定している。図9－10からもわかる通り、雨水の浸透量が小さい「間地」は大きな面積を占めており、降った雨水の多くが地下に浸透することができないということになる（ただし、この最終浸透能は「間地」の地表面の種類によっても大きく異なってくるため、7㎜／hという値の設定自体については、今後さらに検討していかなければならない）。

　一方で、湧水点については、三井の森・柏の宮公園・塚山公園などの大規模なみどりが複数立地しているエリアを貫流する神田川のやや下流側で、若干の流れを伴う湧水が、左右両岸にまとまって見られるエリアがあった（図９－10中に表示）。

このように、生物の生息空間の情報であるハビタットマップに基づいて、地域の水循環に関する情報も、わかりやすく即地的に示すことが可能となるのである。

９・３・５　神田川上流域における都市更新の今後の方向性

このようなハビタットマップに基づく都市域の生物多様性と水循環の基盤情報を踏まえることで、神田川上流域の今後の都市更新について次のような方向性を検討することができる。

まず、既存の大規模なみどりの生物多様性をより向上させていくことである。具体的には、公園内の人工面を自然面に転換していくことや、既存の樹林地を階層性の豊かな樹林地に徐々に変化させていくことが考えられる。

次に、既存の近接する二つの大規模なみどりの間に新たにみどりを作り出すことで、大規模なみどりの連続性を高めていくことである。例えば、柏の宮公園に接して現在駐車場として利用されている区画がある（写真９－６。図９－９に撮影箇所明示）。この区画は図９－９からもわかる通り、柏の宮公園と三井の森とを連結する場所に位置しており、２０１７年に柏の宮公園の拡張区域として公園とされることが決定された。柏の宮公園においても三井の森においても、この区画に接しているエリアには、豊かな植物種が確認されており、林床保全型の常落混交林および様々な水辺環境のハビタットタイプが分布している。したがって、現在駐車場となっている当区

写真 9-6　公園となる駐車場
—どのようなみどりを生み出していくべきか

画においてもこれらのハビタットタイプを作り出すことで、豊かな生物生息空間を連結させこれを一気に拡大させることができると考える。

さらに周辺の市街地においては、「間地」をはじめとする人工面を少しずつ自然面に転換したり、小規模なみどりを生み出したりすることで、大規模なみどりや河川を緩やかにつなぐ生物生息空間を内包するエリアを生み出していくことができる。また、市街地の「間地」をはじめとした人工面の自然面への転換によって、市街地における雨水の浸透能が向上していくことになる。このことによってより多くの雨水が地下に浸透し、地下水が涵養されることで、従来この地域で見ることができた豊かな湧水が復活することが期待される。そのためには、現在の地下水の流動がどのようになっているのかを分析する必要がある。この点については、第10章にて説明される。

一方、浸透能の小さい土地被覆においては、雨水は一部しか地下に浸透することができない。その場合、多くの雨水は地表面をそのまま流れ、マンホールを通じて下水管へと流れ込んでしまう。降雨量が一定量以下の場合には下水管に流れ込んだ雨水はそのまま下水処理場まで流れるが、降雨量が大きい場合には、雨水は下水管から河川に直接放出される。この放出された水が河川の容量を超えてしまうと、河川の氾濫が発生する。また、下水道の中が雨水で満たされてしまうと、水は行き場を失ってマンホールから地表にあふれ出てしまう。この現象が内水氾濫といわれるものである。このような、河川氾濫や内水氾濫をどのようにして防ぐことができるのか、この点については、第12章で詳しく説明される。

参考文献

［1］ Schaefer, M.：Wörterbuch der Ökologie. Spektrum, Heidelberg, Berrlin（2003）

［2］ https://www.stadtentwicklung.berlin.de/umwelt/umweltatlas/d116_05.htm#Abb2

［3］［4］ https://www.blaues-band.bund.de/SharedDocs/Downloads/DE/Publikationen/BBD_02_2017.pdf?__blob=publicationFile&v=7

［5］ 大澤啓志、山下英也、森さつき、石川幹子：鎌倉市を事例とした市域スケールでのビオトープ地図の作成、ランドスケープ研究67（5）、５８１－５８６（２００４）

［６］一ノ瀬友博、高橋俊守、加藤和弘、大澤啓志、杉村尚：農村地域における生物生息環境評価のためのビオトープタイプ地図作成手法の提案、農村計画学会誌27（１）、７－13（２００８）
［７］Ishikawa M., Negishi Y., Yamashita H. :“A Study on Green Infrastructure Planning in Highly Urbanized Area Towards the Climate Change and Bio-diversity－A Case Study in the Kanda River Basin, Tokyo”, 2018 International Conference of Asian-Pacific Planning Societies, 4 Smart Infrastructure and Environment, 29 (2018)
［８］飯田晶子、大和広明、林誠二：神田川上流域における都市緑地の有する雨水浸透機能と内水氾濫抑制効果に関する研究―内外水複合氾濫モデルを用いたシミュレーション解析―、都市計画論文集50（３）、５０１－５０８（２０１５）
［９］吉田葵、林誠二、石川幹子：都市緑地における種組成の差異が雨水涵養機能に与える影響に関する研究、都市計画論文集48（３）３、１０１１－１０１６
［10］文献８（再掲）
［11］国土交通省気象庁ホームページ　http://www.data.jma.go.jp/obd/stats/etrn/view/rankall.php（２０１８年10月14日アクセス）
［12］東京都環境局：東京の湧水マップ　http://www.kankyo.metro.tokyo.jp/water/conservation/spring_water/spring_water.html（２０１８年10月14日アクセス）
［13］山下英也、根岸勇太、森田楓菜、田原康博、石川幹子：神田川上流域における土地被覆と湧水点の変化に関する考察、日本地下水学会２０１８年春季講演会講演予稿、１０６－１０９

第10章　最先端水循環シミュレーション技術を用いた水問題解決への挑戦

小西　裕喜

10・1　水問題とそれに対する施策の現状

10・1・1　複雑な水問題

現在都市化が発展する中で、洪水・氾濫、水質汚染、水涸れなど、様々な水問題が起こっている。水涸れの一例として、東京都西部を流れる野川の水涸れが挙げられる。図10－1がその水涸れ状況を示した図である。この水涸れは様々な要因が組み合わさって起きていると考えられる。例えば流域の都市化により雨が浸透しにくいエリアが拡大したこと、玉川用水路などの廃止、周辺地域での地下水の汲み上げなどが原因として挙げられる。

一つの水涸れに着目してみても、このように様々な要因が組み合わさって起こっている。その

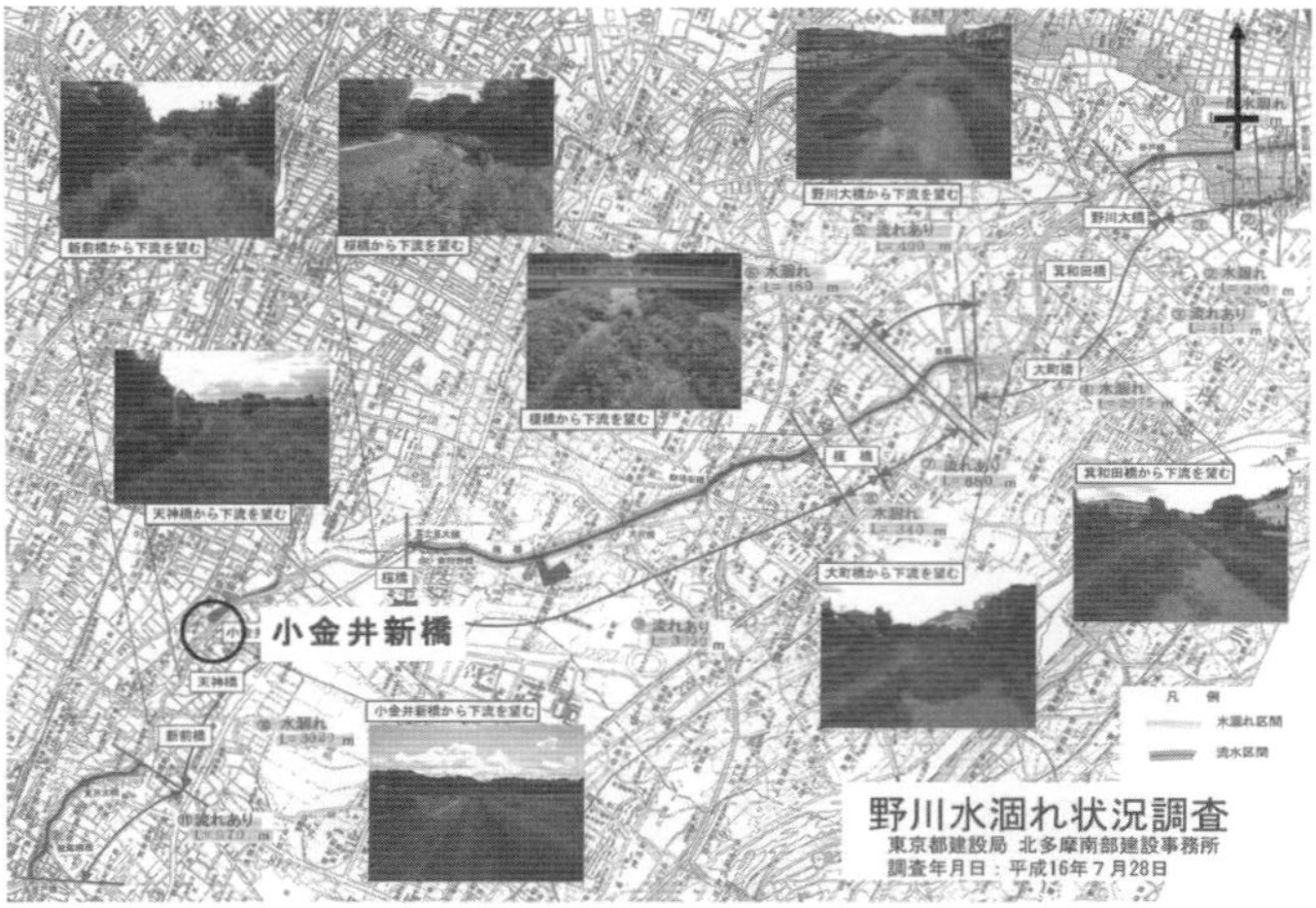

図 10−1　野川水涸れ状況[1]

ため、現在存在する水問題に対し適切な対策を打つのは簡単ではないと考えられる。

10・1・2　流域の視点で水問題を考える

　このような水に関する問題は、気象条件や地形・地質など、その地域固有の自然的な作用によって作り出される地表水・地下水の流れと、河川水・地下水の取水などの人為的な水利用が複雑に重なり合った中で起きている。それら水に関する問題について考える際には、水収支が閉じると考えられる「流域」単位で考えるのがわかりやすい。

　流域の視点で水問題に取り組んでいる地域として、神奈川県秦野市が挙げられる。その取り組みの実施地域を図10－2に示す。秦野市は扇状地地形で、川が運んだ堆積物により

図10-2　秦野市の取り組み実施地域（口絵）

地盤の透水性が高く、平常時の河川水量が少ないことに加えて、川が運んだ堆積物が「地下水盆」として機能し、利用可能な地下水が多量に存在することから、秦野市では水道水源の約70％を地下水に頼っている。

秦野市では、高度経済成長期における人口増加・工場誘致により水道用水・工業用水などの水需要が増加し、地下水利用が進んだ。また、宅地の進展・工場用地の拡大によって、雨が浸透しやすいエリアが減少した。これらの原因により、地下水位の低下が観察されるようになった。地下水の保全のため、秦野市は降雨量や地下水の汲み上げ量、河川の水量などから求められる地下水の収支や、監視基準として決められた地点での地下水位、代表的な湧水地点での湧水量を地下水保全上の評価指標として設定し、これらの量が継続して低下していないかを監視することで流域の管理を行っている。

10・1・3　水問題を解決する上での現状の問題点とは？

一般的に水問題を解決する上で、主に次のような三つの問題点がある。

① 限られた地点での河川流量や地下水位などの観測データのみでは、その流域で起こっている実態を正確に把握することが難しい。

② 流域で起こっている実態について把握し、対策を行う上で、適切に評価指標を設定し、それを監視していくことが一つの手法として考えられるが、その設定した評価指標とその基準値がどういった意味を持つものなのかを的確に把握することが難しい。

③ 前項のように水問題に対し行った対策が本当に適切かどうかわかりにくい。

では、これらの問題を解決するためには、どのような手段を取ればよいのだろうか？

10・2 水問題を解決するための方法

10・2・1 水問題解決においてシミュレーションを用いる利点

水問題を解決する上での問題点を解消するための手段の一つに、数値シミュレーション技術がある。その技術を用いる利点として、以下の3点が挙げられる。

① その流域固有の地表水と地下水の流れの特徴を反映したモデル（コンピュータ内に作り上げた模型）を作成することで、評価指標に対する基準値を測定値が上回る・下回るということがどういう状況を示しているのかを定量的に見ることが可能となる。また、任意の場所での水の流れの状況を見ることができるようになる。

② 設定した評価指標・基準値に対し、河川流量・地下水位などの観測値との関係の根拠を提示できるようになる。

③ ある施策を行った場合の効果を予測することができるようになる。

10・2・2 最先端水循環シミュレーションとは？

既存の河川水・地下水を対象とした洪水シミュレーションや地下水シミュレーションでは、流域全体を対象として解析を実施する必要があるが、流れの速さが大きく異なる地表水・地下水を一緒に計算する例は存在しなかった。近年、モデリング技術の進展とコンピュータの性能向上により、それら二つを同時に取り扱って解析する最先端水循環シミュレーションが可能となった。

最先端水循環シミュレーションでは、コンピュータ内に仮想的な世界を実験用のモデルとして作り上げる。地形や建物などの人工構造物は、例えば形が歪んだサイコロ状の多数のセルを用いて表現する。そしてそれら各セルに対し、地質などの属性を与え、それら地質に対応した透水性・間隙率などに係るパラメータをそれぞれ設定し、モデルを作成する。また、利用可能な情報（データ）をできるだけそのまま組み込み、条件の設定に主観的な要素を持ち込まないようにして、質量・エネルギー保存則などの普遍的な法則、蒸発や地下水流れなどの個々のプロセスを表現する物理法則のみに従って自然の流体・エネルギーの流れを取り扱う。このようにしてあたかも実験用のモデルをコンピュータ内に作り出し、そのモデルを使用してシミュレーションを行う。そしてそのシミュレーションで得られた結果を用いて水の流れの可視化を行うことで、人間の理解の助けとする。

10・2・3　「現実世界」と「仮想世界」の対話

最先端水循環シミュレーションを用いて、流域で起こっている現象の実態把握、評価指標に対する根拠づけ、ある施策を行った際の効果の予測に正確性を持たせるためには、計算に使用するモデル（計算結果、「仮想世界」）が現実（観測値、「現実世界」）によく合っていることが必要となる。そのためには、以下のプロセスを実行する。

まず現況の観測値を検証データとしてモデルによる計算結果と比較し、観測値と計算結果が整合していない部分について、その理由（仮説）を考える。次にその仮説が正しいかどうかを、観測データ収集・現地調査を行うことで確かめ、仮説が正しければモデルに修正を行い、計算を実行する。その後さらに観測値と計算結果を比較し、同様に観測値と計算結果が整合していない部分について、その理由（仮説）を考え、これを繰り返す。

このように、モデルと現実とがいわば「対話」しているようなプロセスを経ていくことで、モデルによる現実の再現精度を向上させることが可能となる。またこのプロセスにおいて、河川流量・地下水位だけではなく、湧水地点などの再現性も確認すると、よりモデルによる現実の再現性を高めることが期待できる。

このプロセスを通じて現実をよく再現するようになったモデルを使って、現実の地表水・地下水の流れの実態を把握する。その把握により、例えば地下から川への湧水が減少しているという問題に対し、何か対策を考えた際、その効果を予測することができるようになり、水問題解決のための対策立案、評価指標・基準値の設定などに貢献することができるようになる。

10・3　実サイトへの適用

10・3・1　神田川流域

最先端水循環シミュレーションを用いて「現実世界」と「仮想世界」が対話し、モデルの再現精度を向上させている例の一つとして、神田川流域を示す。神田川は東京都を流れる一級河川で、支流には善福寺川・妙正寺川・江古田川などが存在する。神田川の流域範囲を図10－3に示す。また、神田川流域における年平均降水量・年平均気温・土地利用・地形・河川放流・地質に関する各データをそれぞれ図10－4～10－9に示す。

これらの図から、神田川流域では年平均降水量が約1530ミリメートル、年平均気温が約23・2℃であること、流域のほとんどが建物用地で占められていること、井の頭池・善福寺池・妙正寺池および二つの下水処理場から河川へ放流を行っていることを読み取ることができる。

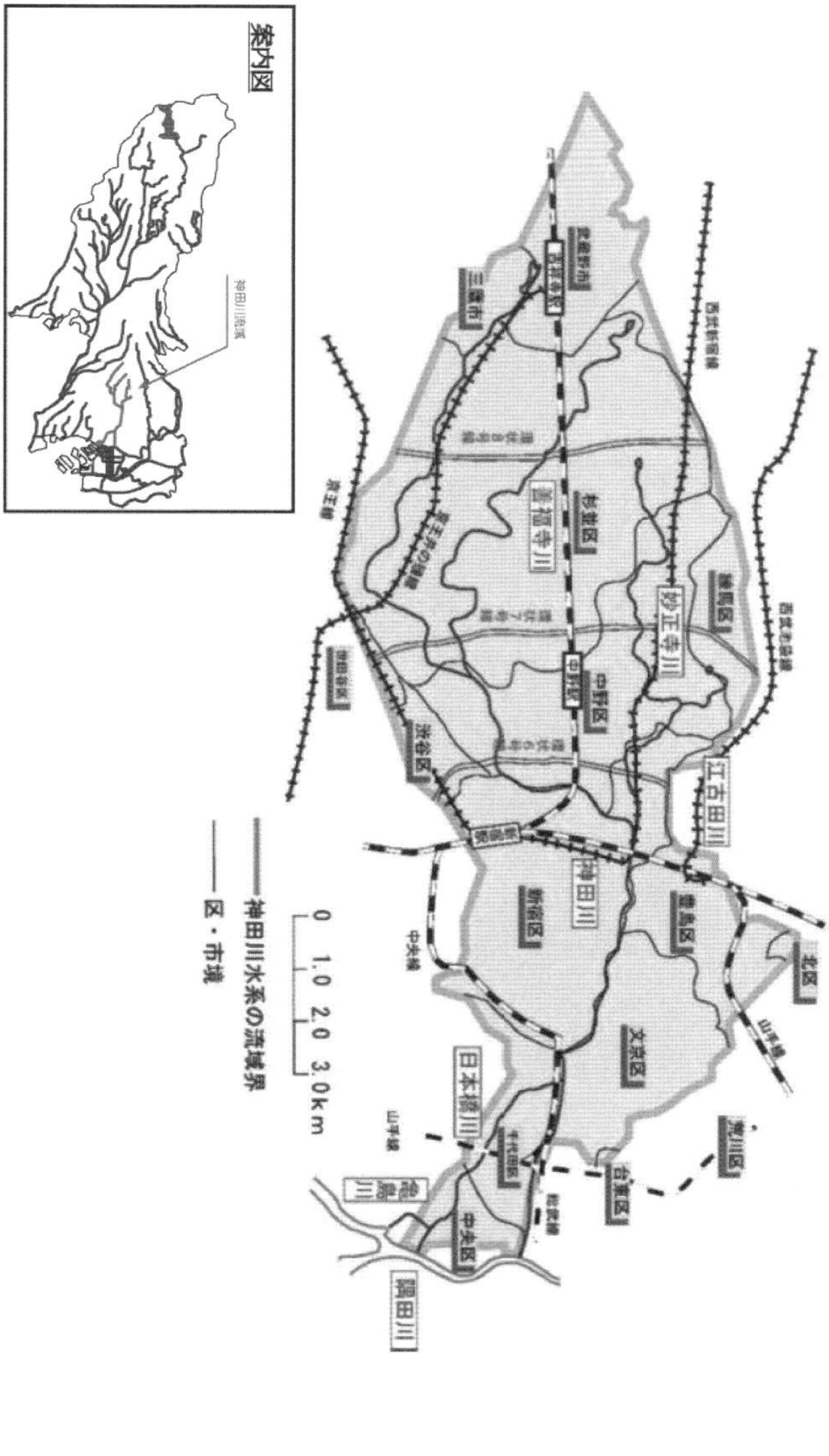

図 10–3　神田川流域図 (2)

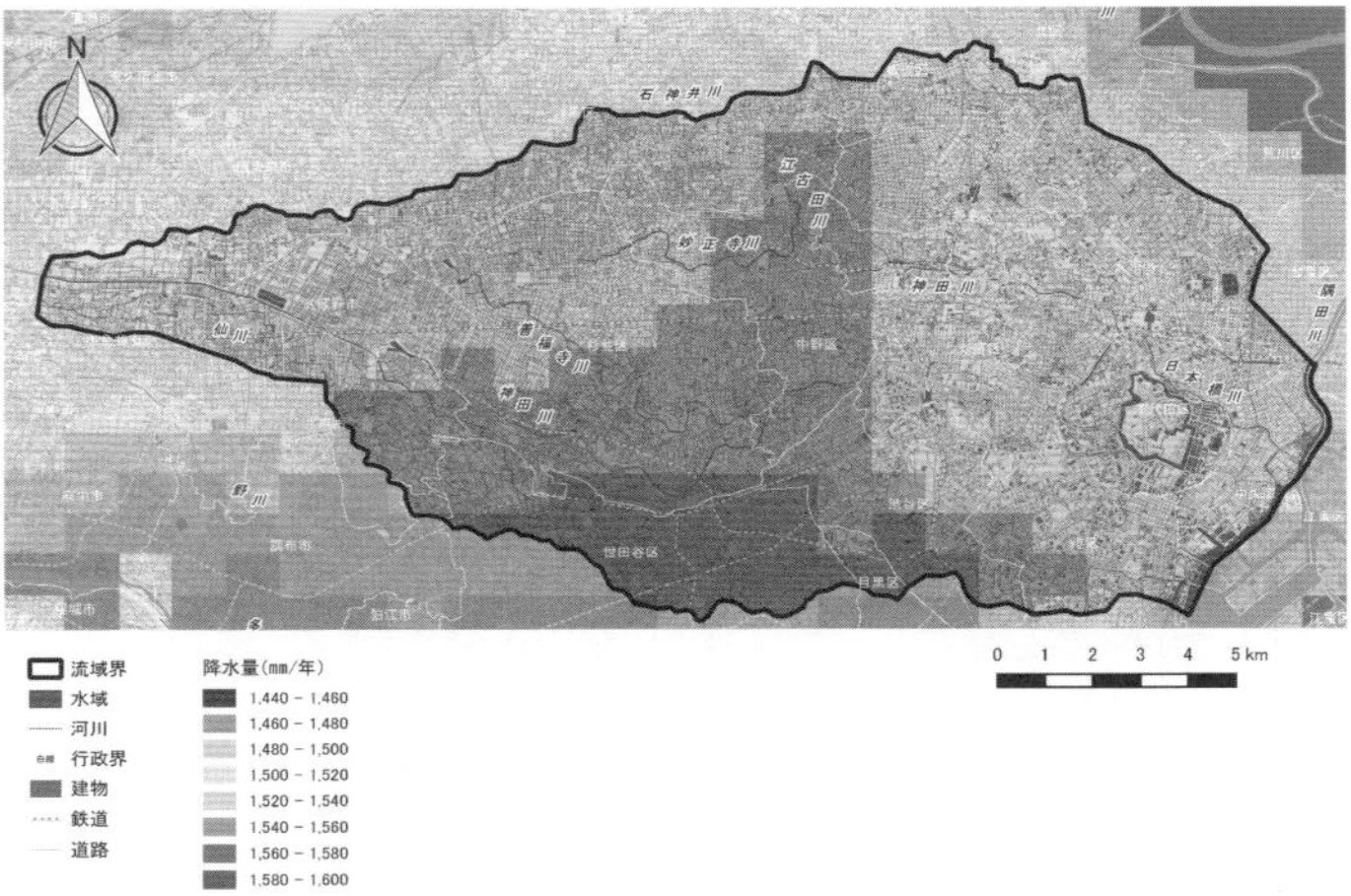

図 10-4　降水量（気象庁、メッシュ平年値 2010）（口絵）

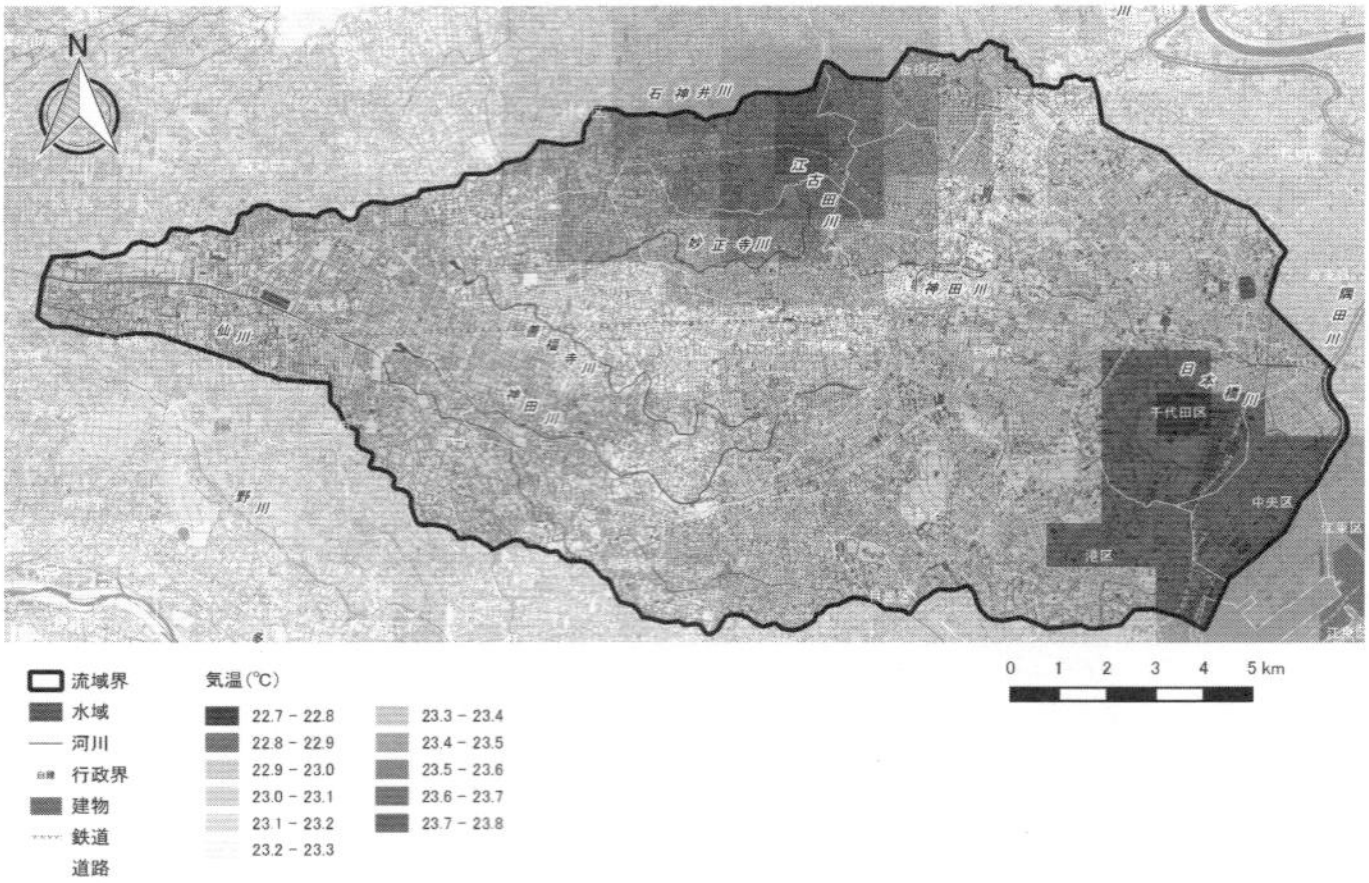

図 10-5　気温（気象庁、メッシュ平年値 2010）（口絵）

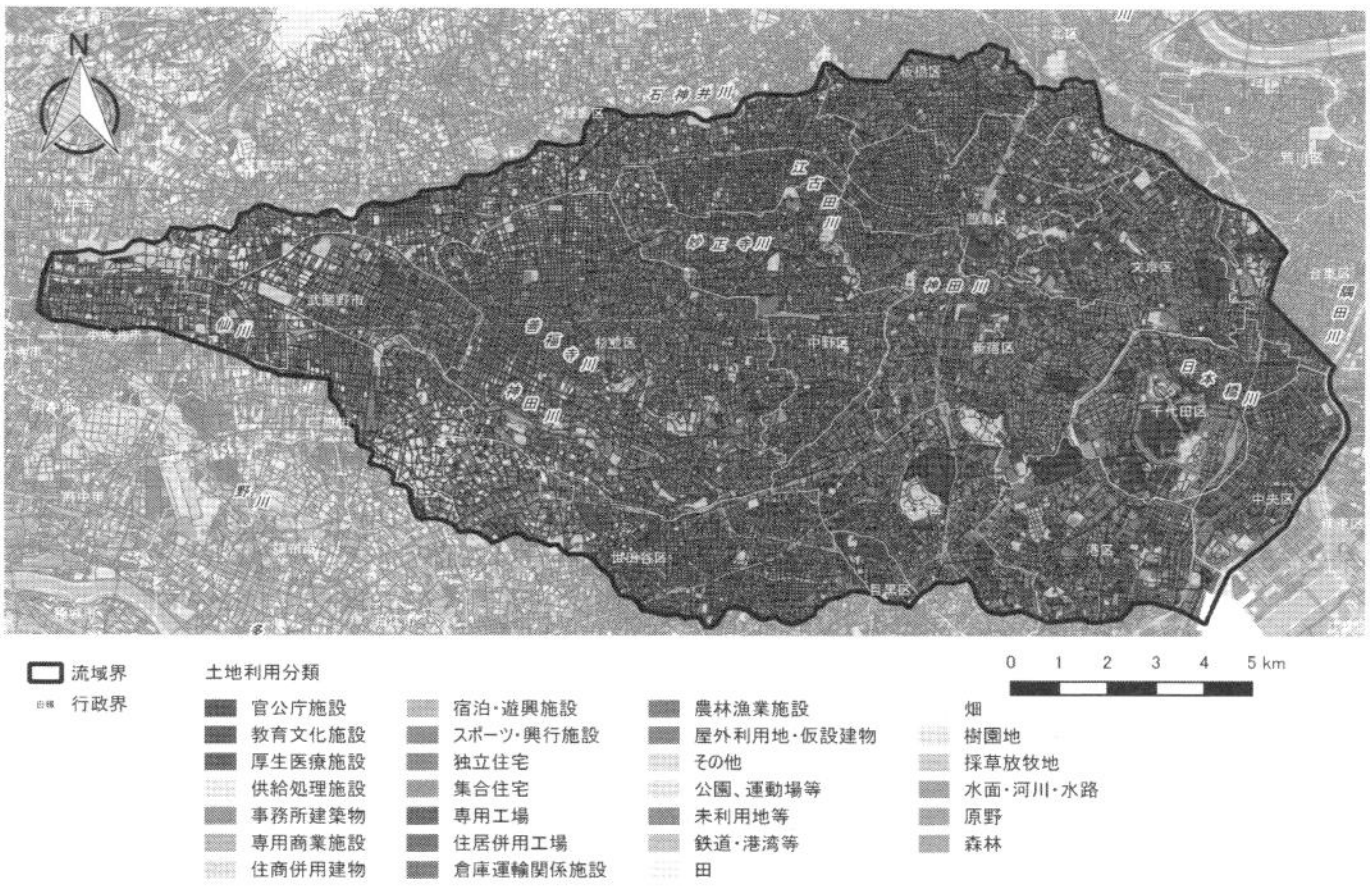

図 10-6　土地利用（東京都都市計画基礎調査土地利用現況データ）（口絵）

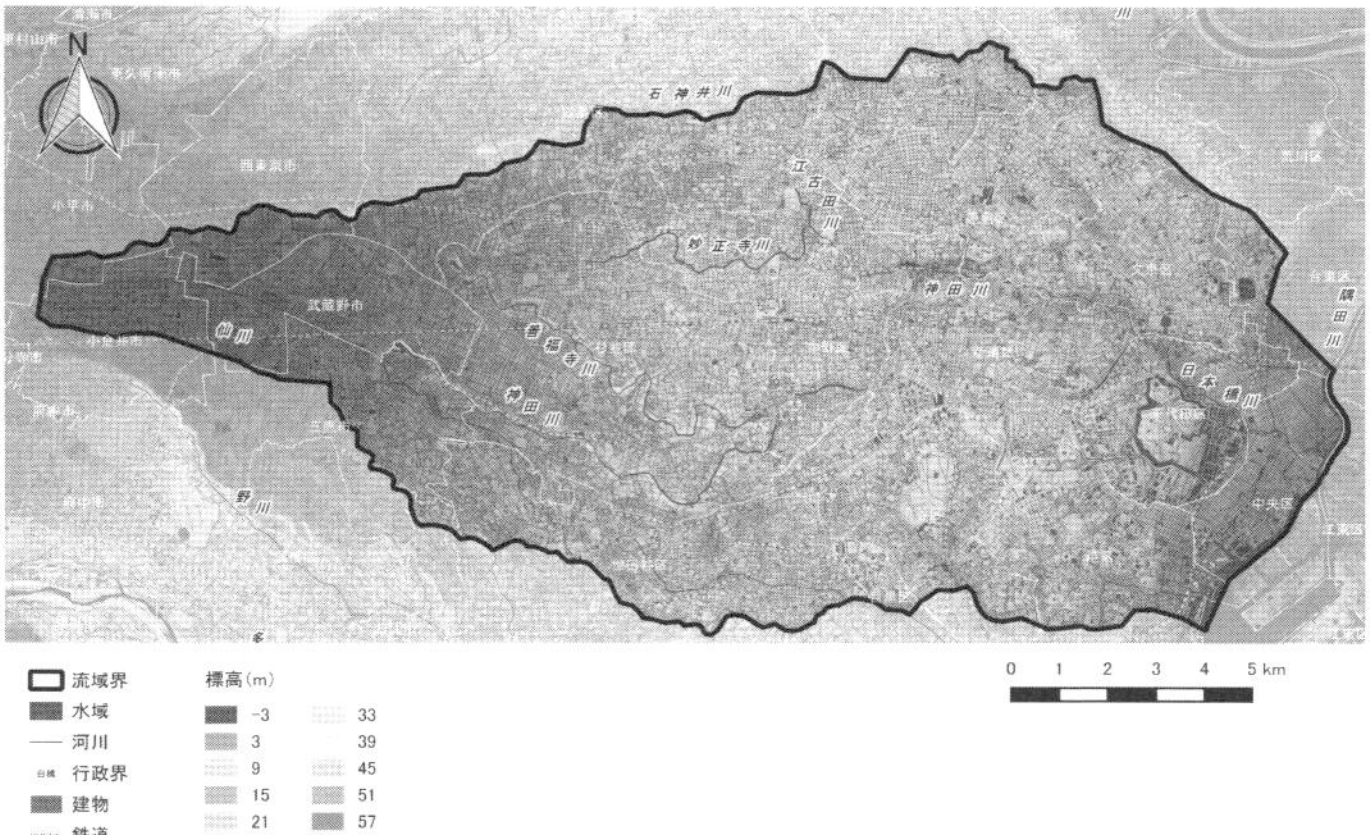

図 10-7　地形（国土地理院基盤地図情報数値標高モデル 5m メッシュ）（口絵）

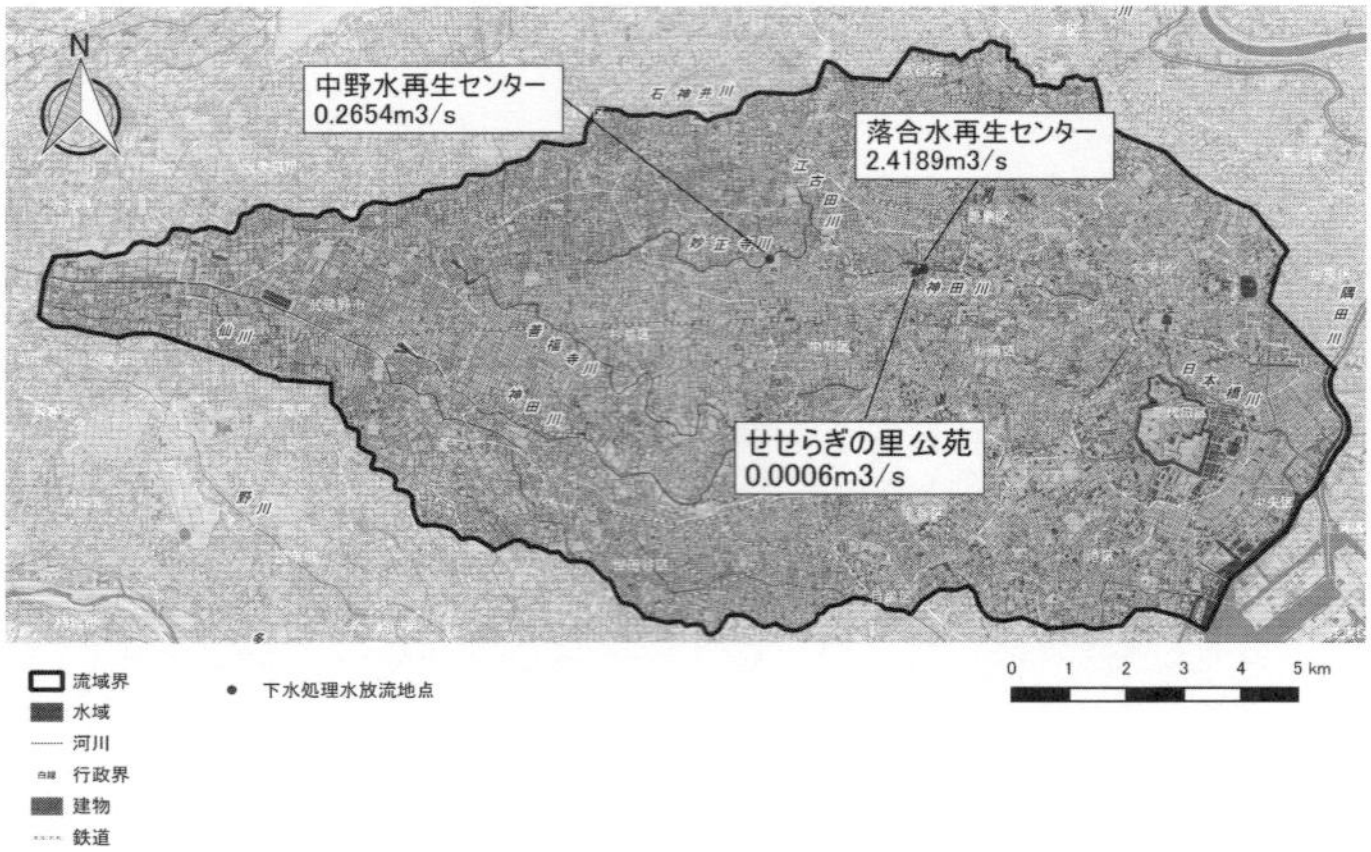

図10–8　水利用（口絵）
上段：揚水・導水による河川放流[2]、下段：下水処理区・下水処理による河川放流

また、図10－9に示した地質は地表に近い方から沖積層・ローム層・凝灰質粘土層・段丘礫層・東京層・東京礫層の順に重なっており、この東京礫層までが第一帯水層（不圧帯水層）と呼ばれ、この第一帯水層の厚さは約10～30メートルである。

10・3・2　コンピュータ内に作り上げた神田川流域

地下水の流れなど、神田川流域で起こっている現象を把握するために、前項で示した降雨量や気温などの気象データ、土地利用、地形、河川放流、地質などを組み込み、入手できるデータから可能な限り再現したモデルをコンピュータ内に作り上げた（図10－10）。モデルに組み込んだデータのうち、土地利用は、各土地利用を森林をはじめとする浸透域、独立住宅をはじめとする不浸透域に分類し、それぞれに対し地中への雨の浸透しやすさに係るパラメータ（透水係数）を与えるという形で考慮した。このようなモデルを使って、以下の項において観測値と計算結果の比較を行い、モデルの精度向上を試みた。

10・3・3　コンピュータ内の実験用のモデルはどの程度現実を再現しているか？

前項で作り上げたモデルを用いてシミュレーションを行い、その結果を観測データと比較して、まず現状でどの程度モデルが現実を再現しているのかを確かめた。

図10－11は湧水地点の観測（上段）と計算（下段）の比較である。この図より、観測に比べて

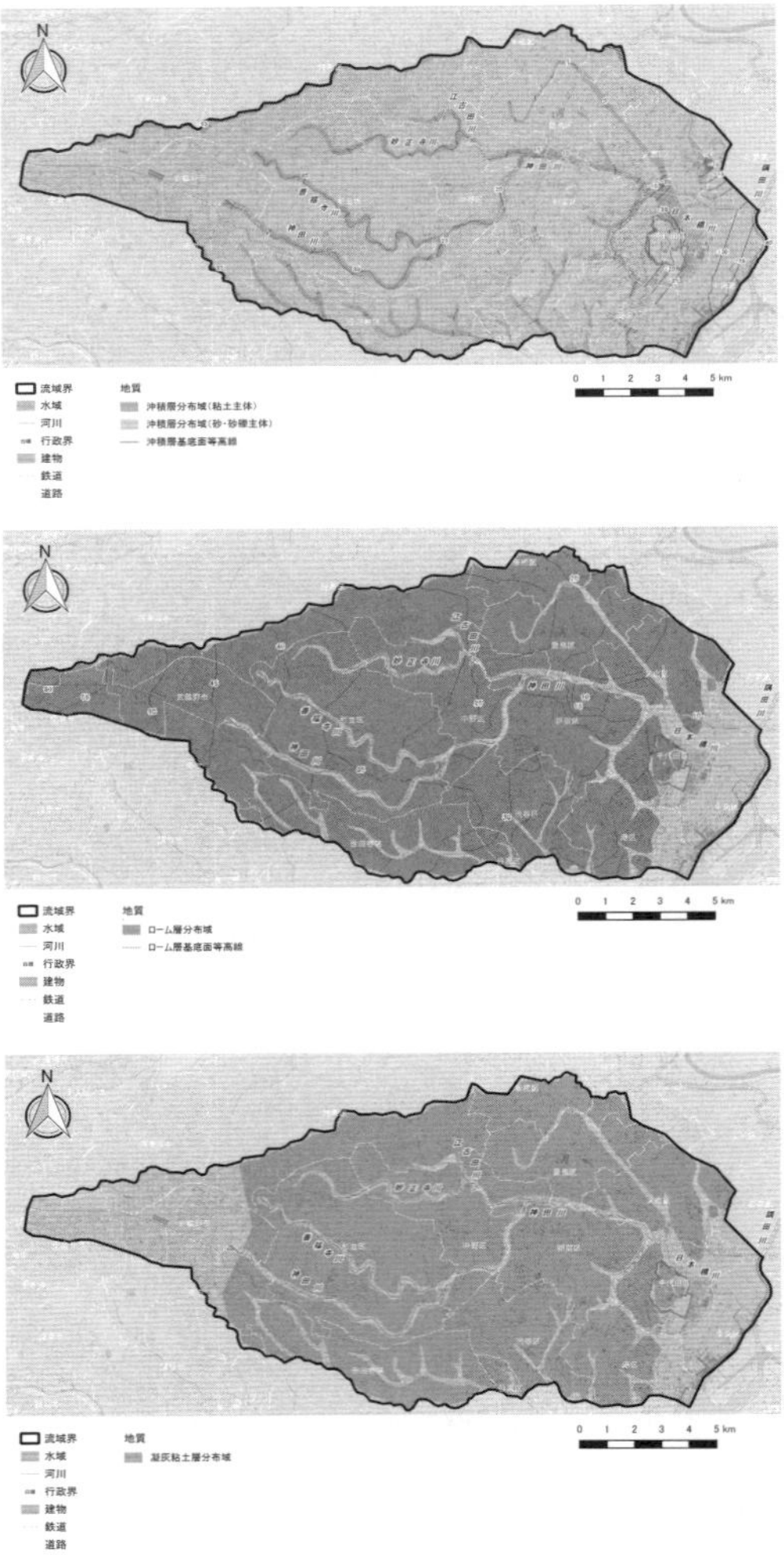
N
流域界
水域
河川
行政界
建物
鉄道
道路
地質
沖積層分布域(粘土主体)
沖積層分布域(砂・砂礫主体)
沖積層基底面等高線
0 1 2 3 4 5 km
N
流域界
水域
河川
行政界
建物
鉄道
道路
地質
ローム層分布域
ローム層基底面等高線
0 1 2 3 4 5 km
N
流域界
水域
河川
行政界
建物
鉄道
道路
地質
凝灰粘土層分布域
0 1 2 3 4 5 km

図 10-9　地質[(3)〜(8)]（口絵）

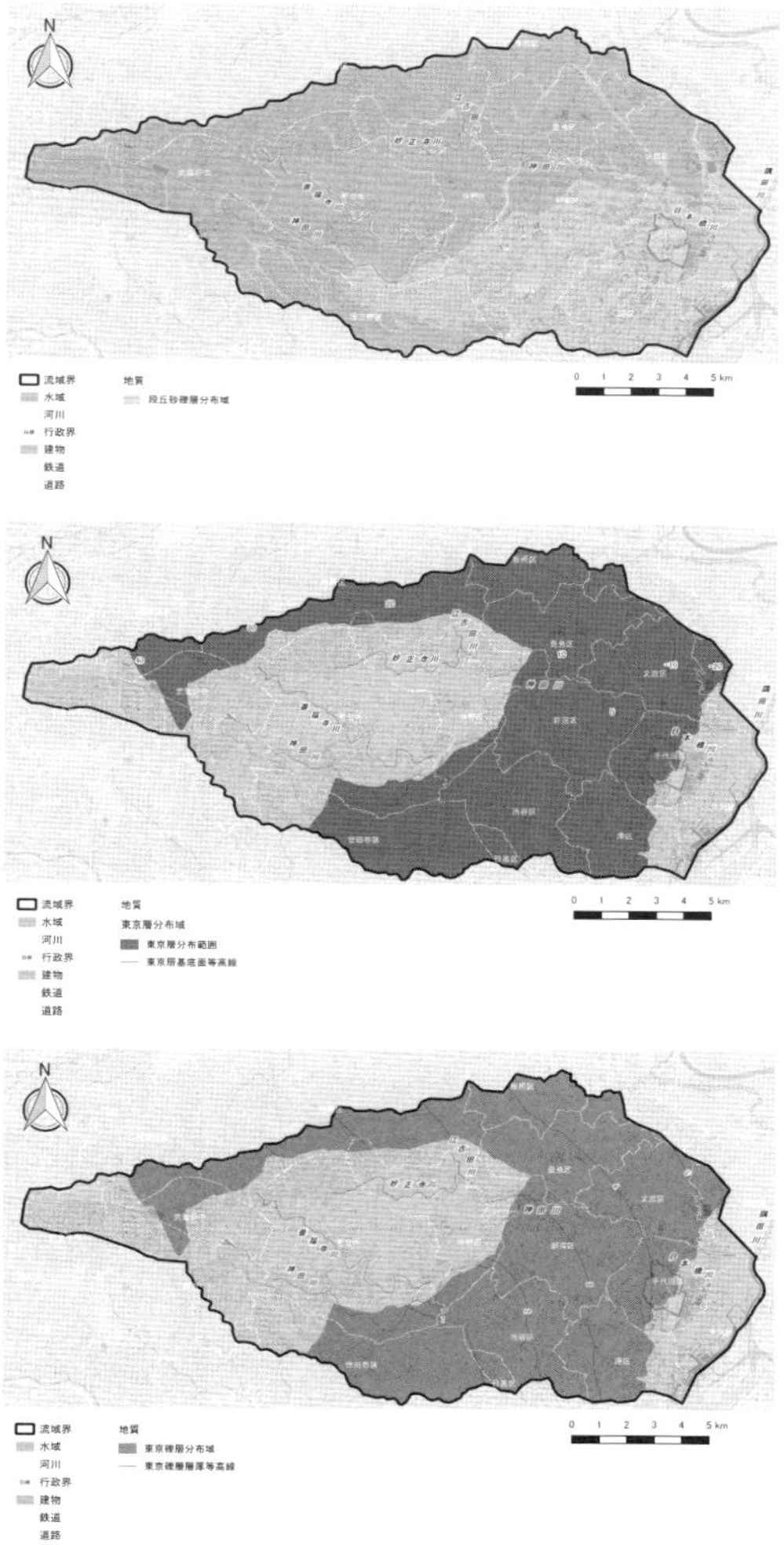

図10-9　地質(3)～(8)（続き）（口絵）

図10−10　Google Earthとコンピュータ内に作り上げたモデルの比較

計算では、神田川上流・善福寺川上流など、明らかに湧水地点が少ないことがわかる。

10・3・4　神田川流域において「現実世界」と「仮想世界」が対話すると……

観測に比べて計算で湧水地点が明らかに少ない原因を考えた。その結果、各土地利用で不浸透域とされるエリアが過大に見積もられており、それが原因で湧水地点が少なくなったのではないかということが仮説として考えられた。例えば、土地利用として現在不浸透域として分類されている独立住宅に注目したとき、土地被覆として不浸透域と考えられる住宅の屋根だけではなく、浸透域と考えられる庭や屋敷林なども不浸透域に含まれることが挙げられる。

その仮説を検証するために、中央大学が神田川・善福寺川上流域にあたる杉並区において土地被覆の調査を実施したところ、不浸透域としていた土地利

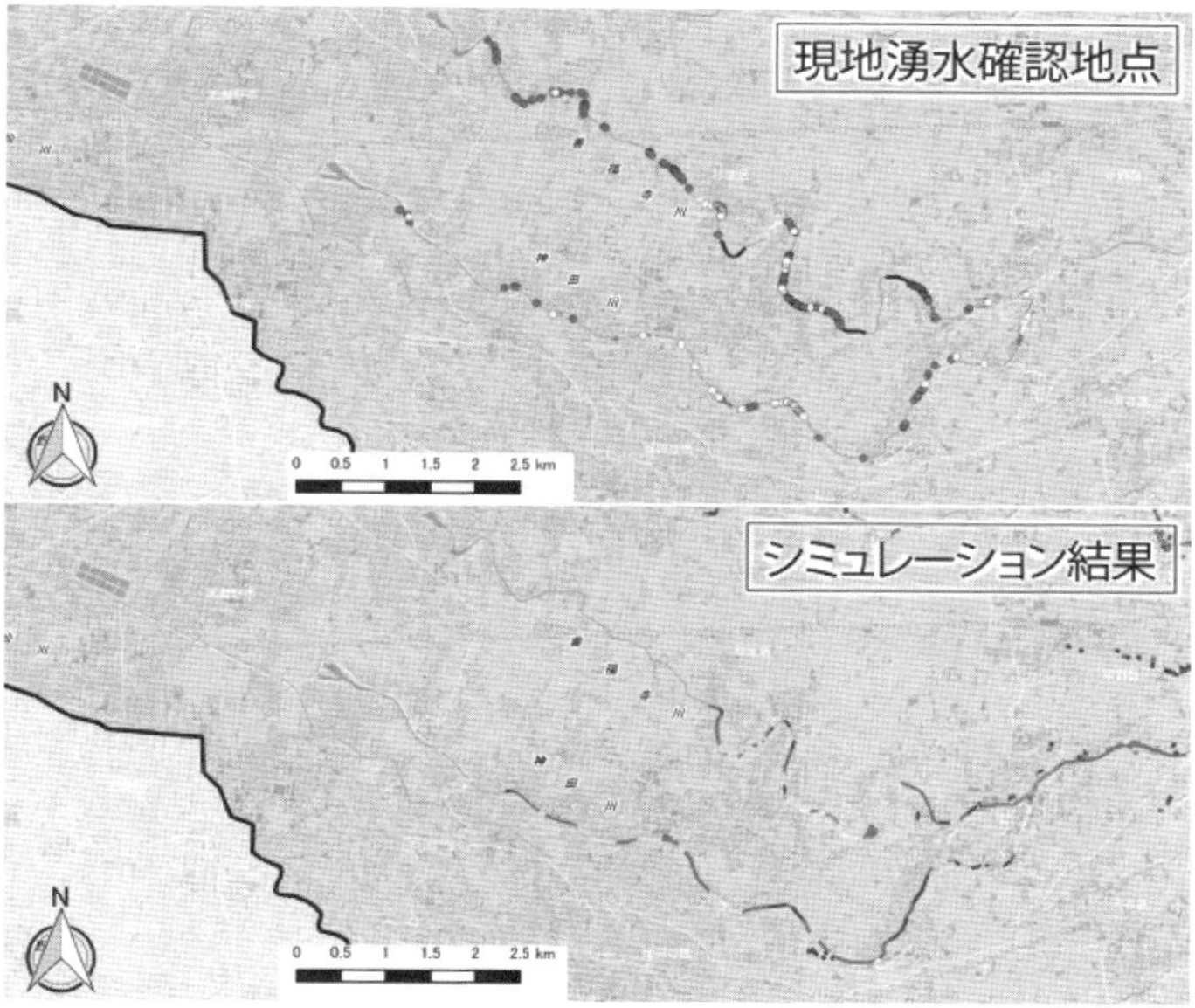

図10−11　湧水地点分布
上段：2017年5月31日現地観測結果、下段：解析結果

用でも、その中に土地被覆として不浸透域と考えられるエリアと浸透域と考えられるエリアがあることが確かめられた。例えば独立住宅の場合、住宅の屋根などの不浸透域と考えられるエリアが79・8％、庭などの浸透域と考えられるエリアが20・2％存在していた。神田川・善福寺川上流域における土地被覆の様子を図10－12に示す。

　そのため、調査より得られた各土地利用における浸透域と不浸透域の割合をモデルに反映して再度解析を実施し、その結果得られた湧水地点と、観測の湧水地点を再び比較した。図10－

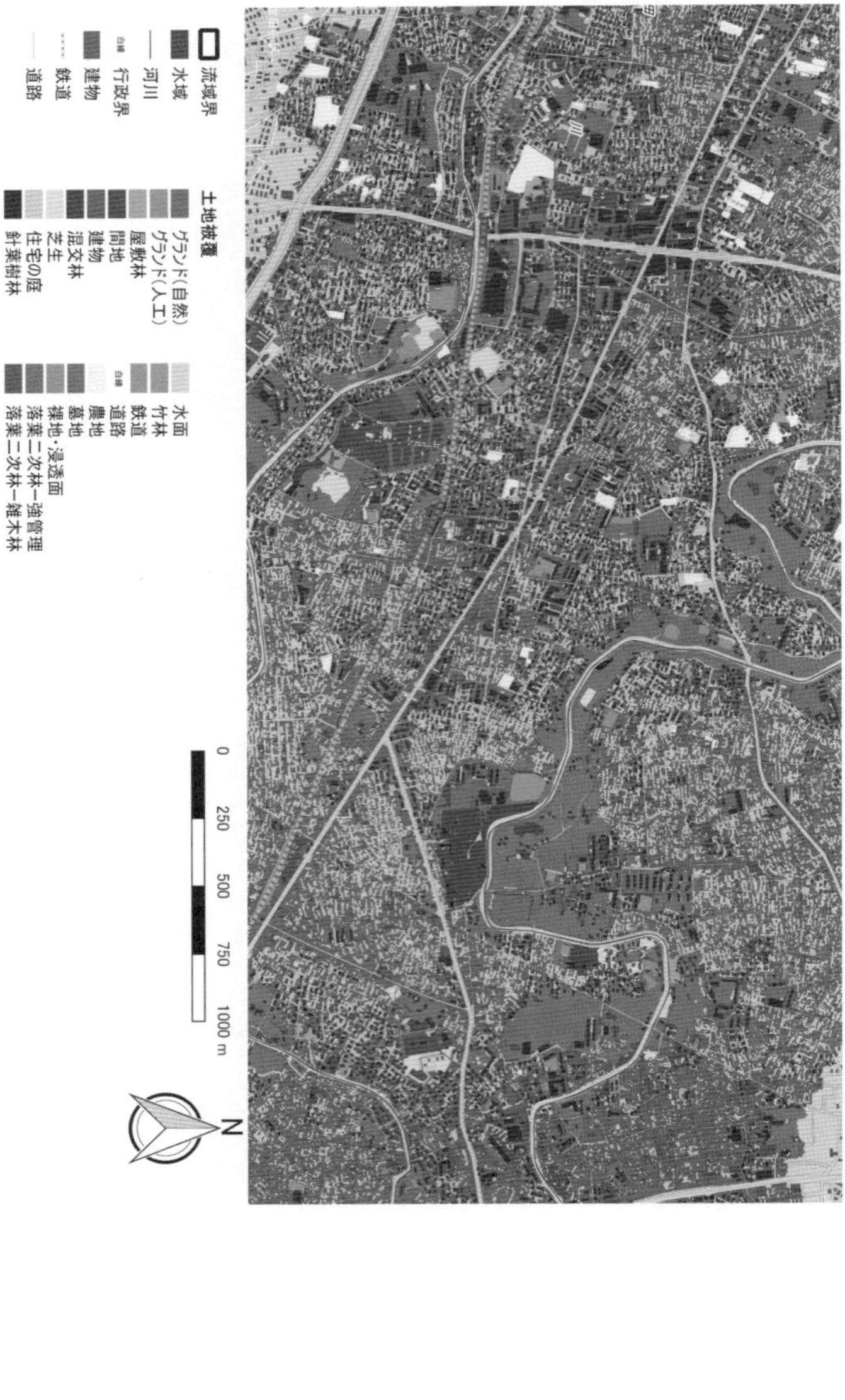

図10–12　土地被覆（中央大学提供）（口絵）

13の観測と計算の青丸部分に着目する。観測と同じく、計算でも湧水量が多いことが再現できている。一方、赤丸部分に着目して両者を比較すると、湧水地点が観測と計算で合っていないようにみえる。これは赤丸部分が井の頭池であるため、観測において湧水地点を確認できないためである。右下の井の頭池かいぼり時（池の水を抜いた時）の写真を見ると、観測でも湧水が確認できるため、観測と計算は合っていたということが言える。

以上の比較から、モデルと現実が対話することにより、神田川流域のモデルの精度を高めることができた。ただし、井の頭池下流の神田川上流部など、まだ湧水地点が観測と計算で整合していない部分も存在するので、今後も観測データと計算データを比較し、モデルの精度を高めていく必要があると考えられる。

10・3・5　実態把握のための水の流れの可視化

妥当性が確認されたモデルを用いて、地下水の流れを可視化することにより、その流域で起きている実態を把握することができる。以下では神田川流域においてその実態把握を試みた。

図10－14は、地表に雨が降った時の地表水（青線）と地下水（赤線）の流れを示したものである。この図より、地下水はおおよそ西から東へ流れていることが読み取れる。

次の図10－15は、地下にしみ込んだ雨の何割が善福寺川（上段）、神田川（下段）に流れ込むかを示した浸透起源図である。川の周辺に降った雨が、その近くの川へと流れ込む様子が見て取

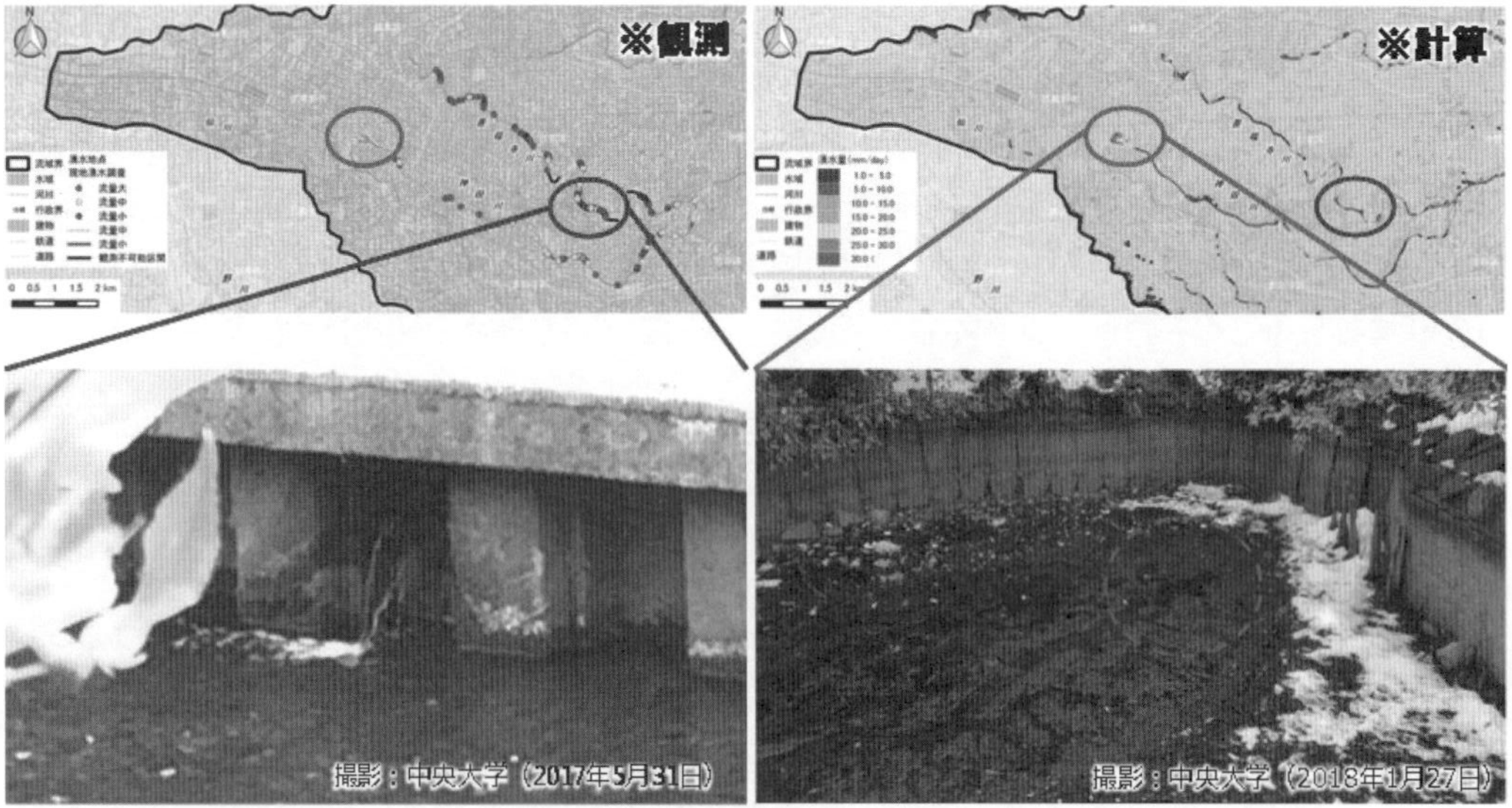

図 10-13　湧水地点分布（口絵）
左上段：2017 年 5 月 31 日現地観測結果、右上段：解析結果（修正後）

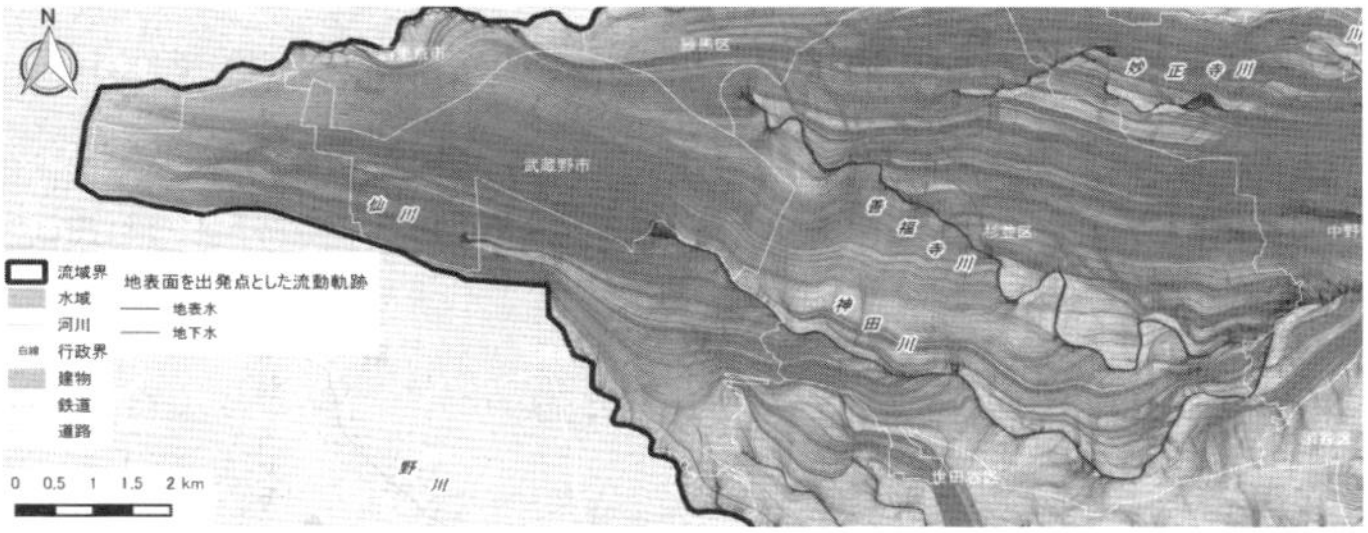

図 10−14　地表水・地下水の流れの軌跡（口絵）

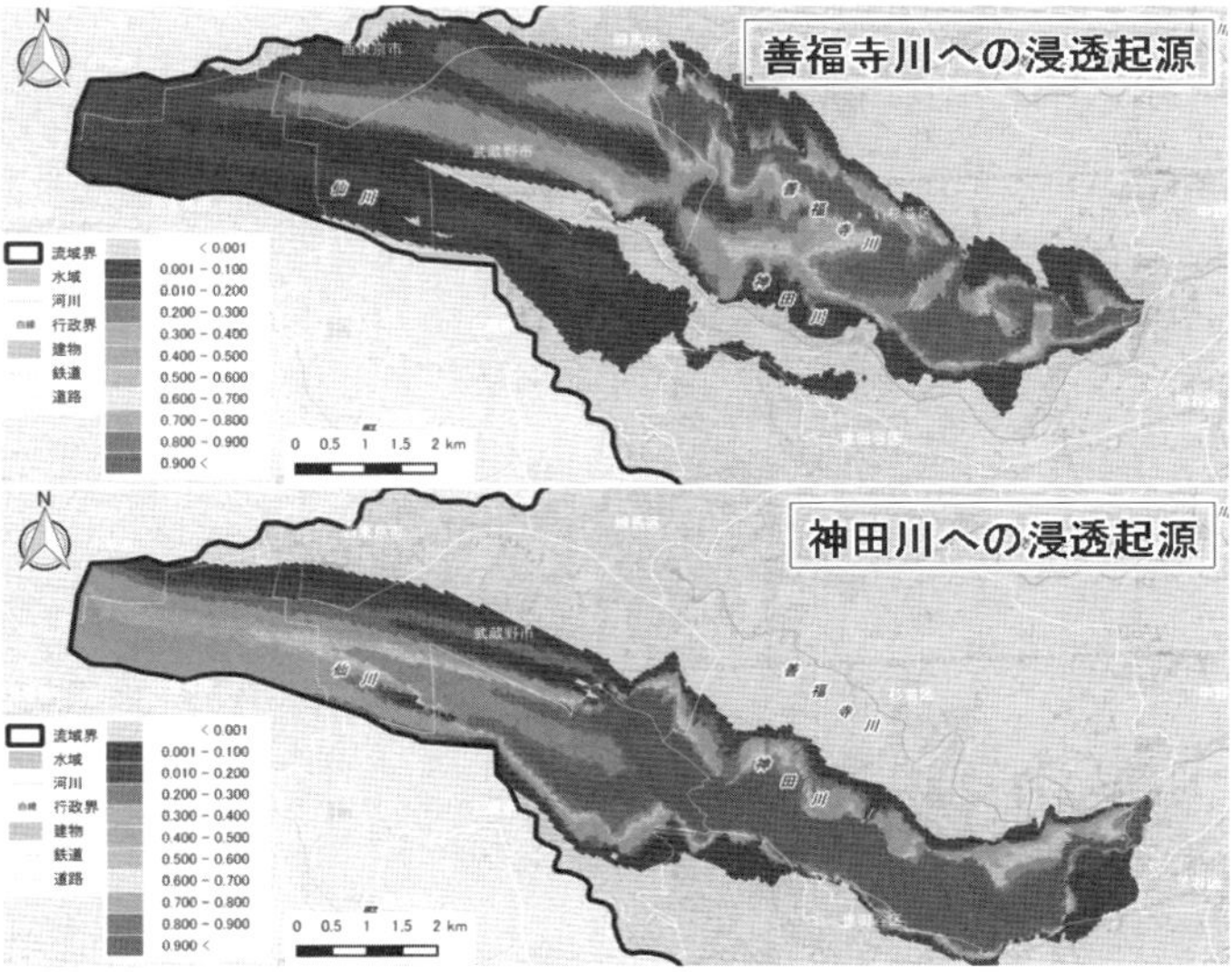

図 10−15　川の水の起源（口絵）

上段：善福寺川の水の起源、下段：神田川の水の起源れる。それだけではなく、川から離れた武蔵野市など、西側に降った雨も善福寺川、神田川へと流れ込んでいることが確認できる。

以上のように最先端水循環シミュレーションで得られた結果を用いて地下水の流れを可視化することにより、その流域において起きている実態を理解する助けとなる。この理解を通して水問題に対する対策立案、その流域の水の流れの状況を把握するための評価指標・基準値の設定などに貢献することができるようになる。

10・3・6　もし仮に武蔵野市で雨水浸透を促進させると……

前項の地表水・地下水の流れの図（図10－14）、浸透起源の図（図10－15）から、武蔵野市での雨の地下への浸透を増やすことができれば、神田川、善福寺川への湧水を増やすことができるのではないかと予想される。そのため雨水桝などの雨水浸透施設を設置し、建物の屋根など水が浸透しない場所に降る雨を、地下に全量浸透させた場合を考え、計算を実施した。なお、同地域では既に一部で雨水浸透施設の設置など、雨の地下への浸透を増やすための具体的な施策が実施されている。

計算結果を図10－16に示す。この図は、雨水浸透桝設置前と設置後の湧水量の差を示したものである。この図より、雨水桝設置後1年で、設置前と比べて神田川・善福寺川への湧水が増加していることが見て取れる。

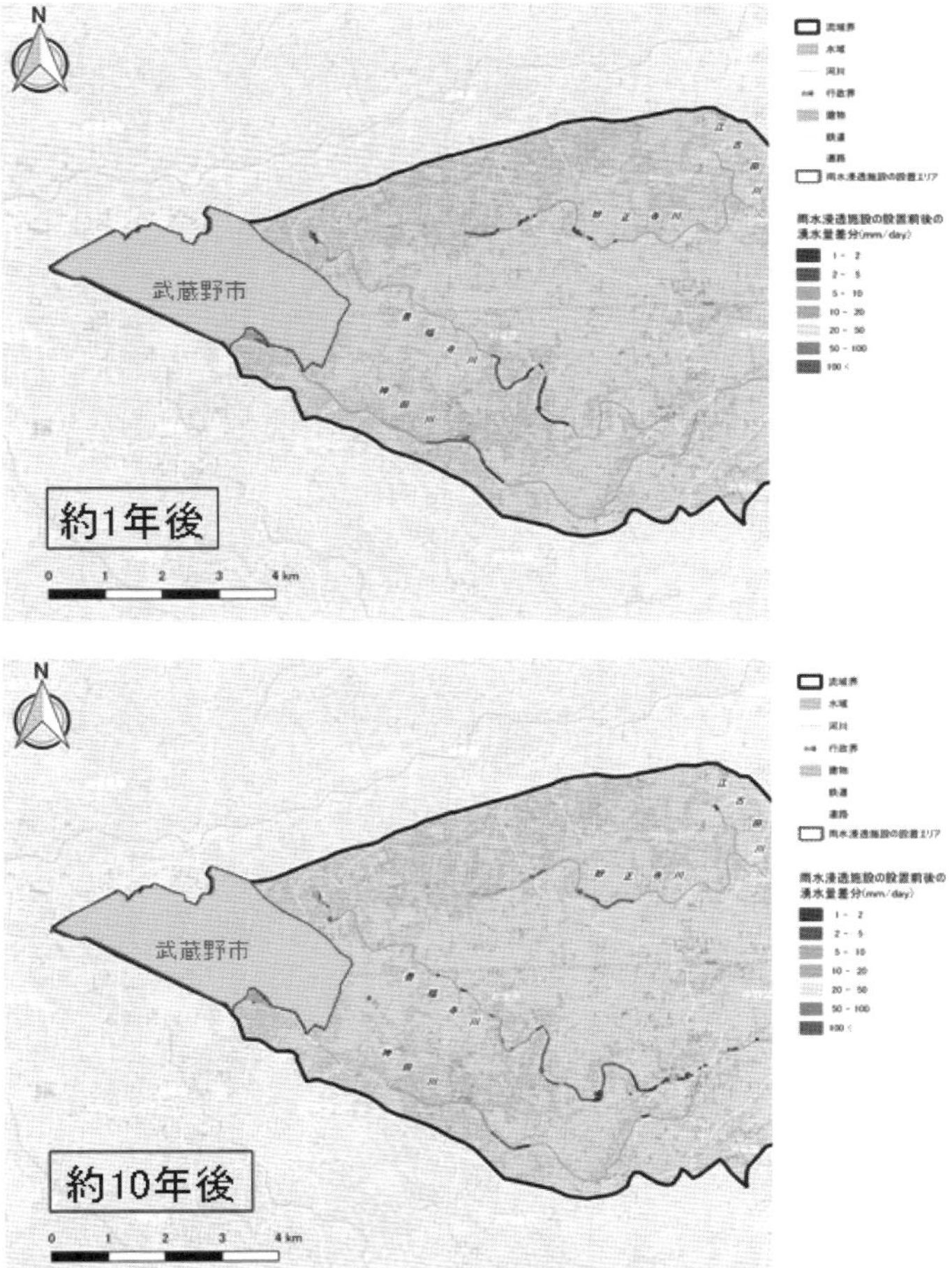

図 10−16　武蔵野市において雨を全量地下に浸透させた場合の湧水量の増加分布（口絵）

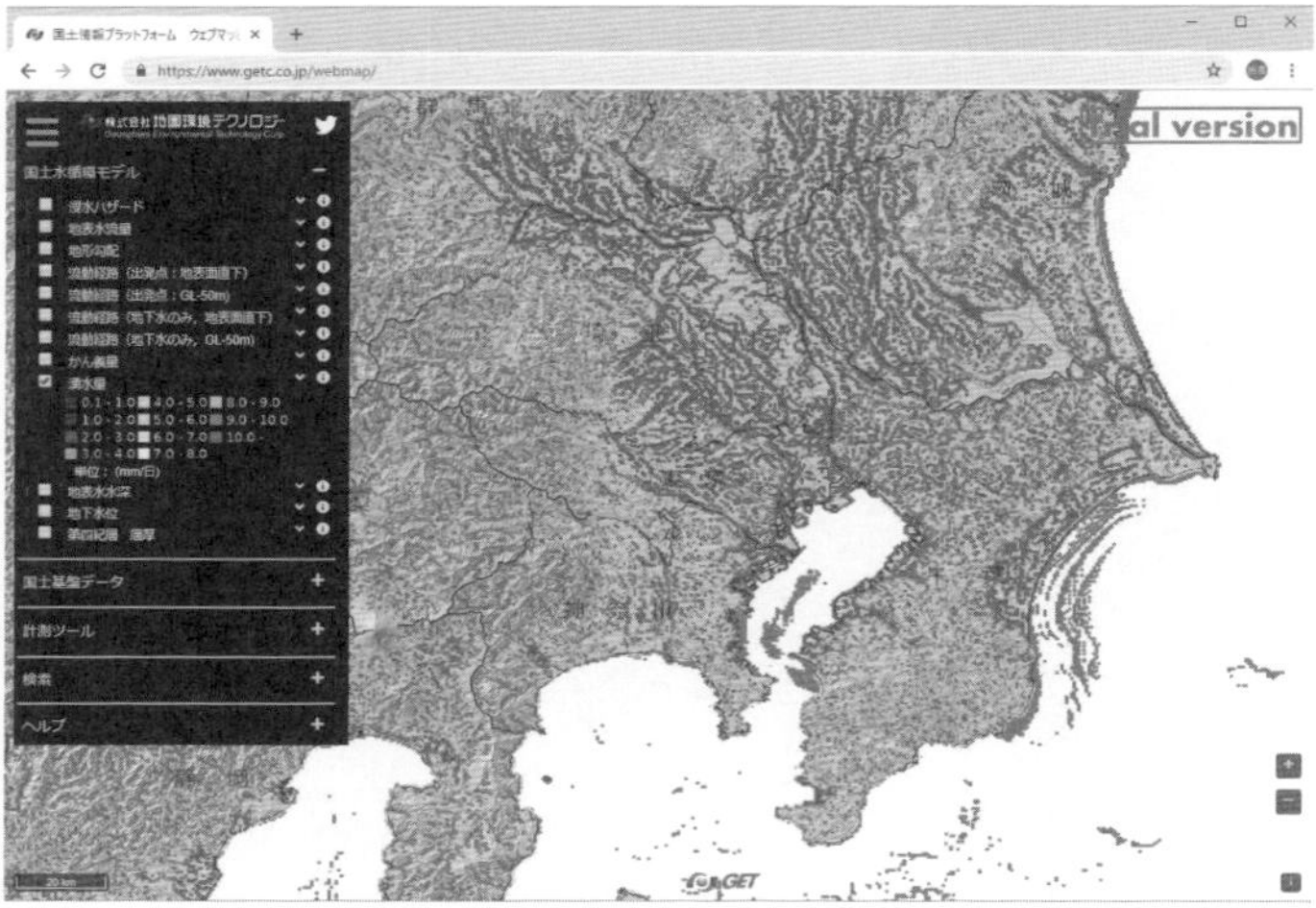

図 10–17　国土情報プラットホーム
出典：地圏環境テクノロジーHP

このように、最先端水循環シミュレーションを用いることで、ある問題に対し対策を行った際、その効果がいつどれだけ表れるのかを予測することが可能となり、意思決定を助ける重要なツールとなり得る。

10・4　今後の展望

最先端水循環シミュレーション技術を用いることで、地表水・地下水の流れ、その場所に降った雨の何割がある特定の場所へと流れるかなど、その流域固有の水の流れの特徴を把握することが可能になってきた。また、ある対策を行ったとき何年後にどのような結果になるかも予測できるようになりつつある。

今後の発展のためには、観測値と計算値をさらに比較し、計算に使用するモデルに修正を加えていくことで、モデルの精度をさらに高めていくことが重要である。

今後は神田川流域だけではなく、日本全国で地表水・地下水の流れなどの実態を把握し、水問題に対する対策などを考えられるようにしていきたい。そのために現在、最先端水循環シミュレーション技術を用いて日本全国のモデル「国土水循環モデル」が整備されつつあり、現時点で得られた知見を（株）地圏テクノロジーのホームページで「国土情報プラットホーム」として公開している（図10－17）。

参考文献

[1] 東京都土木技術支援・人材育成センター：「河川の水量確保等に関する検討」の成果と課題（2014・10）
[2] 東京都：荒川水系神田川流域河川整備計画（2016・3）
[3] 独立行政法人産業技術総合研究所地質調査総合センター：20万分の1シームレス地質図
[4] 東京都土木技術研究所：東京都総合地盤図（I）東京都地質図集3（1977）
[5] 東京都土木技術研究所：東京都総合地盤図（II）東京都の地盤（2）山の手・北多摩地区（1990）
[6] 国土交通省関東地方整備局東京外かく環状国道事務所：東京外環状線の地質と地下水に関する公表資料
[7] 遠藤他：北多摩地区の地下地質，応用地質36（4）（1995）
[8] 遠藤他：東京都区部の深部地盤構造とシルト層の土質特性、土木学会論文集（652）（2000）
[9] 東京都土木技術支援・人材育成センター：地盤沈下と地下水位の観測記録
[10] 東京都土木技術支援・人材育成センター：地盤沈下調査報告書

第11章　人為的な水循環変化による影響と施策効果を探る
―エビデンスの把握とシミュレーションデータの整備―

木村　雄司

11・1　水大循環に関して何を評価するか

水循環は降水や蒸発散、流出、地下浸透などの自然系の要素と人為的な水利用に伴う表流水の取水や導水、地下水揚水、下水排水などの人工系の要素より構成されている。水の大循環に伴う熱や物質の移動・循環などを評価する一つの視点として、都市化に伴う人為的な水循環の変化による環境影響の把握や施策効果の評価があげられる。人為的な水循環変化による環境影響としては図11－1のような関係が想定されるが、自然系と人工系の水循環構成要素を反映し、それらの相互関係を考慮して定量的に評価を行うため、大気、陸域（地下水を含む）、海洋間の水や熱、物質などの流れを解析可能な水の大循環シミュレーションの活用を検討したい。

都市化の進展と人為的な水利用環境の形成が最も顕著な利根川や荒川、多摩川などの流域を含

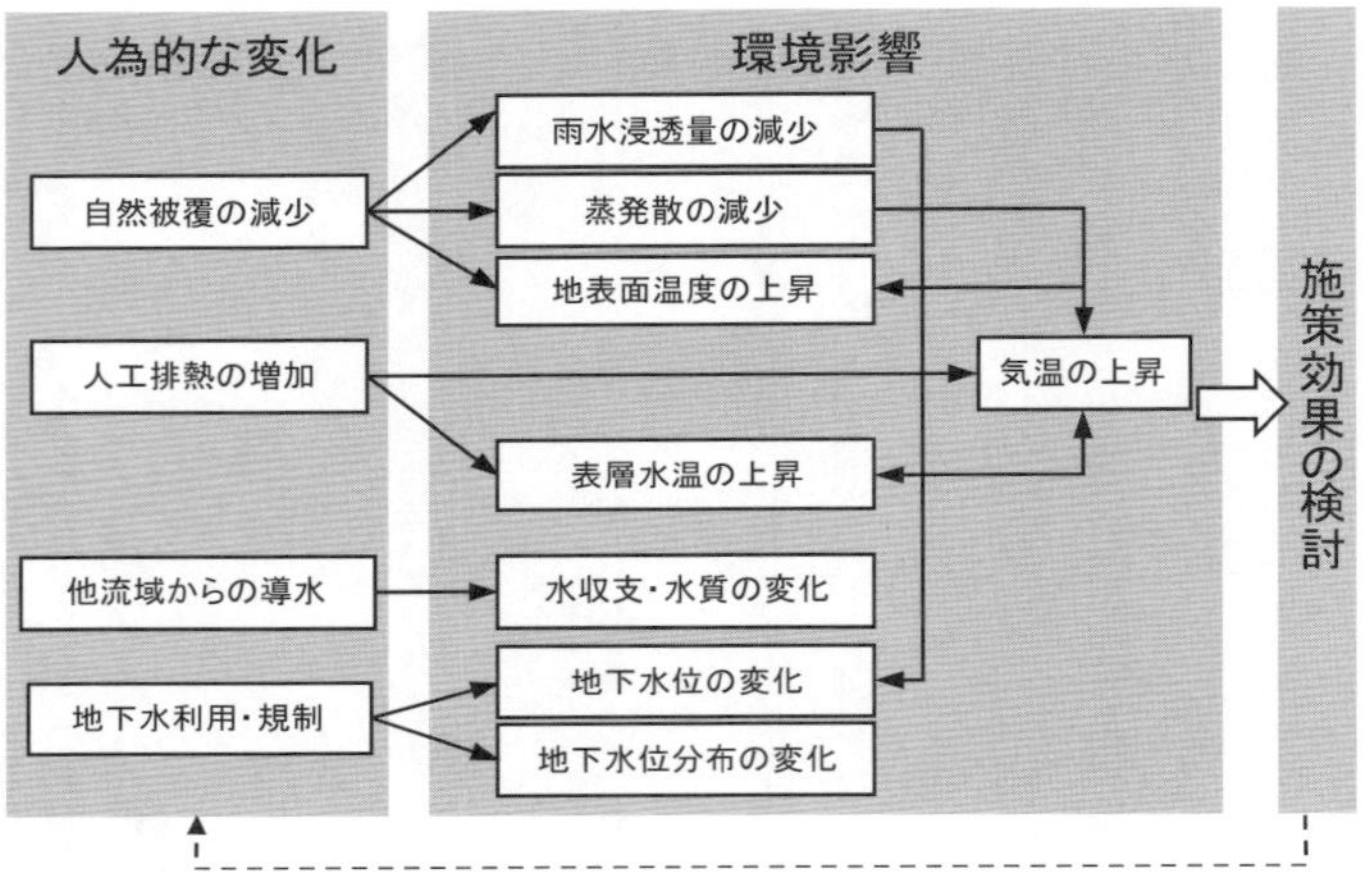

図 11−1　人為的な水循環変化による環境影響と施策効果の把握

む関東域を対象に水大循環シミュレーションの実施を検討するにあたって、本章では人為的な水循環変化とその環境影響について概観するとともに、水大循環シミュレーションに入力するデータの整備について紹介する。

11・2　人為的な水循環変化と環境影響

11・2・1　自然被覆の減少

自然被覆地では雨水が浸透して地下水が涵養され、植生や地表面からの蒸発散により大気中に水蒸気が放出される。地表面が日射から受けるエネルギーは蒸発散により潜熱として放出されるため、大気は加熱されにくく、樹林などの

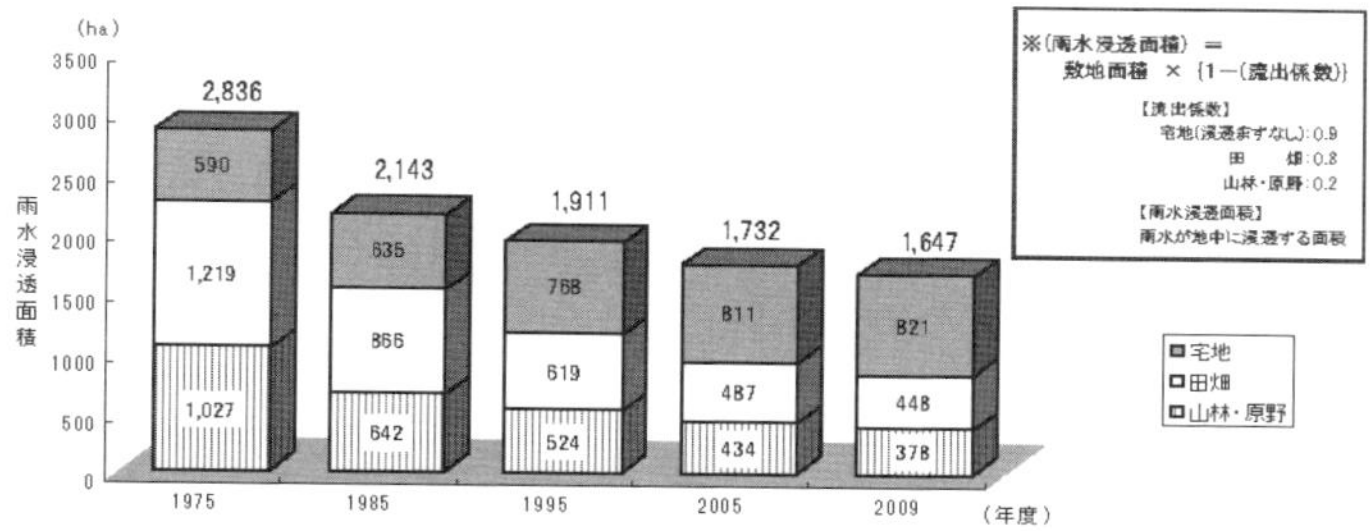

図 11-2　川崎市全域の雨水浸透面積の推移

出典：川崎市環境審議会「今後の水環境保全のあり方について（答申)」
平成 24 年 2 月

樹冠による日射の遮蔽により地表面温度の上昇は抑制される。宅地化により山林や農地などの自然被覆が減少し、舗装面や建物などの人工的被覆が増加すると、雨水浸透が阻害され、地下水の涵養機能が低下する。また、アスファルトやコンクリートは日射を受けると高温化し、大気を加熱するとともに、蓄熱効果により夜間の気温低下も妨げる。合流式下水道の導入地域では、舗装面や屋根面などを通じて下水に集められた雨水は、家庭などから排水された汚水と同じ下水道管系統により下水処理場に送られ、最終的には下水処理場近くの公共用水域に放流される。

東京都区部における地目別土地利用の割合は、１９６０年には宅地が68％、田畑、山林・原野・池沼が30％であったが、50年後の２０１０年には宅地が94％に増加し、田畑、山林・原野・池沼が２％まで減少した。また、川崎市において土地利用（宅地、田畑、山林・原野）ごとの面積と流出係数から推定した市全域の雨水浸透面積の変化をみると、２００９年度には１９７５年度と比較して58％まで減少している（図11－2）。

11・2・2　人工排熱の増加

建物の空調機器や自動車、工場、火力発電所、ごみ焼却場などから大気へ放出される排熱は、大気を加熱して気温を上昇させる。また、火力発電所や工場において冷却水として用いられ公共用水域に放出される温排水は、放流地点周辺の表層水温の上昇をもたらす。

環境省の推計によると、東京都区部、名古屋市、大阪市、福岡市における人工排熱（消費エネルギー量）は、かつて多くを占めていた工場からの排熱は徐々に小さくなっており、建物からの排熱が増加している。東京都区部においては建物からの排熱量のうち業務ビルや商業建物などの非住居系建物の増加割合が多く、住居系建物の約2倍となっている。

下水処理水場からの放流水も周辺水域における表層水温を上昇させる。生活様式の変化などにより家庭などで熱が加えられ下水処理場に流入する下水の水温は上昇しており、多摩川流域の3カ所の下水処理場（水再生センター）では流入水温が40年間で平均約5℃上昇している（図11－3）。また、下水処理水の放流に伴い、冬季においては下水処理場の下流における多摩川の水温が5～7℃高くなる。

関東域において火力発電所は東京湾岸に集中立地しており、1975年9月以降に建設された発電所では、冷却用水の取放水間の水温上昇幅は7・0℃以下に設定されている。

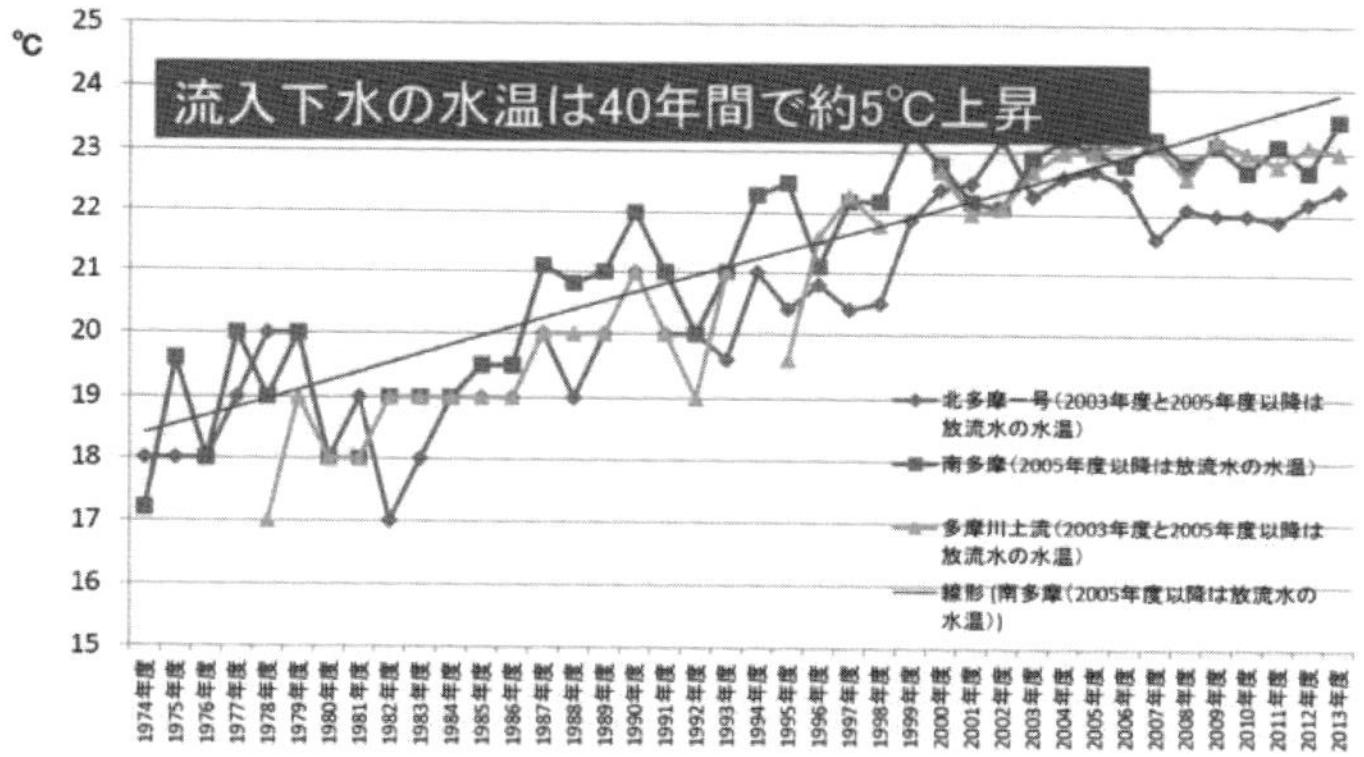

図 11-3　多摩川流域の水再生センターにおける流入下水水温の推移
出典：東京都環境研究所「第21回公開研究発表会『東京の水環境　過去　現在　今後の課題』」

11・2・3　気温の上昇

都市における地表面温度の上昇や人工排熱による大気の加熱は、都市の気温を上昇させる要因となる。また、温排水や下水処理水などにより公共用水域における表層水温が上昇した場合も、放流地点周囲の大気との熱交換が行われ、気温の上昇要因となる可能性がある。東京などの大都市では地球温暖化の傾向に都市化の影響が加わり、日本の平均気温のおよそ2倍の割合で上昇している。

11・2・4　水利用の変化

国土交通省の「平成26年版　日本の水利用」によると、関東1都3県における2010年の水利用（生活用水、工業用水、農業用水）の取水量の合計は年間約76億立方メートルであり、

１９８１～２０１０年における平均の水資源賦存量（降水量から蒸発散量を引いたものに当該地域の面積を乗じて求めた値）の55％に該当し、人為的な水利用の規模はかなり大きい。

東京湾流域においては、水利用の需要調整に伴い、流域を超えて他の流域から大量の導水が行われている。利根大堰（利根川：都市用水・農業用水・浄化用水としての導水）、印旛沼（利根川：工業用水・都市用水などとしての導水・出水時の排水）、相模川・酒匂川（工業用水・都市用水としての導水（川崎市・横浜市・横須賀市））において導水が行われており、１９７０年代以降、利根大堰では毎秒約60立方メートル、相模川・酒匂川では毎秒約30立方メートル、印旛沼では毎秒約10立方メートルの水が東京湾流域に送られている。流域外のこれらの河川から取水した淡水が人為的に東京湾流域に運ばれ、最終的には東京湾に流れ込むことになる。

図11－４は東京都における年間の総合的な水収支（１９９８年）を推計し、降水量と同じ単位（ミリメートル）で示したものである。東京都内における年間の降水は１４０５ミリメートルであり、そのうち大気中への蒸発散が約29％、地下浸透が約26％に対して、約45％は地表から直接あるいは下水道管を経由して河川や海域（東京湾）に流れている。一方、合計水利用は降水量の67％（９３７㎜／年）にも達する。水道需要に関しては、東京都内を流れる多摩川からの取水が94㎜／年に対して、他地域（利根川や荒川など）からの取水はその８・４倍にも上り、東京都内だけでは水利用が賄えないことがわかる。また、下水処理場からの処理水は、ほぼ半分ずつ河川と東京湾に放流している。

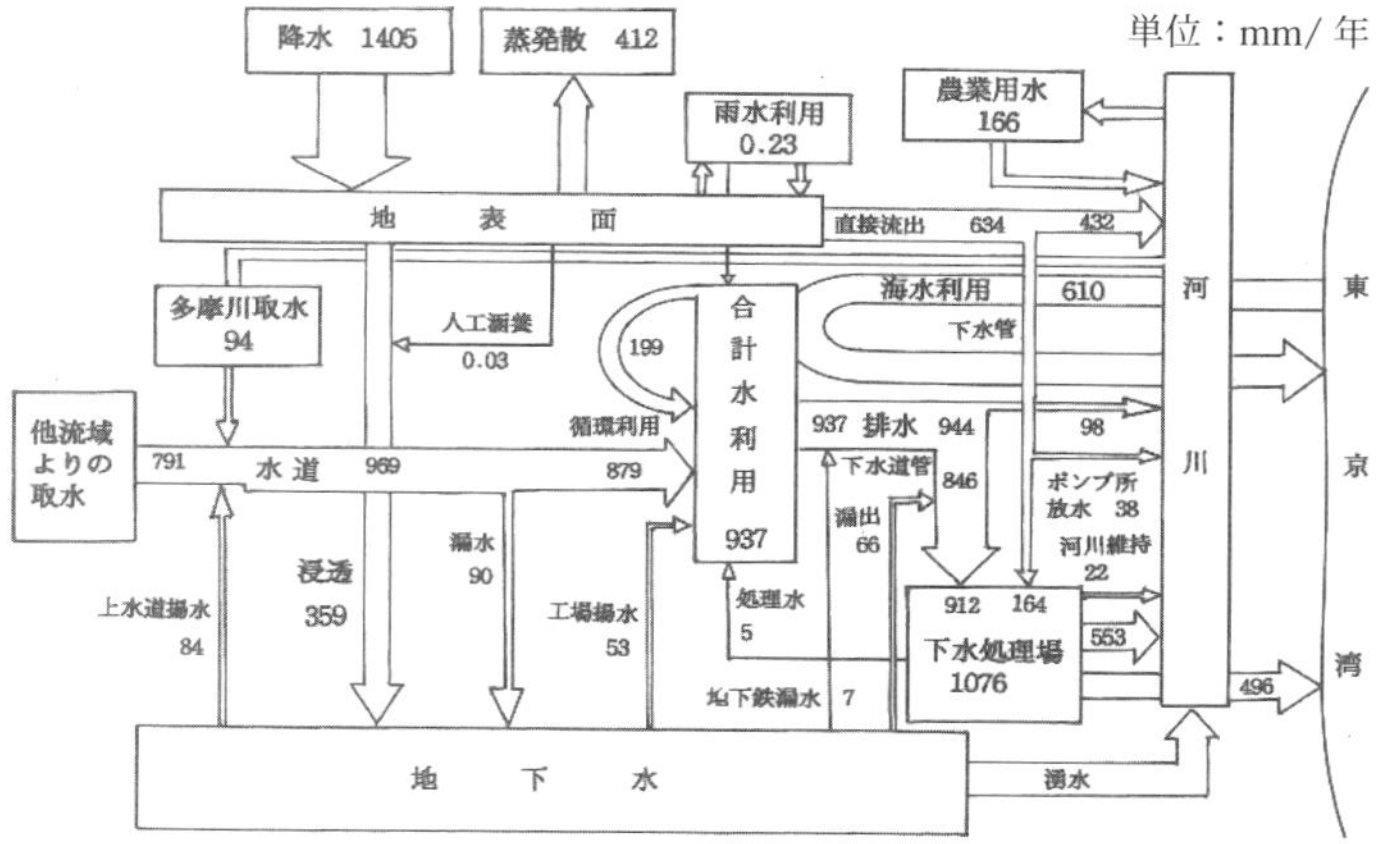

図 11−4　東京都の総合的な水収支（1998 年）

出典：新井正『地域分析のための熱・水収支水文学』（平成 16 年 2 月）

11・2・5　地下水利用・規制

かつては東京都区部においても工場などによる多量の地下水揚水が行われていたが、過剰揚水による深刻な地盤沈下などが問題となり、工業用水法や建築物用地下水の採取の規制に関する法律（通称ビル用水法）、地方公共団体の条例などによる地下水揚水規制が行われるようになった。

東京都区部における地下水揚水量については、図11－5に示すように、地下水揚水規制などによって特に工場の揚水量が1970年代以降急激に減少しており、近年は区部における揚水はわずかなものとなっている。一方、多摩地域では現状においても上水道のための地下水利用が多く、区部に比べると地下水揚水量の減少は緩やかである。

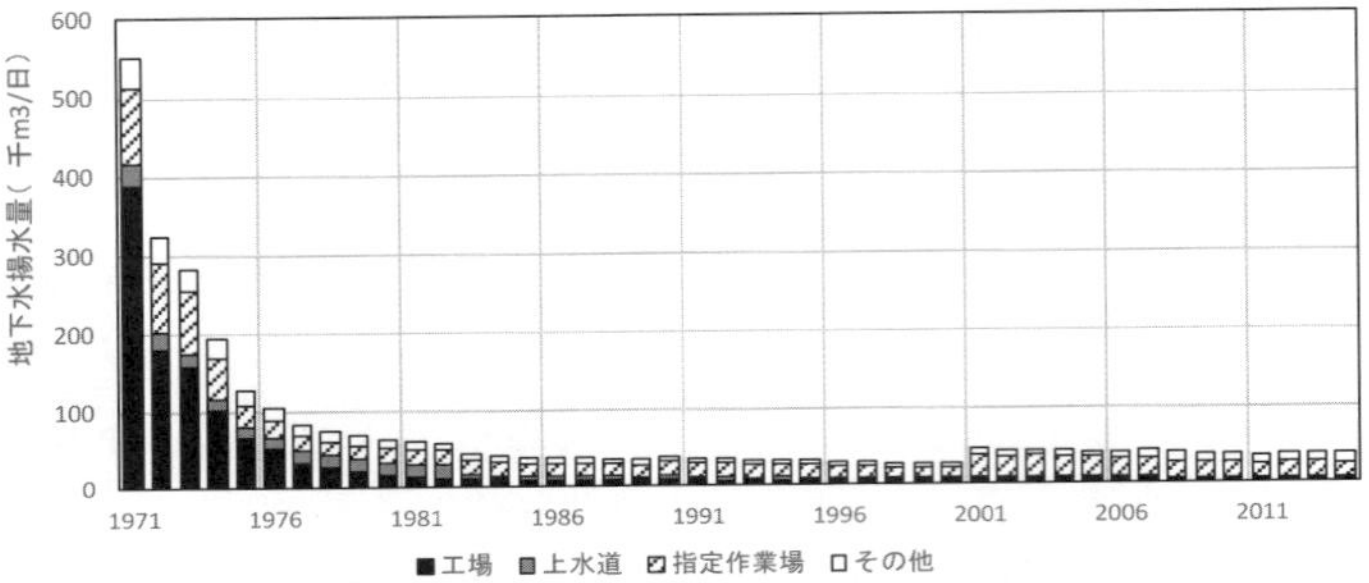

図11−5　東京都区部の地下水揚水量の推移

出典：東京都環境局「平成26年都内の地下水揚水の実態」（平成28年3月）から作成

図11－6は東京都区部の主要な地点における地下水位（観測井の中に現れる水面の標高）の経年変化であり、区部でも大量の地下水揚水を行っていた1965年（昭和40年）～1970年（昭和45年）頃に地下水位が最も低下したが、それ以降は地下水揚水規制に伴い地下水位が回復してきている。多摩地域についても、近年は地下水位が概ね上昇傾向にある。

地下水の揚水により井戸の位置で地下水面の低下が生じ、図11－7のように井戸の周囲に地下水面の低下範囲が拡がる。そこに周辺からの地下水が集まるため、人為的な流れが生じる。逆に、水を浸透させて地下水への涵養が行われる場所や地下水揚水が行われている周辺に比べて地下水揚水が抑制された場所は、周囲の地下水面よりも高くなり、そこから周辺に向かう地下水の流れが生じる。

関東地下水盆の地下水位分布（被圧地下水の場合は、地下水の圧の等高線図）の推移を図11－8に示す。

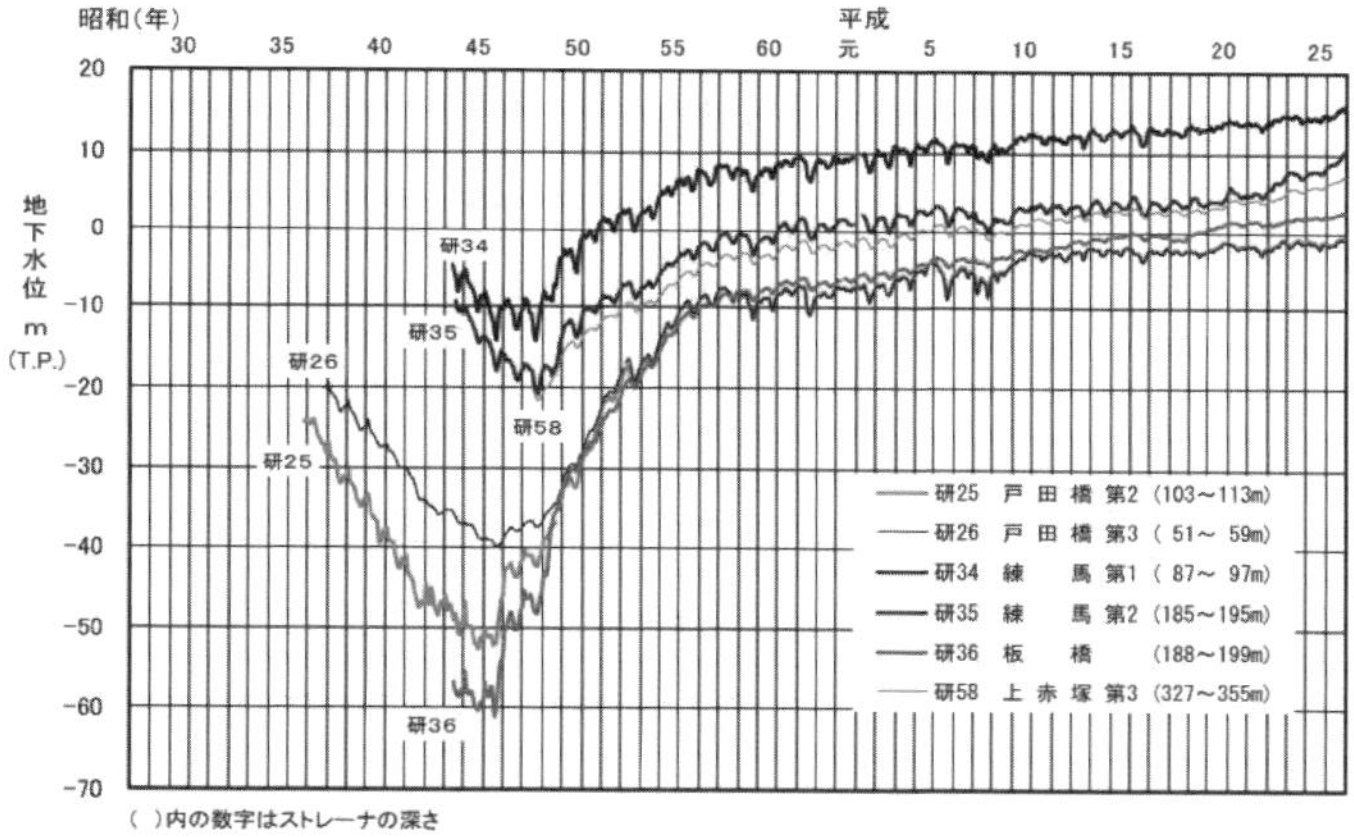

図11−6　板橋区・練馬区の観測井における地下水位変動図

出典：東京都土木技術・人材育成センター「平成26年度地盤沈下調査報告書」平成27年7月

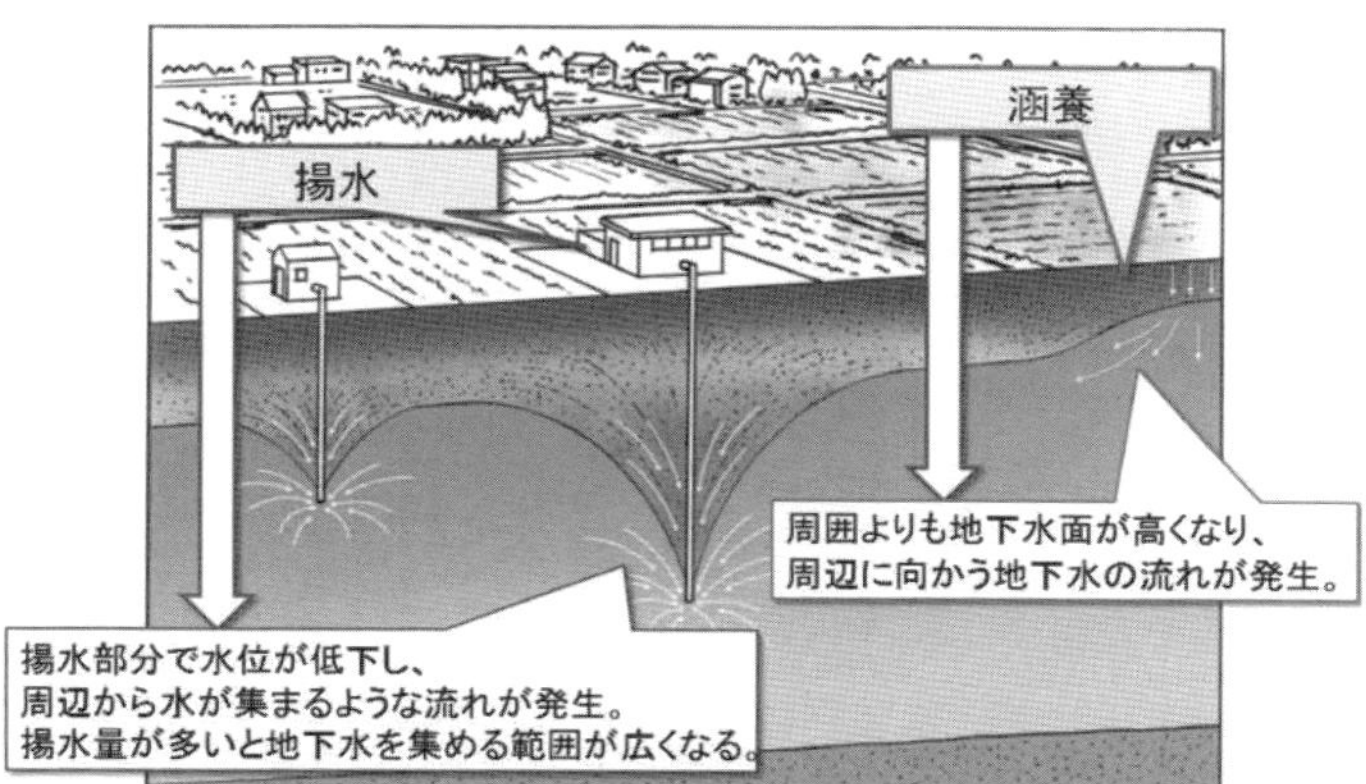

図11−7　地下水揚水に伴い生じる地下水の流れ

出典：内閣官房水循環政策本部事務局「地下水マネジメント導入のススメ　技術資料編（平成29年4月）

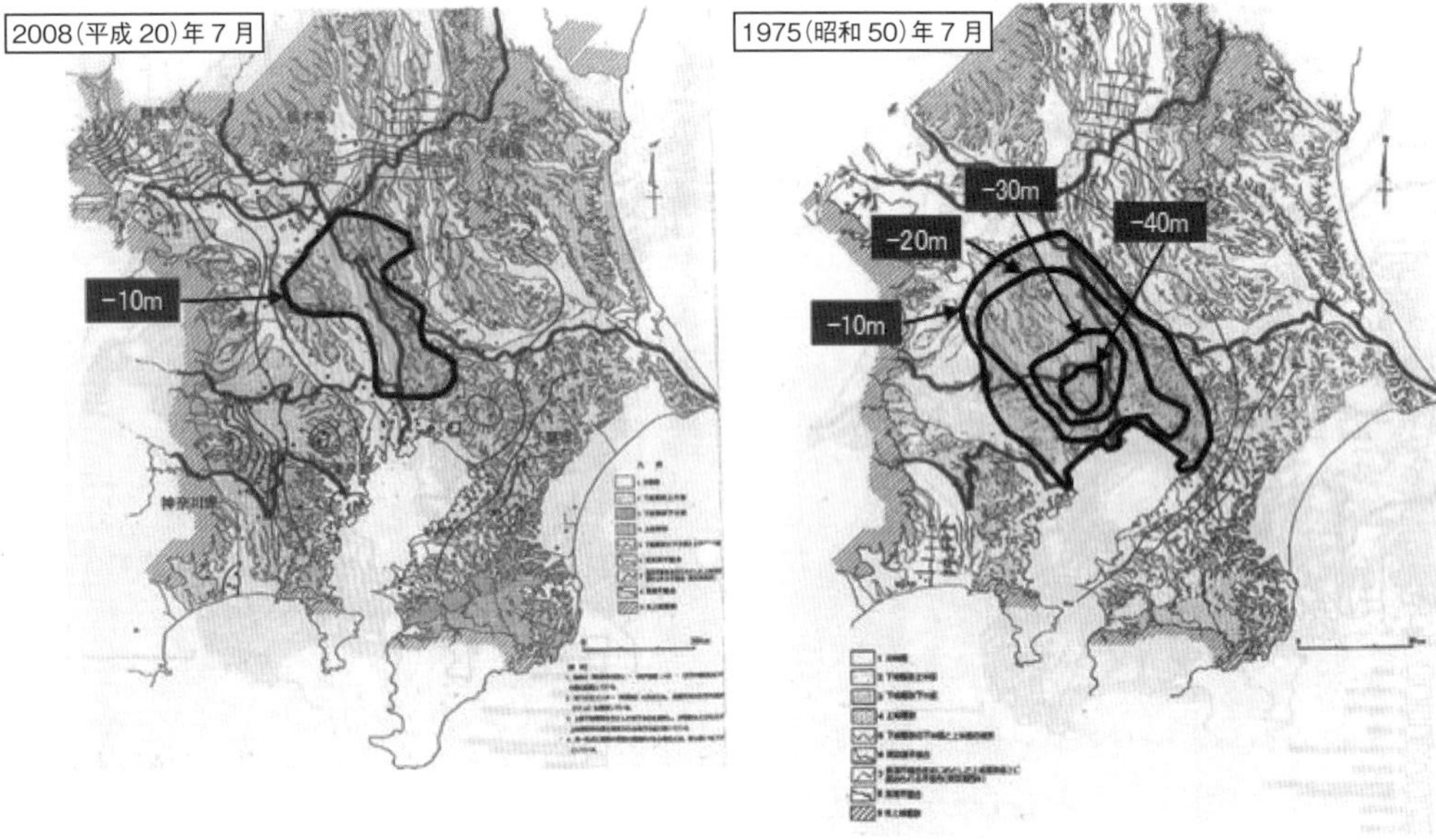

図11–8　関東平野における地下水位分布の変化

出典：東京都環境局「東京都の地盤沈下と地下水の再検証について」（平成23年5月）を加工　※地下水位等高線の単位は標高（TP）

１９７５年時点には、最も地下水位の低い領域が東京都区部の北東部に分布していたが、揚水規制の進展による東京都内の地下水揚水量の減少に伴い、地下水位が上昇し、２００８年時点においては、最も地下水位の低い領域は茨城県、埼玉県、千葉県の県境付近に分布している。

11・3　関東域におけるシミュレーションデータの整備

11・3・1　シミュレーション実施にあたり必要なこと

シミュレーションを実施するためには、シミュレーションの目的や時空間スケールに即した数値モデルの調整・改良とともに、シミュレーションに入力するデータの整備が必要となる。入力データの整備においては、数値モデルの特性を踏まえ、時期や地域により種類や量、精度の異なる基礎データを適切に組み合わせて活用し、評価対象の時空間スケールに対応した様々なデータを推計する技術や広大な領域における効率的なデータ処理能力などが総合的に求められる。ここからは、関東域における１９７５年と２００５年の2時点を対象に水平解像度５００メートルにより実施する水大循環シミュレーションに入力する各データの整備方法などについてその一端を紹介する。

11・3・2　地表面被覆データ

蒸発散や浸透・流出などを評価するための地表面被覆データは、主に次の①〜⑤のような土地利用関連データを基礎データとしてそれらの土地利用区分から推定する。それぞれの土地利用区分定義が異なるため、シミュレーションに用いる地表面被覆との適切な対応を図る。これらの基礎データの整備対象範囲や整備時期、空間解像度は異なるが、できるだけ解像度の高いデータを活用し、必要に応じて空間配分や土地用途の詳細化に資するデータなどを活用して推定を行う。

① 都市計画地理情報システム：地方公共団体
② 数値地図５０００（土地利用）、細密数値情報（10ｍメッシュ土地利用）：国土地理院
③ 基盤地図情報：国土地理院
④ 国土数値情報：国土交通省国土政策局国土情報課
⑤ デジタル道路地図：（一財）日本デジタル道路地図協会

なお、水大循環シミュレーションにおいて重要な水面については、各データにより取り扱いが異なるため、注意が必要である。図11－９に示すように、基盤地図情報の「水域」については河川の水面部分を捉えているが、数値地図５０００（土地利用）における「河川・湖沼等」の河川には水面ではない河川敷や堤防の部分も含まれ、逆に河川に架かる道路橋部分は「道路用地」と

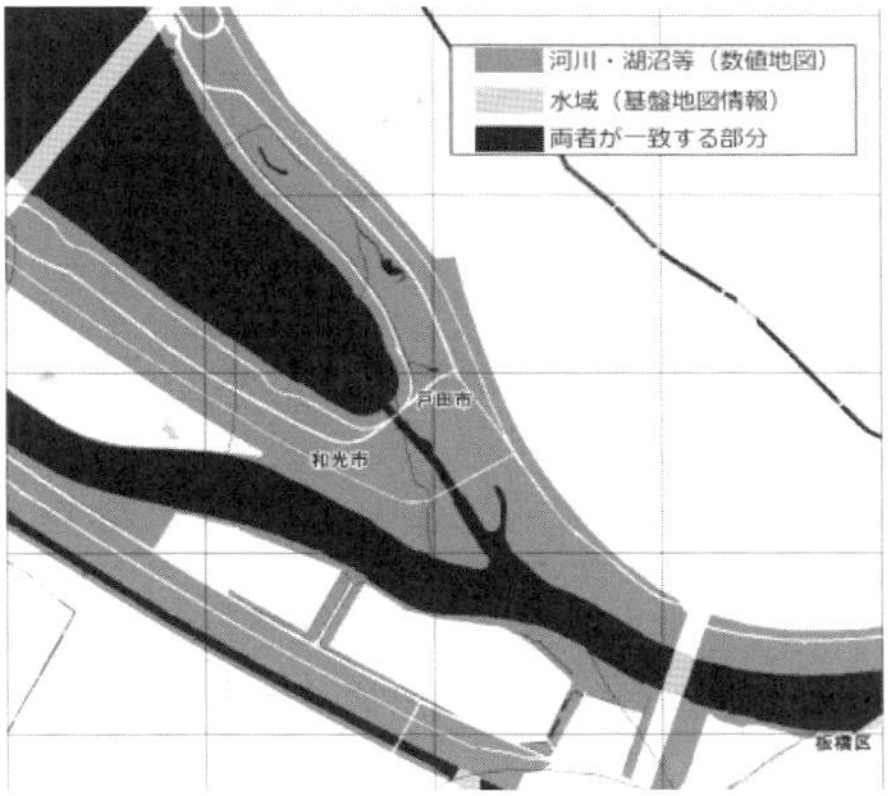

図11−9　土地利用データにおける水面の取り扱いの違い

して定義されている。国土数値情報の土地利用細分メッシュ（１００ｍメッシュ土地利用）は空間分解能が粗く、線状の河川などの把握は難しい。

また、水循環における蒸発散や浸透・流出性能の違いを考慮可能な地表面被覆データを整備するためには、市街地の土地利用について建物（＝屋根面）と建物敷地を区分し、建物敷地はさらに住宅地と非住宅地に区分できることが望ましい。国土数値情報の土地利用細分メッシュでは「建物用地」あるいは空地も含まれる「その他の用地」の判別は困難なため、国勢調査統計メッシュ（人口、従業者数）などを用いて用途割合を推定する必要がある。

図11－10は１９７５年と２００５年における建物面積率の変化の例であり、都市化の進展により人工的被覆が増加している状況が把握でき

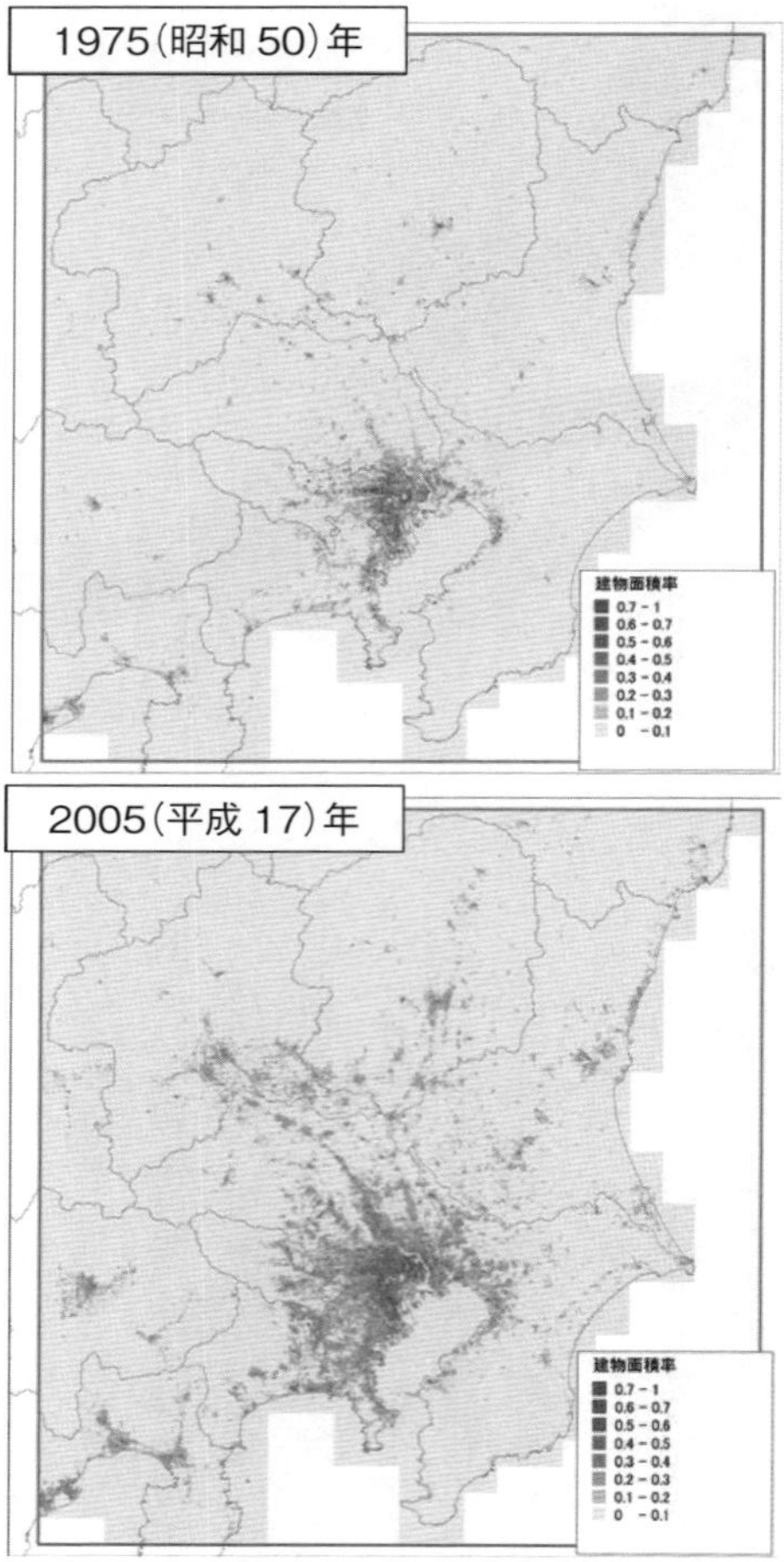

図 11−10　建物面積率分布の変化（推定）

る。

11・3・3　人工排熱データ

人工排熱データの推定に必要な要素を大別すると、①排熱の原単位、②排熱量の規模、③排熱の放出位置があげられる。①については国土交通省・環境省が都市における人工排熱インベントリーの作成のために整理した原単位や環境省によるごみ焼却量あたりの発熱量原単位などが活用でき、②を規定する量としては、建物の用途別延床面積（建物排熱）や自動車の走行量（自動車排熱）、ごみ焼却量（ごみ焼却施設排熱）、発電電力量（火力発電所排熱）などがある。

③については、土地被覆データの整備にも用いた基礎データを活用して求めた建物の用途別延床面積分布や幹線・非幹線道路面積の分布、ごみ焼却施設や火力発電所の位置に応じて①、②より推定した排熱量の分布を推定する。

図11－11は１９７５年と２００５年における火力発電所からの温排水データの変化の例であり、東京湾岸に立地する発電所からの温排水の増加が確認できる。

11・3・4　水利用（表流水）データ

河川からの上水道用水、工業用水、農業用水の表流水取水量データの推定に必要な要素を大別すると、①地域別の年間使用量あるいは取水量、②浄水場の年間浄水量・位置（上水道の場合）

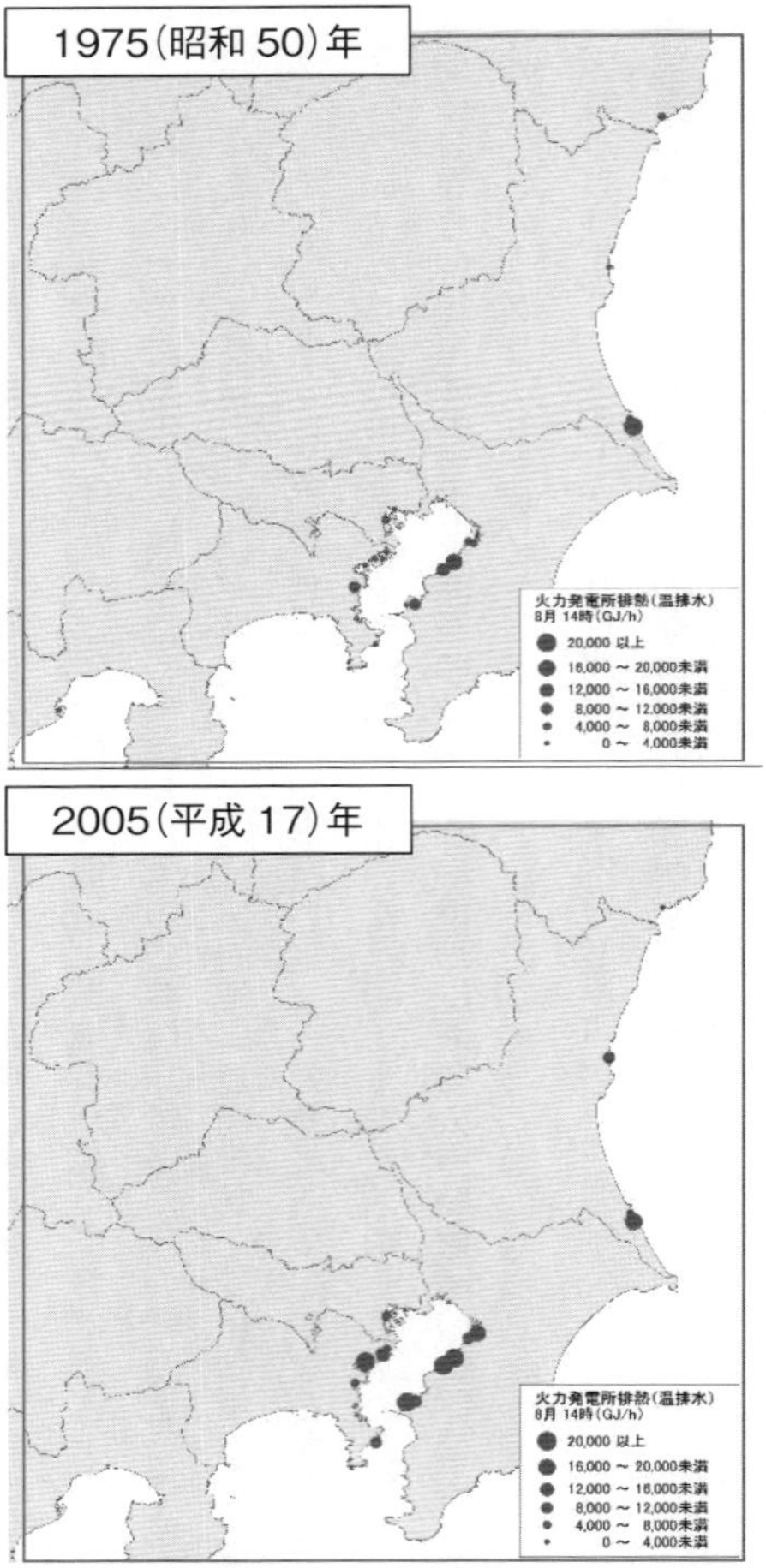

図 11–11　火力発電所からの温排水分布の変化（推定）

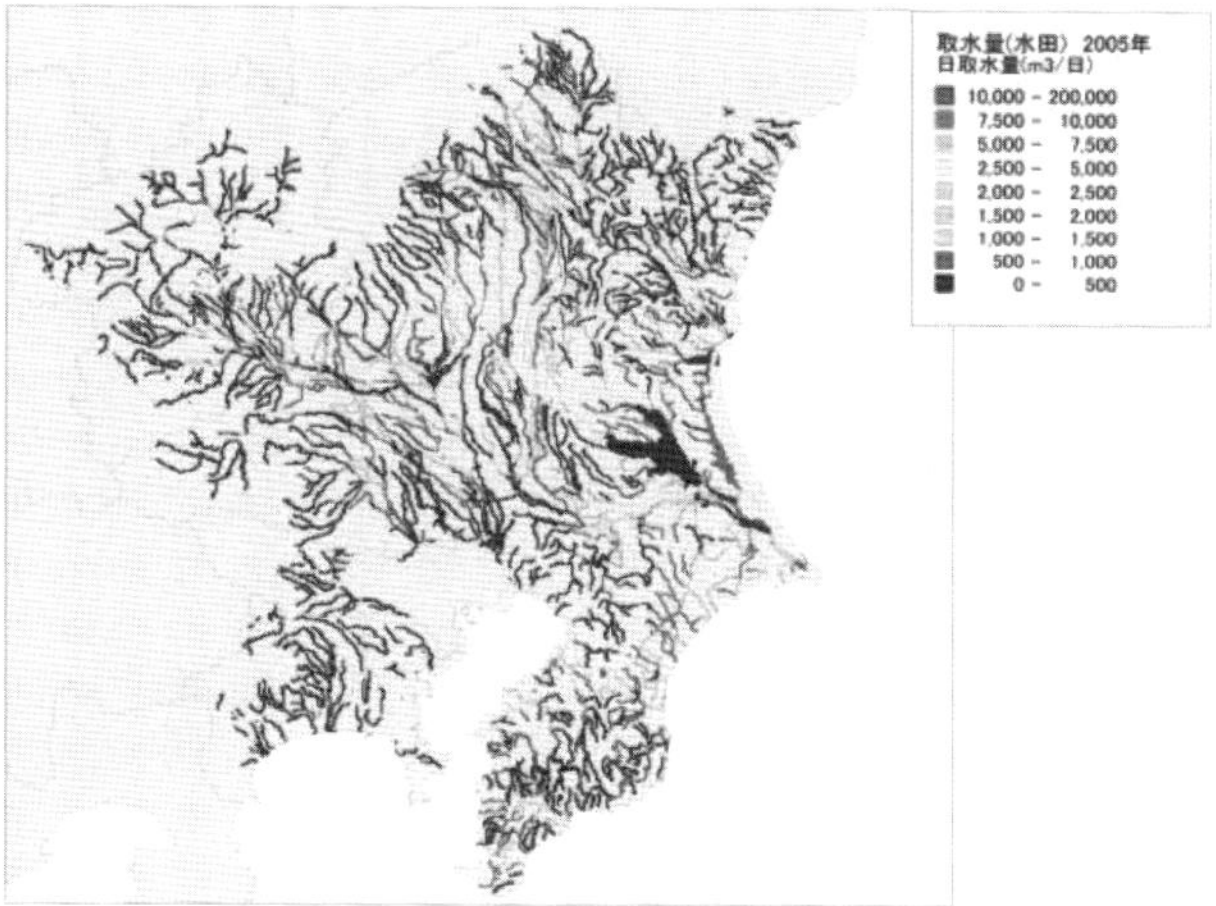

図 11−12　農業用水取水量（水田）の分布：2005 年（推定）

／メッシュ別土地利用面積（工業、農業の場合）、③河川の単位流域と浄水場（上水道の場合）メッシュ（工業、農業の場合）の対応、④河道メッシュがあげられる。

①については上水道の場合は事業主体別の取水量、農業の場合は地域別の使用量、工業の場合は工業統計メッシュ（1キロメートルメッシュ）ごとの使用量であり、②は①を浄水場ごと（上水道の場合）あるいはメッシュごと（工業、農業の場合）に配分する指標であり、②により配分した取水量や使用量を③により単位流域に割り当て、④の河道メッシュに配分し、取水量を推定する流れとなる。

図11－12は2005年の水田による農業用水取水量分布の例である。

11・3・5　地下水揚水量データ

評価対象時期における地下水揚水量データの整備に必要な要素としては、①市町村別用途別の揚水量、②井戸の位置や深さ、揚水量などに関する資料、③井戸の改廃などの把握に必要な資料があげられる。①は地方公共団体などによる定期報告・地盤沈下や地下水利用実態の把握などのために過去の一時期に実施された調査が公表されている場合もある。揚水規制の対象地域外に関しては資料が少なく、必要に応じて水道統計や工業統計などの活用も必要である。②は過去に地下水利用実態の把握などのために整備された井戸台帳などが公表されている場合もあるが、井戸の位置情報（住所、緯度経度）が不明な資料もあり、井戸さく井時の情報を累加する形式の資料は、その後の井戸の改廃を判断できないため、③のような資料が必要となる。

図11－13は１９７５年と２００５年における東京都の工業用水地下水取水量分布の例である。１９７５年にはまだ区部においても比較的地下水の揚水が行われていたが、地下水揚水規制などにより２００５年には区部における地下水の揚水はほとんど見られなくなり、多摩地域における揚水量も減少している。

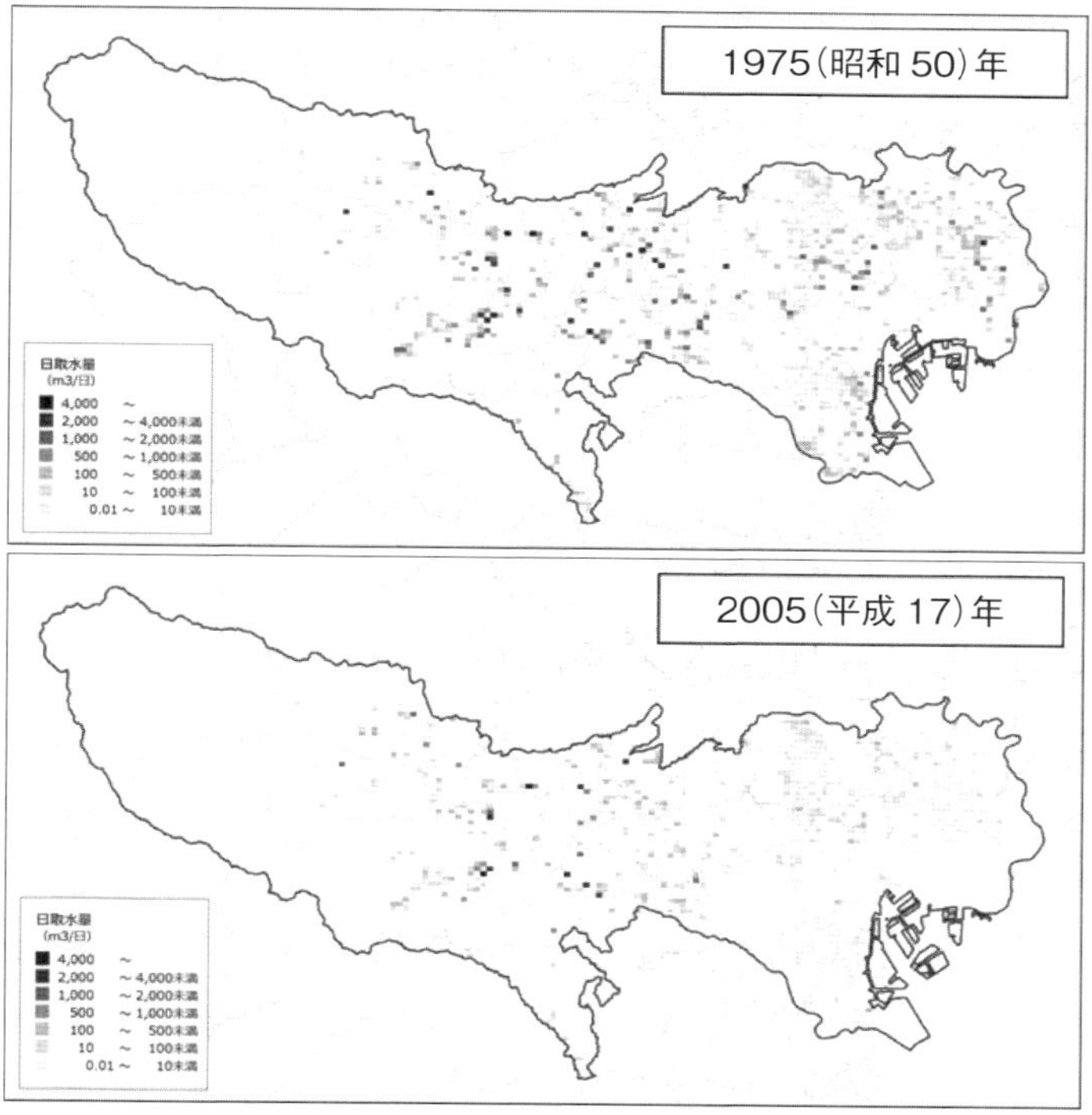

図11-13　東京都における工業用地下水揚水量分布の変化（推定）

11・4　今後の展望

水大循環シミュレーションによる再現性検証のため、表層水温や気温、地下水位などの環境影響に関する観測データの収集が今後必要となる。地表面被覆やエネルギー消費、表流水や地下水の利用など、制御対象の各要素に関して、過去における人為的な変化量とそれに対する環境影響の程度がシミュレーションにより把握できるようになれば、施策効果の検討も可能となる。流域における環境改善を図るために各要素をどの程度制御するか検討するためにもシミュレーションモデルの活用は有効であろう。

図11－1の人為的な変化の主な要因は人口増加であるが、関東域においては、今後郊外を中心に人口減少が進むと予測されており、地域によっては地表面被覆の転換や人工排熱の減少、水利用の減少などによる水循環の変化が生じる可能性が考えられる。将来の人口変化に伴うこのような人為的な変化を想定したシミュレーションを行い、雨水浸透量や蒸発散の増加、地表面温度や表層水温の低下、地下水位の回復など、地域ごとの環境影響の変化を把握することも今後の目標の一つである。

参考文献

[1] 環境省：ヒートアイランド対策ガイドライン改訂版（２０１３・３）
[2] 東京都：東京都統計年鑑
[3] 川崎市環境審議会：今後の水循環保全のあり方について（答申）（２０１２・２）
[4] 環境省：ヒートアイランド対策マニュアル（２０１２・３）
[5] 気象庁：ヒートアイランド監視報告（平成25年）（２０１４・７）
[6] 国土交通省水管理・国土保全局　水資源部：平成26年版日本の水資源（２０１４・８）
[7] 新井正：『地域分析のための熱・水収支水文学』古今書院（２００４・２）
[8] 岡田知也、高尾敏幸、中山恵介、古川恵太：東京湾における淡水流入量および海水の滞留時間の長期変化、土木学会論文集Ｂ３（海洋開発）63（1）（２００７）
[9] 東京都環境研究所：第21回公開研究発表会「東京の水環境　過去　現在　今後の課題」（２０１６・１）
[10] 財団法人海洋生物環境研究所・日本エヌ・ユー・エス株式会社：平成22年度国内外における発電所等からの温排水による環境影響に係る調査業務報告書（２０１１）
[11] 東京都環境局：都内の地下水揚水の実態（地下水揚水量調査報告書）〔平成17年／平成26年〕（２００６・11／２０１６・３）
[12] 東京都土木技術支援・人材育成センター：平成26年度地盤沈下調査報告書（２０１５・７）
[13] 内閣官房水循環政策本部事務局：地下水マネジメント導入のススメ　技術資料編（２０１７・４）
[14] 東京都環境局：東京都の地盤沈下と地下水の再検証について—平成22年度地下水対策検討委員会のまとめ—（２０１１・５）
[15] 国土交通省・環境省：平成15年度都市における人工排熱抑制によるヒートアイランド対策調査報告書（２００４）
[16] 資源エネルギー庁：電力需給の概要〔昭和51年／平成18年〕（１９７６／２００７）
[17] 東京都公害局：昭和50年地下水揚水実態調査報告書（１９７６・12）

第12章　システム制御による安心・安全に暮らせる水・人間環境の構築

小島　千昭

12・1　水・人間環境に対するシステム制御

12・1・1　「システムを制御する」とは？

「制御」とは、人間が生活をする上での目的を達成するために、対象となる「モノ」に何らかの操作を加えることをいう。より学問化すると、現実世界の制御したい対象を何らかの意味で普遍化して捉え、情報世界に取り込むことになる。具体的には、微分方程式を用いた数学的な普遍化が多い。このように普遍化された「モノ」を、「システム」と呼ぶ。一度、「システム」を構築すれば、産業革命以降に培ってきた「システム制御工学」の理論体系を駆使できる。その結果を現実世界に戻すことにより、望みの振る舞いの実現ができる。したがって、システム制御工学と他の学問との最大の違いは、機械、電気、土木、建築といった特定の分野に縛られず、「数学的な普遍化」を通じて多種多様な対象に適用する立場をとる点にある。

　このように、システム制御工学的なアプローチとは、個別の事象の普遍化による系統的な方法論の創出と捉えられる。

12・1・2　システム制御工学的なモノの考え方

　システム制御工学的なモノの考え方を、電力ネットワーク、交通ネットワーク、河川ネットワークという典型的なインフラネットワークへ適用することを考える。これらのネットワークから構成されるシステムは、超スマート社会[1]と呼ばれる。この超スマート社会のネットワークへの適用を通じて、ダイナミクスとネットワーク構造に共通の性質を観察する。

(1) 不確か・過大な入力による不安定現象

　前で述べたインフラネットワークに不確か・過大な入力が突然印加されたとき、身近な例として次に挙げるような現象の発生を観察できる。

①　メガソーラなど太陽光発電を大量に導入した電力ネットワークを考える。このとき、天気予報や発電量予測の大外れといった突発的な事象はしばしば発生する。このような事象に対して、需要と供給のアンバランスが生じることが多く見受けられる。

②　高速道路や鉄道などの交通ネットワークにおいては、ゴールデンウイークやお盆などの時

期の帰省ラッシュが毎年の一時的な事象として起こる。このような事象において、高速道路の交通渋滞や鉄道の超過密乗車の発生がよくみられる。

③　神田川流域など都市河川ネットワークでは、短時間に発生する集中的なゲリラ豪雨を考えると、その豪雨に起因して流域における内水氾濫や外水氾濫がしばしば発生する。

以上で観察された三つの現象の共通点は、以下の通りに見いだせる。不確か・過大な入力の印加によって、電力、自動車、水といった「モノの流れ」の分布に偏りが生じ、不安定現象が誘引されるとみられる。システム制御工学的な視点からみると、電力、交通、河川といった一見異なるネットワークにおいて、何か共通の物理メカニズムを予想できる。

(2)　ダイナミクスとネットワーク構造における共通点

「モノの流れ」に留意しつつ、電力ネットワーク、交通ネットワーク、河川ネットワークの間で、ダイナミクスとネットワーク構造に関して共通する性質を、モデリングの具体例を通じて確認する。

図12－1は、左から電力ネットワーク、交通ネットワーク、河川ネットワークを表す。これらのネットワークにおいて、送電線、道路、水路を1本の枝とみれば、これらのネットワークは同じネットワークグラフを用いて描かれ、共通のネットワーク構造を有する。送電線、道路、水路の「モノの流れ」を支配する方程式は、モデリングの緻密さの度合いに応じていくつか考えられ

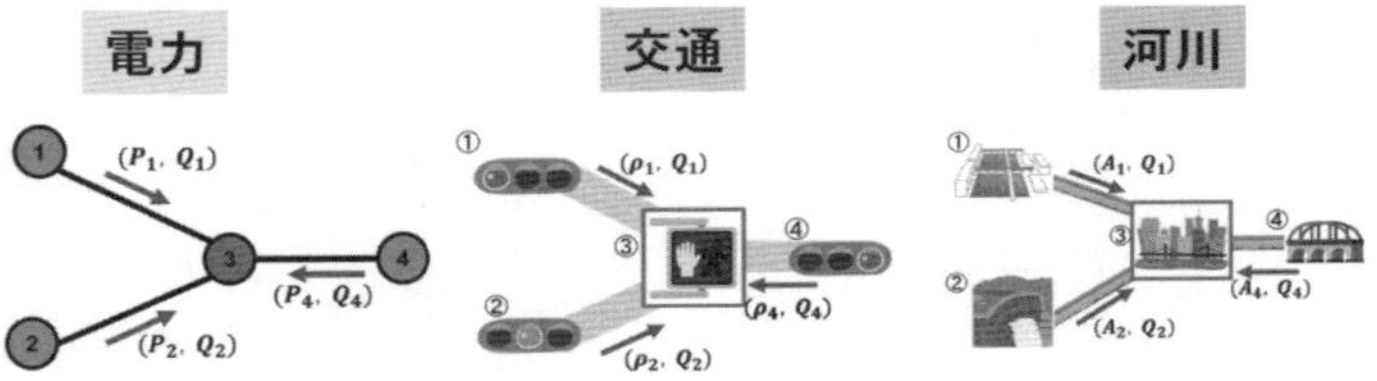

図 12−1　電力・交通・河川ネットワークのアナロジー

る。ただし、典型的には潮流方程式、移流方程式、Saint-Venant方程式によって、「モノの流れ」のダイナミクスが、それぞれ記述される。なお、移流方程式とSaint-Venant方程式は、偏微分方程式である。ここで、送電線、道路、水路において「モノの流れ」を表す物理量を、有効・無効電力、交通流率（単位時間に通過する車両数）、流量（単位時間に流れる水の体積）とすれば、各枝の合流点では、それらの保存則、すなわち物理量の総和がゼロとなることが容易にわかる。

これらのネットワークに対する観察をまとめると、超スマート社会において「モノの流れ」を記述するネットワークは、偏微分方程式を用いてそのダイナミクスを記述する「枝」と、境界条件において物理量保存による拘束を記述する「節点」からなるネットワークとして、統一的に記述できることがわかる。さらに進めると、システム制御工学的なモノの見方によって、電力ネットワーク、交通ネットワークに対する制御で得られた知見が、本章で考える河川ネットワークにも役立つ可能性を示している。次節以降では、このようなシステム制御工学的なモノの見方に対して、河川ネットワークのモデリング・制御への貢献の可能性をみていく。

12・2　河川ネットワークに対する階層化制御

大雨などの異常気象や天候の急激な変化による河川流域の内水・外水氾濫の防止を目的とするこれらの管理の重要性は以前から十分に認識されていた。特に、河川流域は、人間が生活を営む場そのものであるため、災害の防止は極めて重要な使命である。その使命を実現するためにも、河川ネットワークにおける人間の安心・安全な生活を保障する制御システムが不可欠である。本節では、システム制御工学的なモノの見方を河川ネットワークに対する制御の切り口を探っていく。

12・2・1　河川ネットワークにおける階層性

河川ネットワークの制御を「階層性」[1]という切り口で捉え、説明する。

(1) 空間スケールによる階層性

河川ネットワークは、図12－2のように三つの階層に分解できる。なお、本項目では、後で議論するように神田川流域を想定して説明する。

一番下の階層が戸建て住宅地である。中央の階層は集合集水域と呼ばれ、下水道の2次から6

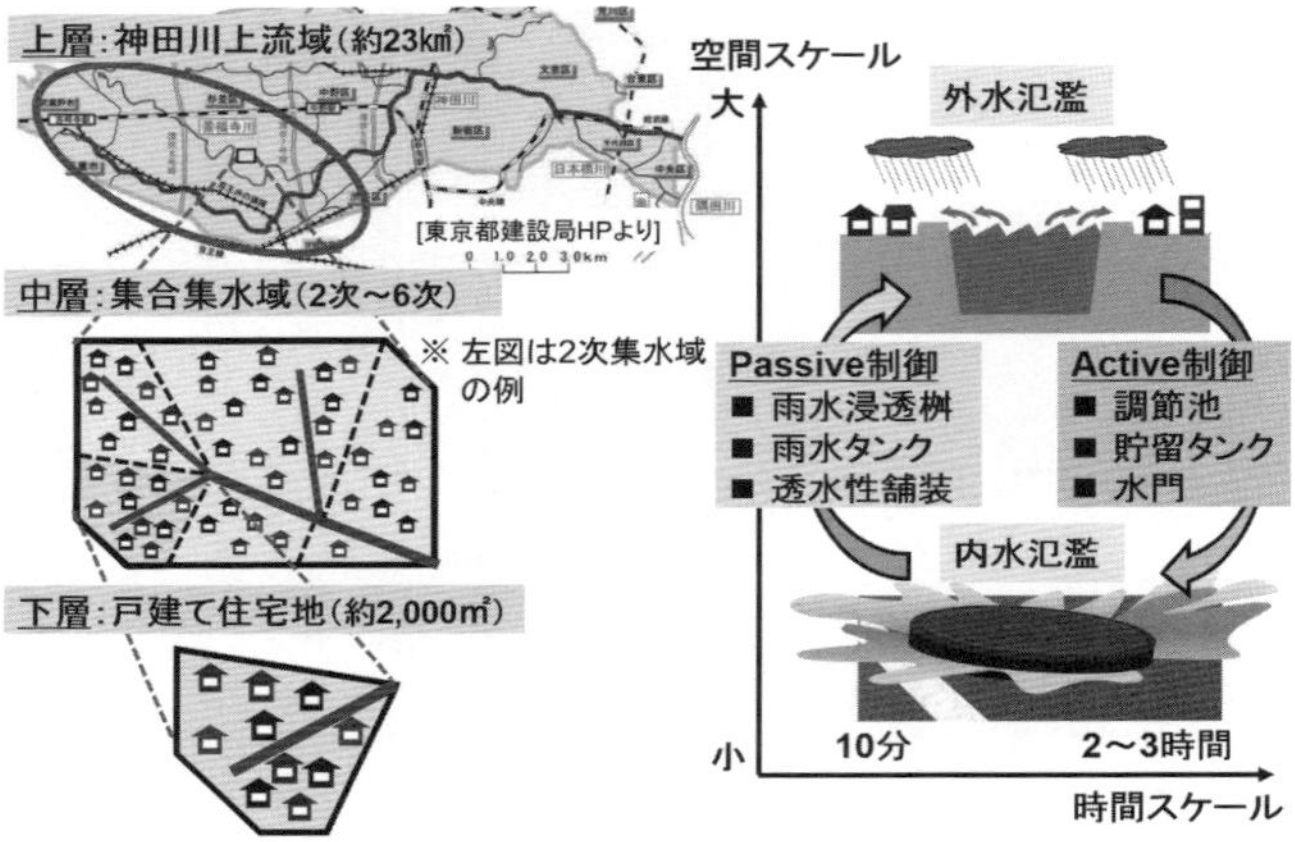

図 12-2　時間・空間スケールによる階層性と Active・Passive 制御

次の集水域に対応し、戸建て住宅地の集合、農地、下水道、道路などをまとめて捉えた階層である。最上位に位置する階層は、神田川流域に対応する地表を流れる河川ネットワークに対応し、すべての集合集水域をまとめたものである。図12－2の左側に上層と下層の領域で典型的に想定される面積を記載しているが、三つの階層における空間スケールの違いが読み取れる。

(2) 時間スケールによる階層性

時間スケールにおいても同様に階層性を考えることができる。内水氾濫が起こりマンホールからの溢水《いっすい》は、戸建て住宅地と集合集水域に関する階層でよくみられる。この溢水は、ゲリラ豪雨の発生から5分から10分程度といった短時間に発生する。一方で、神田川流域を含む河川ネットワークでは、豪雨による外水氾濫は30分後など少し時間がたってから発生する。このように、時間スケールの差が存在することが読み取れる。

(3) 階層性に基づくシステム制御の必要性

以上二つの項目で述べたように、空間や時間に関するスケールが大幅に異なることがわかった。このことからも、スケールの多様性に対応するようなシステム制御工学の枠組みの適切な構築が重要になる。これによって、人間が暮らす上で求められる精神的な安心面、物理的な安全性を有する豊かな水・人間環境を、システム制御によって各階層に応じた構築が求められる。

12・2・2 Active制御とPassive制御

前項では、空間スケール、時間スケールによって定義されるいくつかの階層性を定義した。本項では、それらの階層性に着目し、Active（能動的）制御とPassive（受動的）制御という2種類の制御を考え、これらの制御のアイデアについて説明する。

(1) Active制御

Active制御とは文字通り「能動的」制御ということで、制御システムの設計者が具体的にそのリアルタイムの動作アルゴリズムを与える制御方法をいう。特に、神田川のような都市河川を対象とした場合には、河川に接続して設置する貯留タンクや地下調整池などが考えられる。これらの装置は、外的状況の変化に応じて、リアルタイムで貯留タンクや地下調整池への流入量や流出量を変化させる。特に、その容量を緩衝として利用することで、河川の水位の変化に対して時間遅れを発生させるメカニズムを提供する。

設置場所と容量の設計に加えて、その適切な動作アルゴリズムが、制御システムの設計にとって重要となる。特に、この制御のメカニズムは、電力ネットワークにおける太陽光発電の発電量の不確かさに対する蓄電池を用いた抑制、交通ネットワークにおける自動車の流れに対する信号機を用いた制御にも共通するものである。よって、12・1・2項で述べたシステム制御工学的なモノの見方が大いにその力を発揮することが期待される。

(2) Passive制御

Ａｃｔｉｖｅ制御に対して、Ｐａｓｓｉｖｅ制御は「受動的」制御方法であり、具体的には、雨水浸透枡、透水性舗装などを各戸建て住宅に設置して、地下水に表流水を積極的に浸透させ、下水道や河川に流す水を減らすことを目的とする。「受動的」の意味は、一度それを設置してからは、外的状況に変化に応じたリアルタイム制御をせず、装置の性質によって制御を行う方法である。容量や設置場所の適切な決定が制御システム設計者にとって大切となる。

12・3　神田川流域の階層化制御におけるＡｃｔｉｖｅ制御の適用

図12－2にも記載したように、Ａｃｔｉｖｅ制御とＰａｓｓｉｖｅ制御の融合によって、相乗効果も期待できる。このことがまさに階層化制御の狙いである。本節では、Ａｃｔｉｖｅ制御を適用した場合のシミュレーション検証[3]について説明する。

12・3・1　河川の階層化モデリング

階層化制御を考えるために、神田川流域を想定した河川ネットワークのモデリングを行う（図12－3）。神田川流域は、12・1・2項（2）の観察を考えれば、複数の支川（善福寺川、妙正寺川、江古田川、日本橋川）が合流点にて接続しているものとみることができる。したがって、「それぞれの河川」に対してSaint-Venant方程式を適用し、動的モデルを導ける。これは、ネットワークグラフの「枝」に相当する。合流点はネットワークグラフの「節点」とみなせる。神田川流域の支川の実際の接続関係に従って図12－3のようにネットワークグラフを定義する。このとき、神田川流域を想定した河川は9本の枝に分割し、それらが端点も含め10個の節点で接続していると考える。このようにして、神田川流域を数学的に普遍化できる。

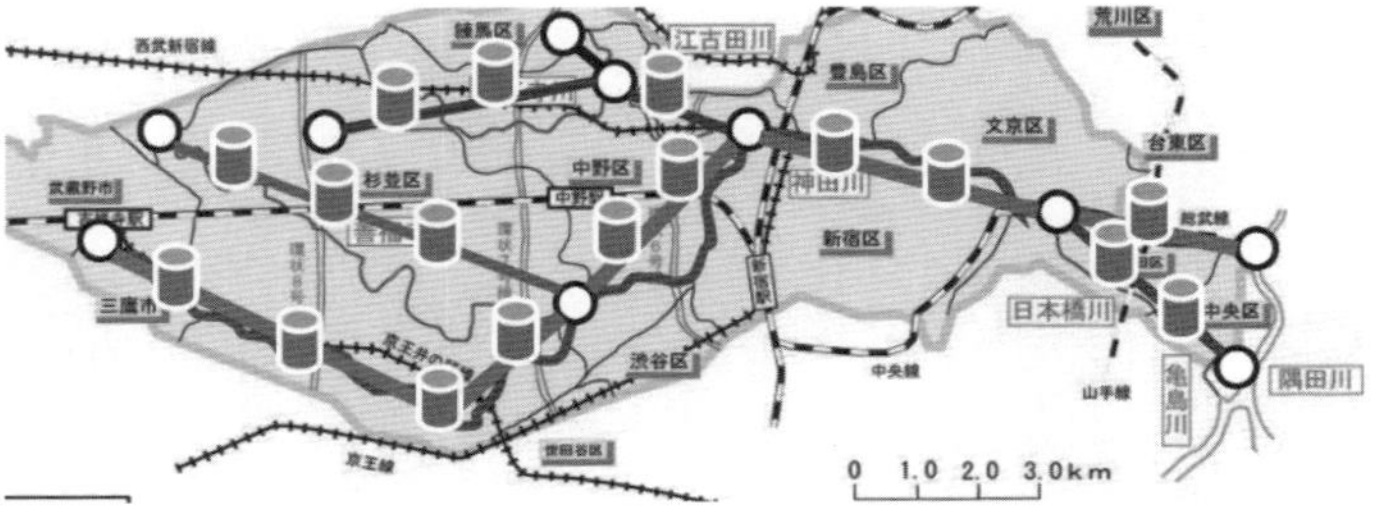

図 12–3　神田川流域のネットワークグラフによるモデリングと貯留タンク設置のイメージ（口絵）
出典：地図は東京都建設局ホームページより

12・3・2　Active制御

各枝の水深の情報から水量と水深の減少を目的とした節点への制御入力を決定するアルゴリズムを3種類提案する。

(1) 分散P制御

分散P制御とは、タンク近傍の枝の現時刻の水深の情報のみに注目し制御入力を決定する分散的な方法である。P制御のPとは「Proportinal」のことであり、「比例」に対応する。つまり、現時刻での各接点での水深に基づき制御を行う。また、「分散」は、各接点における局所的な水深の情報によって制御を行うことを意味する。まず、各枝の水深を用いて、次時刻で与える制御入力を算出する。ここでは、河川ネットワークの一部として、図12－4の節点に枝A、Bの下流部分と枝Cの下流部分のみが接続している状況を考える。まず、許容される水深の上限値と下限値を設定する。そして、現時刻の各枝の水深とこれらの値を比較し、制御入力を決定する。

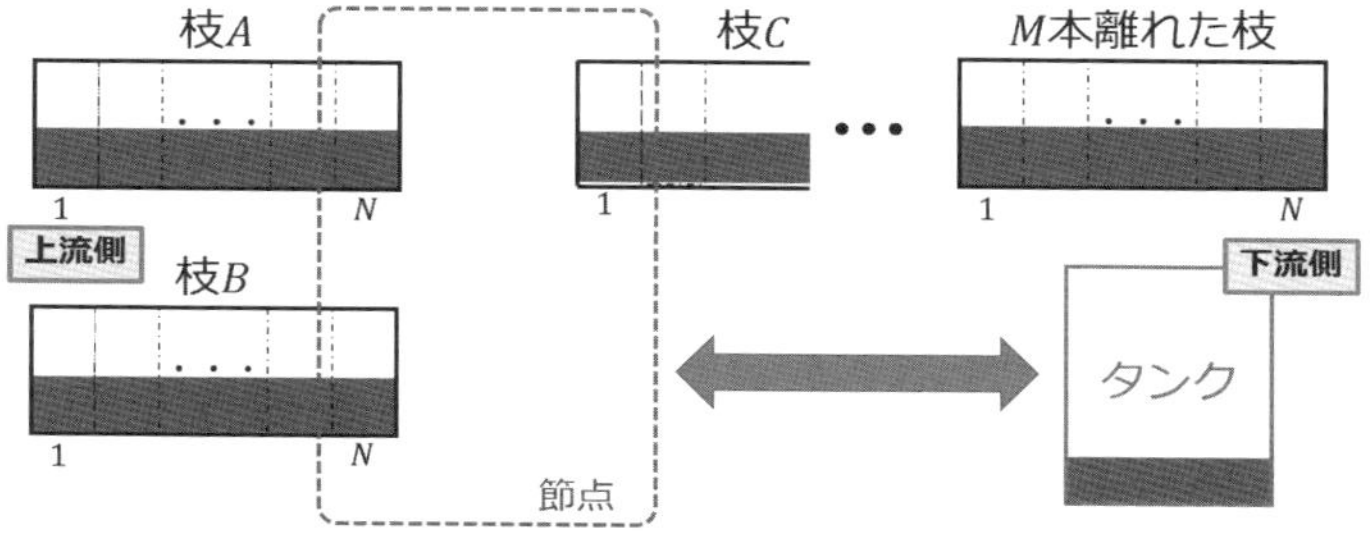

図12-4　貯留タンクによる分散P・分散PD・協調PD制御

より具体的には、節点に直接接続している全枝の水深が上限値を上回る時にタンクに水を流出させる。一方で、節点に接続する全枝水深の下限値を下回るときタンクから水を河川に流入させる。枝の現時刻情報と上限値との偏差と直接接続する枝の水深のみを用いるため、分散P制御と呼ぶ。

(2) 分散PD制御

分散PD制御とは、過去の水深の情報にも着目し水深の情報の変化量で制御入力を決定する方法である。Dは「微分」を意味する「Differential」に対応する。分散PD制御では、現時刻の水深に基づくP制御だけでなく、水深の時間変化も用いて制御を決定する。図12－5を用いてその方法を説明する。まず、時間ステップを決め、未来の時間区間における各枝の水深の推移に注目する。この時間区間において隣接する枝の水深がすべて単調減少しているとき、降水量が比較的少なくなっていると判断しタンクから節点へ水を戻す。前節の分散P制御に加え、この制御方法により、雨が弱まってからタンクから河川へ水を

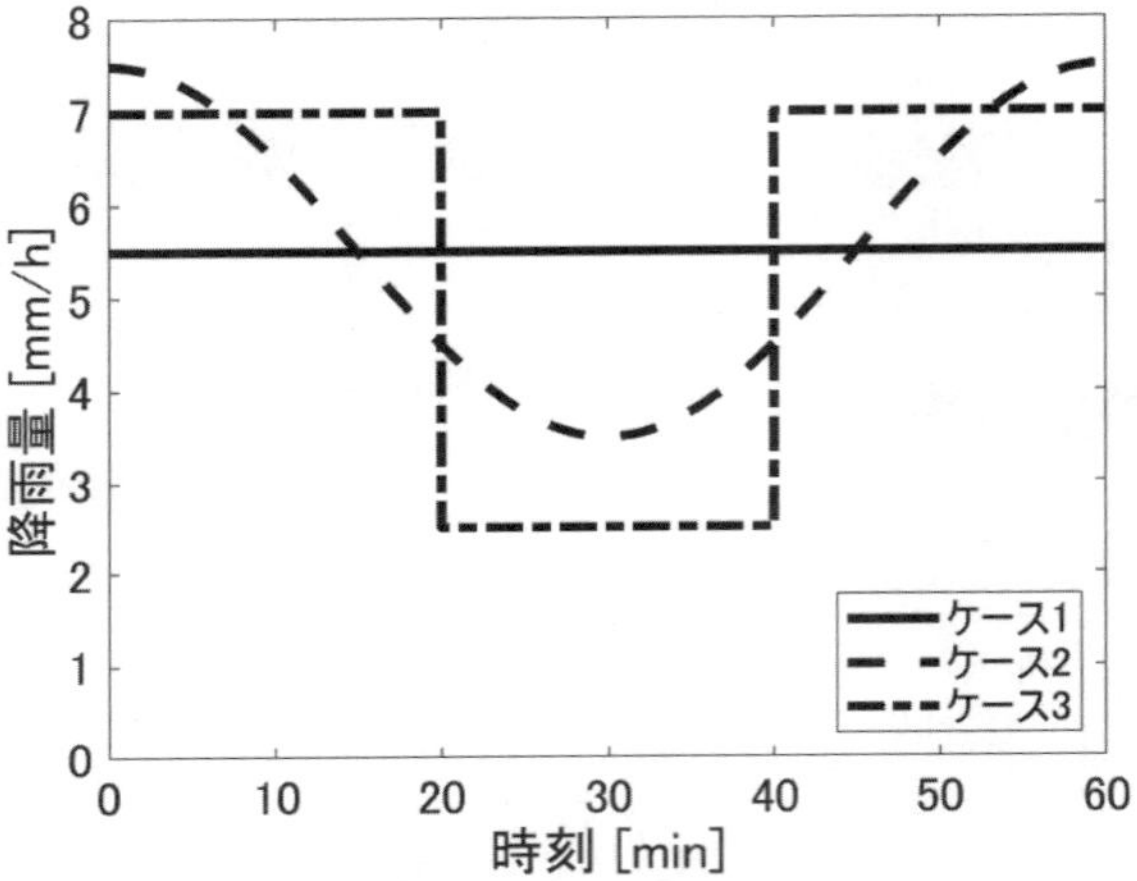

図 12-5　考える３種類の降雨ケース
ケース１を実線、ケース２を破線、ケース３を一点鎖線でそれぞれ表す

戻し始めるまでに要する時間の短縮が期待される。つまり、比較的早く次の降雨量の増加に備えてタンクの貯水量を減少できると予想される。

（３）協調ＰＤ制御

項目（1）、（2）で述べた「分散性」とは、各接点における局所的な水深の情報によって制御を行うことであった。これに対して、「協調性」とは各接点とそれに隣接する節点の水深の情報も用いて制御を行うことである。協調ＰＤ制御とは、項目（2）の分散ＰＤ制御に対して協調性を付加した制御方法である。

本制御では、節点に接続している枝の下流側にＭ本離れた枝の水深の情報も用いる。具体的には、図におけるＭ本先までの下流の枝の水深が上限値を上回った場合にも貯留タンクに水を流入させる。枝A、B、Cの水深が大きくなくても、節点よりも下流側の枝の水深が大きくなった場合に、貯留タンクへの水に流入によって、以後に下流の枝に流れる水の流量を小さくできる。これは、枝A、B、CがM本先の枝の未来の水深に関する情報を含むという考えに基づいている。

12・3・3　シミュレーションによる検証

(1) シミュレーションの設定

神田川流域を想定した河川に対して、前項で提案した三つの制御を適用するシミュレーションを行う。ここでは下水道への流下や地下水への浸透を仮定しない。５００メートルごとの等間隔に１００カ所の節点に容量１０００平方メートル、流出入可能な流量を５００m^3／sの貯留タンクを設置する。また、降雨については図12－６の３ケースについて数値実験を行う。ケース１(実線)では一定量の雨が60分間降り続き、ケース２(破線)では雨がなだらかに変化しながら60分間降り続く。ケース３(一点鎖線)では始めの20分と終わりの20分は強い雨が降り、その間の時間帯では弱い雨が降る。いずれのケースも雨の降り方は異なるが、シミュレーションの総降雨量はいずれも５・５㎜／hである。この総降雨量は現実のゲリラ豪雨と比較すると少なく、通常の降雨に相当している。

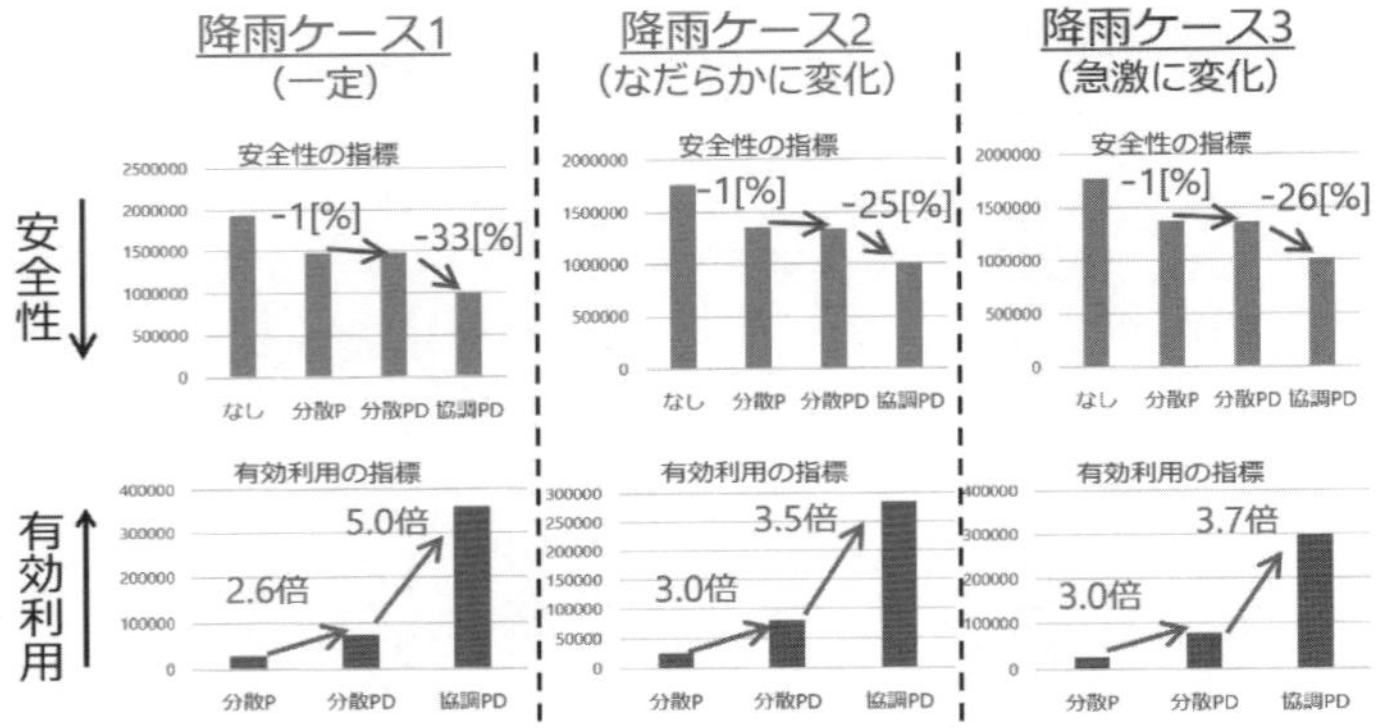

図 12-6　各降雨ケースにおける安全性と有効利用の評価

(2) 評価指標の設定

このとき、外水氾濫の危険性が高い地点数による安全性指標と、貯留タンクの有効利用、という二つの指標を導入し、実験結果から三つのアルゴリズムの有効性や特徴を評価する。なお、本章で考える安全性の指標は、許容される水深の上限値を設定し、各枝上に設置された地点の中で上限値を超えた地点の数を安全性の指標として定義する。また、有効利用の指標は、河川と貯留タンクへの間で流出入した水の総量を有効性の指標として定義する。

さらに、本章においては、上層の神田川流域レベルに対するシミュレーションを行った。12・2節で定義した神田川流域、集水域、戸建て住宅地の3階層の場合に対するシミュレーションは、今後の課題である。

(3) 安全性の評価

各制御方法の間で比較を行うと、安全性の指標では、分散P制御と分散PD制御の間で大きな違いはみられなかった。一方で、協調PD制御に対しては、安全性に関する指標を小さくすることが可能となった。このことは、隣接する節点との水深に関する情報交換を行う「協調性」が重要であることを裏づけるものである。

また、本シミュレーションで対象とする河川では、降雨量の変化に対する水深の時間変化について、以下のことを観察できた。ケース1やケース2の降雨パターンのように、降雨量が弱まったとしても水深の反応時間よりも短い周期で雨が強まった場合には、水深の減少の開始前に強い降雨の影響を受ける。このため、降雨量の変化が水深に反映されなかった。よって、雨が弱まる時間帯に水深が減少せず、貯留タンクから河川への水の流出による強い雨に備えた貯水量の確保が達成できていなかった。この結果、すべての制御方法において、タンクの総貯水量が増加していた。このことは、貯留タンクに水を流入し続けるためと考えられ、Ｐａｓｓｉｖｅ制御による緊急時の容量の確保の必要性を示唆しており、今後に取り組むべき課題の一つである。

(4) 有効利用の評価

項目（3）では安全性の評価を行ったが、貯留タンクの有効利用は項目（1）と同様に、図12－6に示されるように、分散P制御、分散PD制御、協調PD制御のアルゴリズムの順で有効利用の指標が大きくなる傾向にあった。このことは、安全性の評価に同じく、有効利用の評価においても、「協調性」の重要性を示唆している。なお、有効利用の評価に対して、電気料金などの貯留タンクの稼働コストはトレードオフの関係にあるため、稼働コストも考慮した制御方法の検討は今後取り組まなければならない。

12・4　今後の課題と方向性

12・4・1　今後の課題

今後の課題についてＡｃｔｉｖｅ制御、Ｐａｓｓｉｖｅ制御とそれらの融合の視点から説明する。

(1) Ａｃｔｉｖｅ制御における課題

Ａｃｔｉｖｅ制御における今後の課題として、主として以下の2点が挙げられる。

1点目は、予測を考慮した制御アルゴリズムの構築である。直感的に想像できることであるが、12・3・2項（3）で述べた協調ＰＤ制御において、考慮に入れる下流の枝の本数を増やすほど制御動作の計算時間が増大する。したがって、実時間での動作に足る制御アルゴリズムの構築を考えなければならない。

2点目は、貯留タンクの設置コストである。まず、大量に設置することを想定し、貯留タンクそのもの容量や設置場所を含めた設置コストを考慮に入れなければならない。さらに、協調PD制御を考えるにあたっては制御センター、貯留タンクの間での通信に関するネットワークの整備コストである。これらの設置には、安全性・有効性の指標と設置・整備コストの間でトレードオフが発生する。よって、どのような方策で折り合いをつけ、「最適」な制御システムを構築する点は、今後に取り組む課題である。特に、社会実装まで視野に入れた場合には、周辺の自治体や住民とのコンセンサスも必須であり、この点の方策に関しても考慮されなければならない。

(2) Passive制御における課題

Passive制御の構築に関しては今後具体的に進めていくが、その時の課題をあげておく。

雨水浸透枡や透水性舗装の導入といった抽象的な枠組みを提案したが、それらの数量や容量、陶酔率との関係について具体的な評価が行われておらず、内水氾濫の抑制という問いにはまだ満足のいく回答は得られていない。これらの要請に対しては、戸建て住宅地だけでなく教育施設、集合住宅といった典型的な建築物を想定したシミュレーションや、神田川流域内の典型的な土地利用を想定したケーススタディによって、その有効性を検証していきたい。

また、土地利用に関して、これまで蓄積されてきたようなデータを存分に活用することが重要となる。これらのデータに関しては、飯田らによる取り組み[4]や第9章で述べた取り組みがあり、多くのデータの蓄積が存在する。また、自治体や官公庁などから公開されている気象、土地利用、人間行動などに関するオープンデータの取り込みが必要となってくる。Ｐａｓｓｉｖｅ制御の観点からは、このような取り組みを通じて流域の安心・安全な生活に対するシステム制御の可能性を探っていきたい。

最終的には、相乗効果によってＰａｓｓｉｖｅ制御による内水氾濫の抑制だけでなく、相乗効果によって外水氾濫の防止に繋げるような両者の制御の融合について取り組んでいきたい。

12・4・2　超スマート社会に向けて

本章冒頭で述べた超スマート社会[1]の予測・制御を考える場合には、電力、エネルギー、交通、水道、経済、海洋、河川、農業など、これまで個別に考えられてきた要素が情報ネットワークを通じて有機的に連携するような状況を想定することになる。これらを統合的に捉える予測、制御を行う必要が出てくる。特に、再生可能エネルギーの活用など電力・エネルギー分野におけるグリーンイノベーションを上記の分野に拡張し、自然との共生を積極的に取り込む必要がある。例えば、河川の流域管理、農業用水の配分計画、水力・揚水発電の計画、土地の有効利用などを統合的に制御することが考えられる。

これらの共通点の一つは、ターゲットとする「モノの流れ」に関連する構成要素が存在する点である。現実の予測・制御において各構成要素の個別の特徴を取り込んだ枠組みの構築が重要になってくる。

参考文献

［1］内閣府：科学技術基本計画　http://www8.cao.go.jp/cstp/kihonkeikaku/index5.html（２０１６）

［2］S. Hara, J. Imura, K. Tsumura, T. Ishizaki, and T. Sadamoto: "Glocal (Global/Local) Control Synthesis for Hierarchical Networked Systems" In 2015 IEEE Conference on Control Applications, 107–112, Sydney, New South Wales, Australia (2015)

［3］瀧田雄太、小島千昭、原辰次：開水路ネットワークの階層化モデリングと制御、電気学会システム研究会社会シミュレーションおよび周辺技術（２０１７）

［4］飯田晶子、大和広明、林誠二、石川幹子：神田川上流域における都市緑地の有する雨水浸透機能と内水氾濫抑制効果に関する研究、都市計画論文集50（3）、５０１－５０８（２０１５）

第13章　研究成果を社会で活用する・させるには
―エビデンスベースド・ポリシーメイキング（ＥＢＰＭ）と数値シミュレーション―

杉山　徹

13・1　必要なのはニーズとシーズのマッチングではない

（1）社会側のニーズ（とある町での会話）（図13－1）

自治会長「見晴山にトンネルが通って、山向こうの駅まで簡単に行けるようになるぞ」
住　民Ａ「そりゃ、便利だ」
自治会長「この計画地図を見てみ」
住　民Ｂ「これで、駅前の店にも行きやすくなって買い物も楽になる。山を迂回する道は狭く通り難かったからな」
住　民Ａ「ありゃ、このトンネル、大川の水源の真下を通るぞ」
住　民Ｂ「ホントだ」

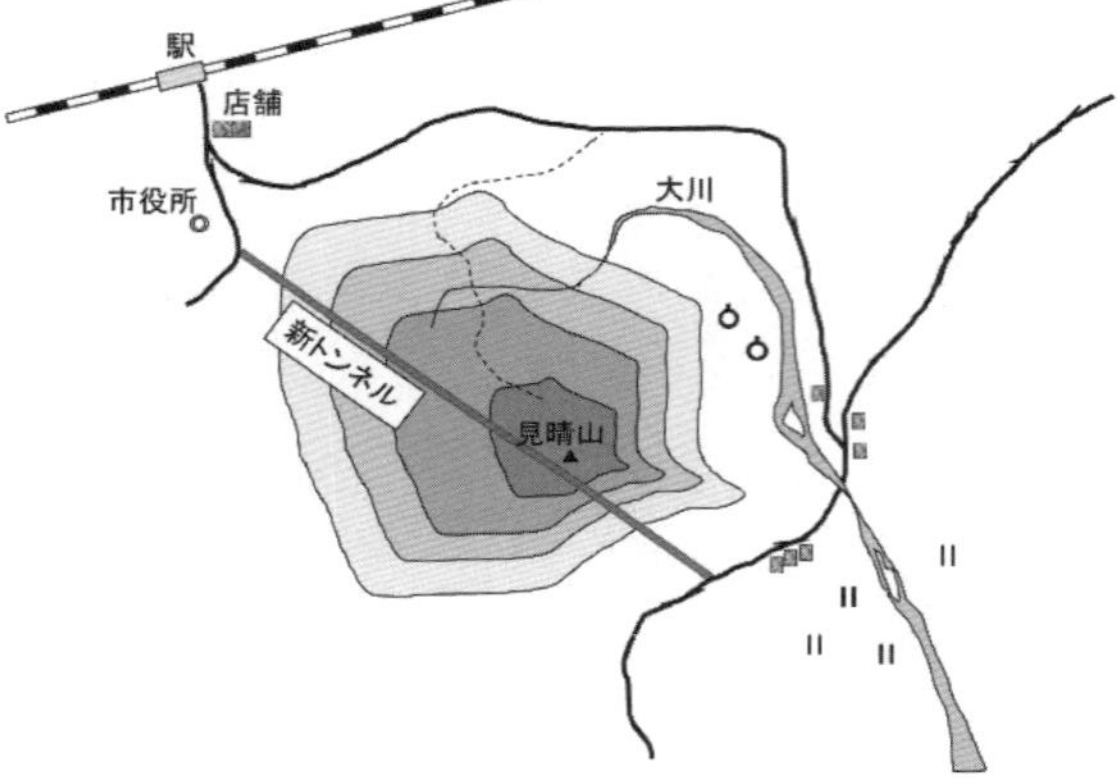

図 13-1　架空の町の地図

住民Ａ「水神様のバチがあたりはしないだろうか」

住民Ｂ「それも怖いが、大川の水が干上がったりしたら大変だぞ。この水が無ければ、畑も水田も使えない。特産のミカンもダメになるぞ。それなら、俺は反対だな」

自治会長「でも、トンネルが開通すれば便利になるし、ミカン狩りの客も増えるじゃろ。電車で通勤している奴らは喜ぶ」

住民Ｂ「通勤者も農家も、この町にはいろんな者が住んでいるからな」

住民Ａ「俺は、水神様が怖い」

自治会長「どうやって決めればいいもんかの～」

(2) 研究側のシーズ

地下や地上の水の流れ、降水、さらには街中の暑熱環境について、実世界でどのような現象が起きているかを、数値シミュレーションという手法を用いるとわかることが、前章までに述べられている。特に、シミュレーションの特徴を活かして、現況のみならず、今後に訪れる環境も見られるようになってきた。その計算結果は、研究者の間で共有され、次の研究へと利用されている。例えば、気候変動に関しては、ＩＰＣＣ（国連気候変動に関する政府間パネルIntergovernmental Panel on Climate Changeの略）の第５次評価報告書では、将来の温室効果ガスの排出量シナリオ（ＲＣＰ）ごとに、気候の予測や影響評価などを行っている。その予測をもとに、他の研究者が地域気候への詳細化（ダウンスケール）を行い、洪水リスク情報の創出などを行っている。中でも、文部科学省のプロジェクトである気候変動適応技術社会実装プログラム（SI-CAT：Social Implementation Program on Climate Change Adaptation Technology）では、数年先から十数年先の１キロメートル程度の解像度でのダウンスケーリング予測情報を気候変動への適応策の策定に資するものとして創出している。

前章までに紹介されているように、我々は、降雨などの気象現象とそれに伴う地下水の流動を一貫して解く数値シミュレーションを実行している。そのモデルの中では、人間活動によって生じる影響が取り入れられている。例えば、地下水の揚水量変化といった直接的な地下水量への影響のみならず、地表から地下への水の浸透量を変化させる土地被覆変化という間接的な影響も取り入れられている。そのため、現在の人間活動における地下水量への影響把握が可能である。これを用いれば、トンネル工事を行った時の影響評価も原理的には可能である。さらに言えば、この数値シミュレーションを応用すれば、将来気候時（例えば豪雨頻度が変化した時）の地下水量の予測が可能であるため、その予測される将来気候時の地下水量に対し、人間活動による対応策がどの程度の効力を持つかも予測できるのである。すなわち、

必要なのは、ニーズとシーズのマッチングではなく情報の活用方法である。

閣議決定された経済財政運営と改革の基本方針２０１７（いわゆる骨太方針）には、「証拠に基づく政策立案（ＥＢＰＭ）の視点も踏まえ、エビデンス（証拠）の充実をより一層進め、それに基づく議論と検討」が、施策を進める時に考慮することとして謳われている。これを、とある町の課題解決に活用できるように言い換えてみる。原因（持ち込まれるトンネル工事という変化）が、どのような結果（原因がもたらす影響）をもたらすかを、科学的根拠（エビデンス）を持って示し、それに基づいて検討しなさい、ということである。

ＥＢＰＭの概念は、特に新しいものではなく、以前から科学的手法に基づいた解析結果を用いて、意思決定をすることは行われている。しかし、昨今、行政業務の効率化という社会的要請が強くなったため、改めて謳われているのであろう。よって、研究者は提供できるエビデンスを社会へ伝えなければ始まらない。しかし、真に科学結果が社会で利活用されるには、ニーズとシーズのマッチング最重要点ではない。とある町の自治会長さんが問うたのは、多様な意見をまとめてトンネル工事を実行するかどうかを判断する方法を知りたいのである。

皆に納得してもらってから行動に移す。そのためには、どのように、そして、どのようなエビ

デンスを提示する方法があるかを以下に述べる。

住民B「数値シミュレーションで、トンネル工事の影響がわかるのなら、この町の計算もやってもらえないだろうか」

研究者「この地域は、地下構造や流域圏地形がとても興味深い地区です。さらに、将来気候時には、降水量の変化も予測されています。協働でEBPMを進めていきませんか」

13・2　計算結果のオープンデータ化

数値シミュレーションで得られる地下水や気象の計算結果を行うためには、標高データなど町の形状データが必要である。それは、行政組織が測定・まとめたものが利用できる。昨今のデータ収集は、オープンデータに依存するところが大きく、標高データや土地利用情報は、国土交通省のWEBページで公開されている。環境省からは、自然環境保全基礎調査成果のデータが公開されている。前章までに述べられている水循環や都市熱環境の数値シミュレーションも、これらのデータを数値シミュレーションに適したデータ形式に変換して利用している。官民データ活用推進基本法（平成28年）、「デジタル・ガバメント実行計画（平成30年）のみならず、昨今の行政における他の法・計画では、保有するデータを国民が容易に利用できるよう必要な措置を講ずるものとされ、オープンデータを活用した地方発ベンチャーの創出の促進、地域の課題の解決を図るとある。直面する課題の解決に資する環境を、より一層整備情報を活用していくことで構築することが求められている（参照例：http://www.kantei.go.jp/jp/singi/it2/densi/）。

総務省の定義によれば、オープンデータとは以下をいう。

国、地方公共団体及び事業者が保有する官民データのうち、国民誰もがインターネット等を通じて容易に利用（加工、編集、再配布等）できるよう、次のいずれの項目にも該当する形で公開されたデータをオープンデータと定義する。

①　営利目的、非営利目的を問わず二次利用可能なルールが適用されたもの
②　機械判読に適したもの
③　無償で利用できるもの

例えば、オープンデータの利活用により都市の「くらしやすさ」の向上を実現させている先端例として、海外都市ではあるが、バルセロナ市が挙げられる（詳細は参考文献[1]）。バルセロナ市情報局では実際にセンサーネットワークとそれを管理するＩｏＴ基盤を利用して、都市をリアルタイムで監視している。ゴミ箱内のゴミの量や温度はリアルタイムでセンシングされ、市役所の担当者はウェブブラウザを通じて状況をモニターすることができる。得られたデータをもとに、

ゴミ収集のルートをダイナミックに変更するなど工夫し、ゴミ収集にかかるコストを削減することに成功している（引用元：https://ajuntament.barcelona.cat/digital/en/digital-transformation/urban-technology/sentilo）。国内でも、都市内の駐車場の空き状態をリアルタイムで配信している例はあり、無償で2次利用できるようにはなっていないが、オープンデータ化が進んできている。

この流れに乗り、我々の生成した水循環や都市熱環境の数値シミュレーションの結果をオープンデータ化し、社会に利活用できるようにするべきである。ただし、その実現に向けて残る課題が二つある。

一つは、計算で用いた土地利用情報が完全なオープンデータではない場合がある。国土交通省から提供されている「国土数値情報」はオープンデータであるが、第8章で紹介されている都市街区形状は、公開利用に制限が残る場合があり、数値シミュレーションの結果はオープンデータとならず、当事者の利用内に限られる。そのようなデータの多くは、建築設計図のような公開が難しいものである。

二つ目は、公開の制限がない場合であっても、あまりにも計算の解像度が高いため、得られた計算結果から個人・団体が特定できる場合は、やはり、公開を難しくし、当事者の利用内に限られる。完全にオープンデータとはならないまでも、当事者や関与者、いわゆるステークホルダに対して、どのように、数値シミュレーションの結果を公開しているかを、次の節で紹介していく。

自治会長「この町にはいろんな者が住んでいて、トンネル工事に賛成・反対のいろんな人がいるだろう。できるだけ多くの人に関心を持ってもらって、みんなの意見をまとめなければ」
住民Ａ「走り回って声を掛けても、効率が悪いな～」
住民Ｂ「他人事と思っている人にも関心を持ってもらって、話し合いの集会場に来てもらわないと。我々だけで決めるわけにはいかない」
自治会長「どうしたら来てくれるだろうか。いい案はないだろうか」

13・3　可視化手法を工夫して関心を呼ぶ

国レベルで施策を実行に移す場合は、法律の整備をする必要がある。企業が主体となってビジネスとして取り組む場合には、対象となる地区に関係する自治体や企業体との交渉が発生する。一方で、冒頭の譬え話の場合には、国ではなく自治体レベル、住民レベルでの取り組みを考えることになる。そこで、ここでは「まちづくり」のサイズで考えてみる。この場合、主体はそこに住んでいる人や働きに来ている人になる。ここでは、関与者をステークホルダと呼ぼう。そのステークホルダに積極的にまちづくり会議に参加してもらい、具体的な意見を述べてもらうことが望まれる。なぜなら、一方的に決定された施策が実行されると、その施策に反対するステークホ

図13−2　公民館などで見かける模型を用いた町の立体地図。ステークホルダに関心を呼び起こす有効な手段の一つ
出典：中央大学理工学部提供

ルダの不満が残ったままになる。施策が実行される前の計画段階で、できるだけ多くのステークホルダに予め情報を伝えることが必要である。そのためには、ステークホルダに関心を起こさせる工夫が必要である。

例えば町の公民館に行くと、町の立体模型が置いてあることがある。あの模型の中に自分の家や職場の建物が含まれていると、どうだろうか。ここにあると指をさして、より親近感が湧くことが考えられる（図13−2）。例えばこのような町の模型に、第8章で紹介された熱環境計算の結果が同時に載っていたり、第9章・10章で紹介された湧水の研究結果が載っていれば、自分の家の周りの様子がわかり見やすくなり、より、身近に感じるようになるだろう。その

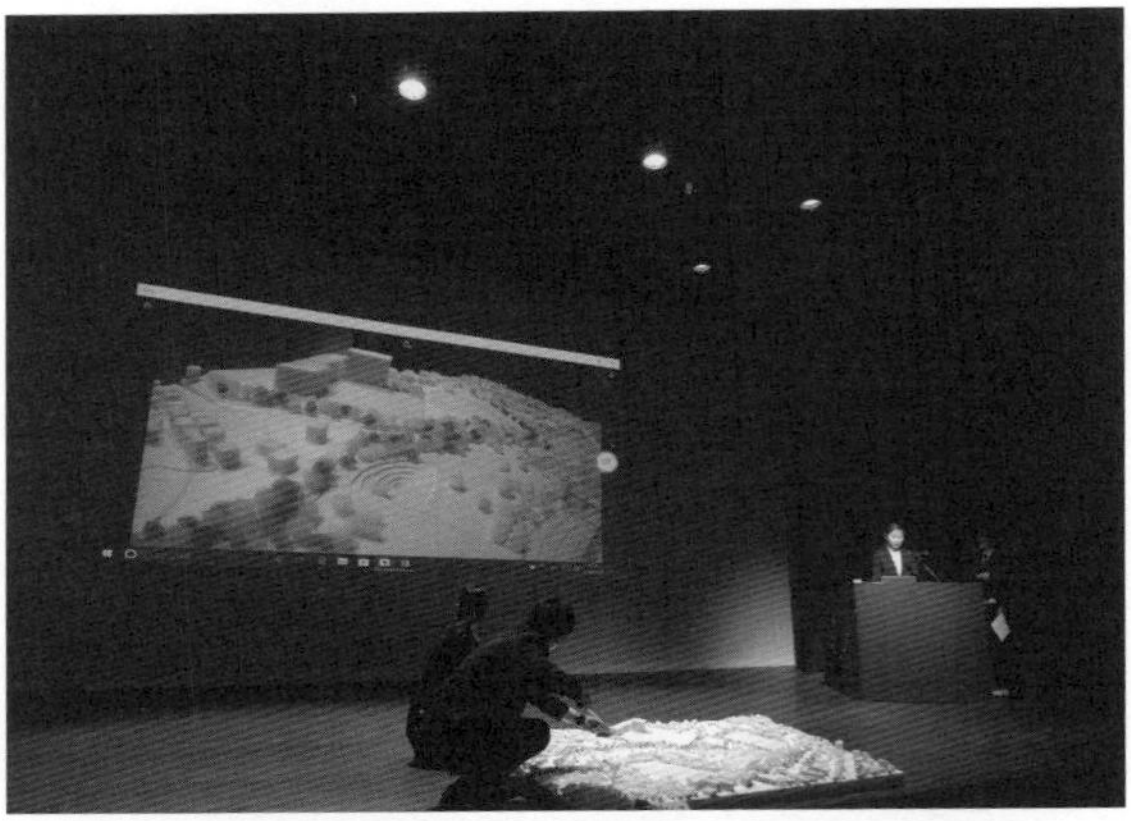

図 13–3　立体模型地図を用いた情報伝達実践例。多くのステークホルダに関心を呼び起こす効率の良い手法の一つ
出典：中央大学理工学部提供

結果として、自分事として考えるようになるのではないか。図13－2の模型を用いた実践例として、ＮＰＯ法人すぎなみ環境ネットワークと中央大学理工学部が主催したシンポジウムでの様子を図13－3に示す。小型カメラで模型の中を映し、あたかも街中を歩いているような感覚を得ることができる。シンポジウム内で大画面に映すことで、多くのステークホルダが視聴でき、効率良く情報を伝えることが可能となる。

ただし、いつも模型が用意できるとは限らない。その製作には時間と労力が必要である。模型がない場合は図表で見せることとなるが、その時、どのように見せれば自分事として考えるようになるだろうか。街中の暑熱環境計算をした結果で考察する（図13－4）。二つの図とも、気温や暑さ指

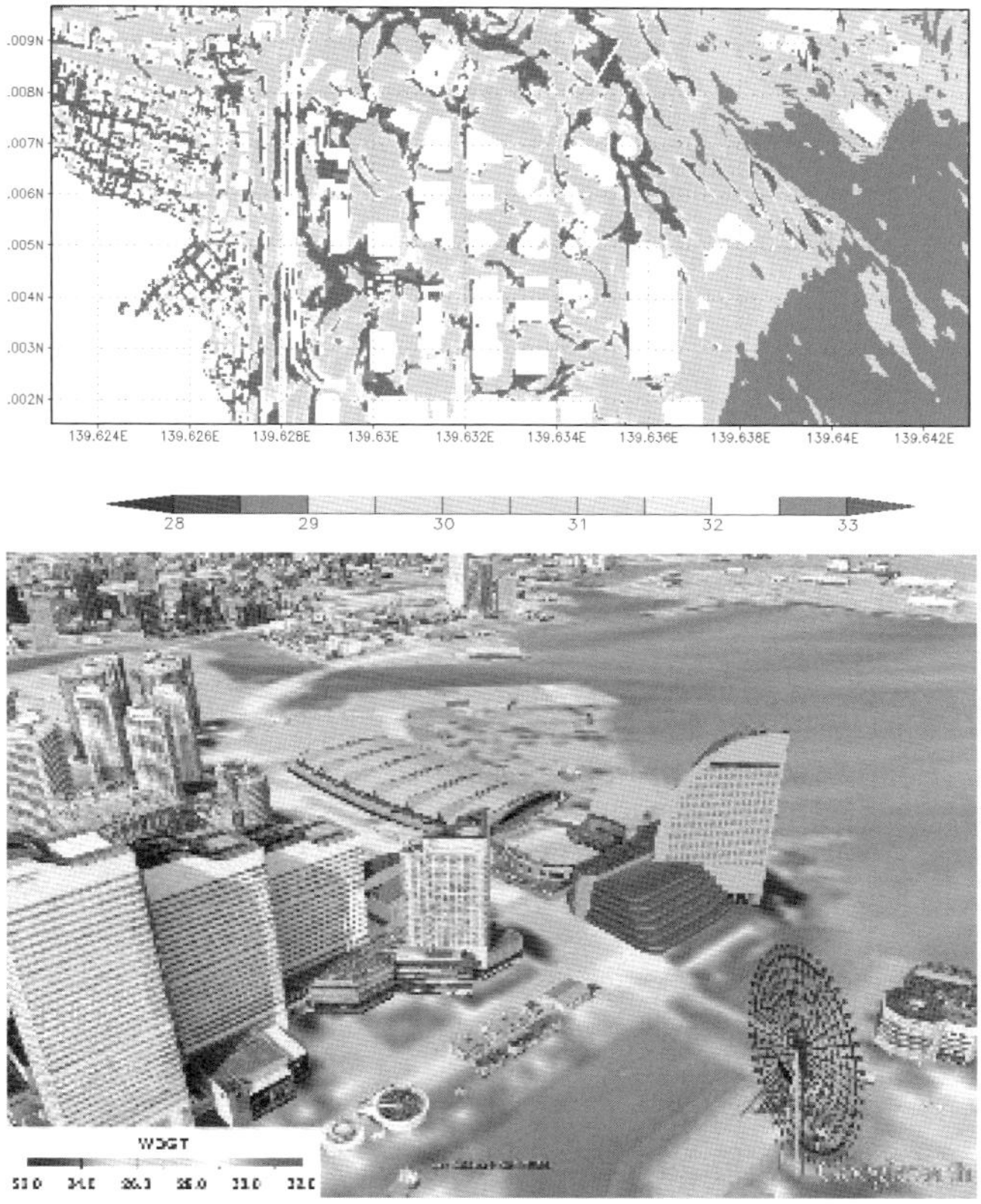

図 13–4　パソコン上で見るステークホルダに関心を呼び起こす別の手法。これまでの平面的な表現（上）から、立体的な表現（下）へ工夫（口絵）

数など都市の暑熱環境を示す。上図において、建物は白抜きとし、色のついた場所が通りとなる。青から赤になるにつれて気温が高くなる様子を表現している。ある場所は暑く、ある場所は涼しい、ということがわかる。一方、下図は、Google Earthを用いて、同じくデータを可視化したものである。航空写真のような街中画像が見られ、その中にデータが重ねて可視化されている。こうすることにより、硬い感じが抜け、自分事と思える図となるであろう。

さらには、もっと自分事と感じられるように、結果の世界に没入するという手法も考えられている。いわゆる、バーチャルリアリティを利用する（図13－5）。

立体的な画像を見ることと、自分で好きな場所に移動しながら結果が見られることで、より現実的になり、身近に感じられるようになる。少し前までは、このバーチャルリアリティを実現するためには、大掛かりな装置が必要であった。専用の眼鏡を着用し専用ブースの中で決められた画像を見るだけであった。しかし、昨今の技術向上から、今や特別なコンピュータは不要である。実際に、海洋研究開発機構横浜研究所施設一般公開のイベントにおいて、ノートパソコンとヘッドマウントディスプレイ（装着型モニタ）を用いるだけで、没入感の高い3次元立体画像投影のデモを行っている（図13－6）。

ここで、図の中にある大型の画面は、ヘッドマウントディスプレイを装着していない他の体験者へのデモ画像であり、バーチャルリアリティには不要である。さらに簡易化が可能であり、スマートフォンと立体メガネのみで閲覧ができる。その立体メガネも、百均（１００円均一ストア）

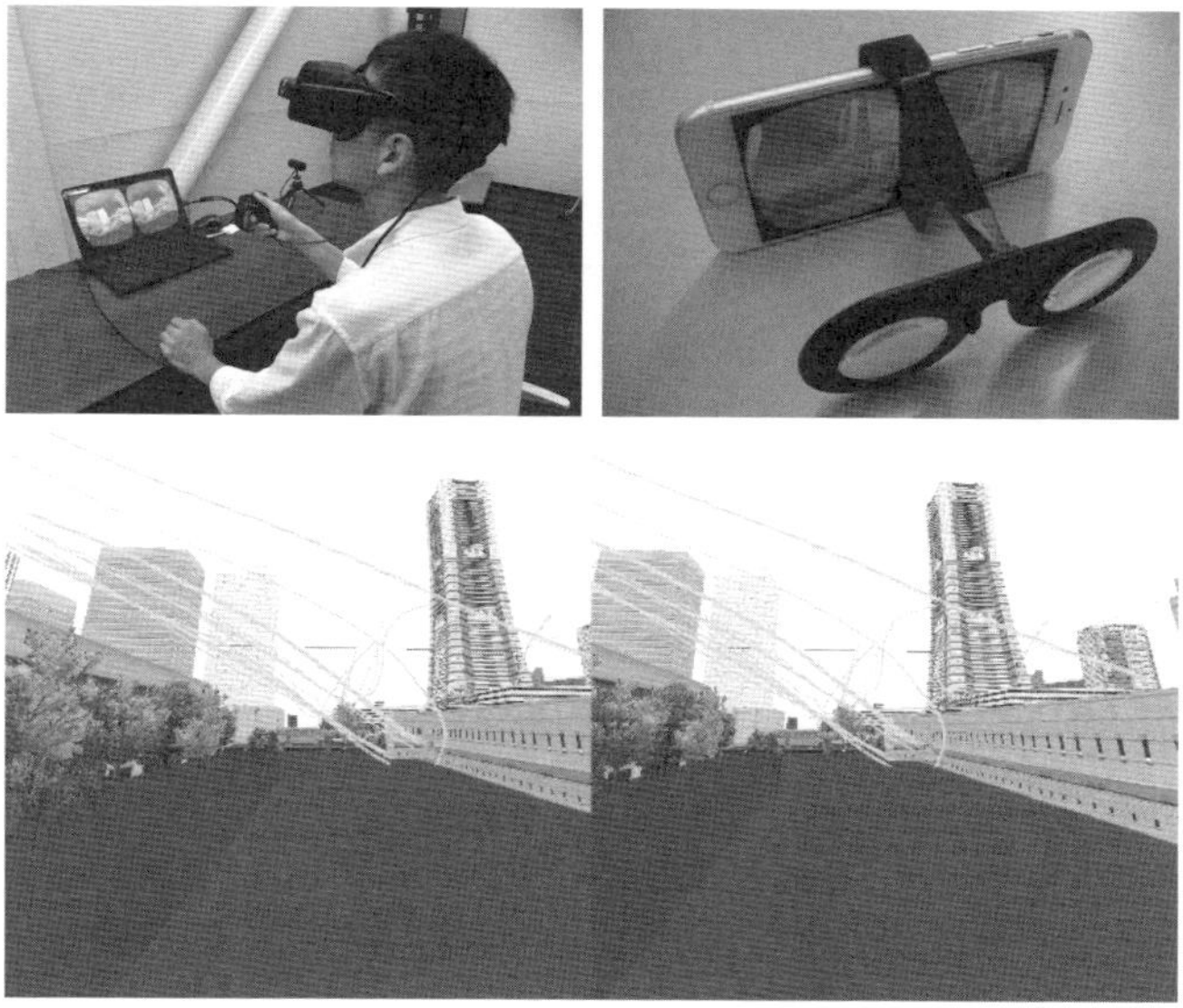

図 13–5　バーチャルリアリティを用いている筆者。専用眼鏡を用いている（左上)。スマートフォンと簡易眼鏡でも見られる（右上)。右目と左目で異なる画像（下）を見ることで立体的に見える

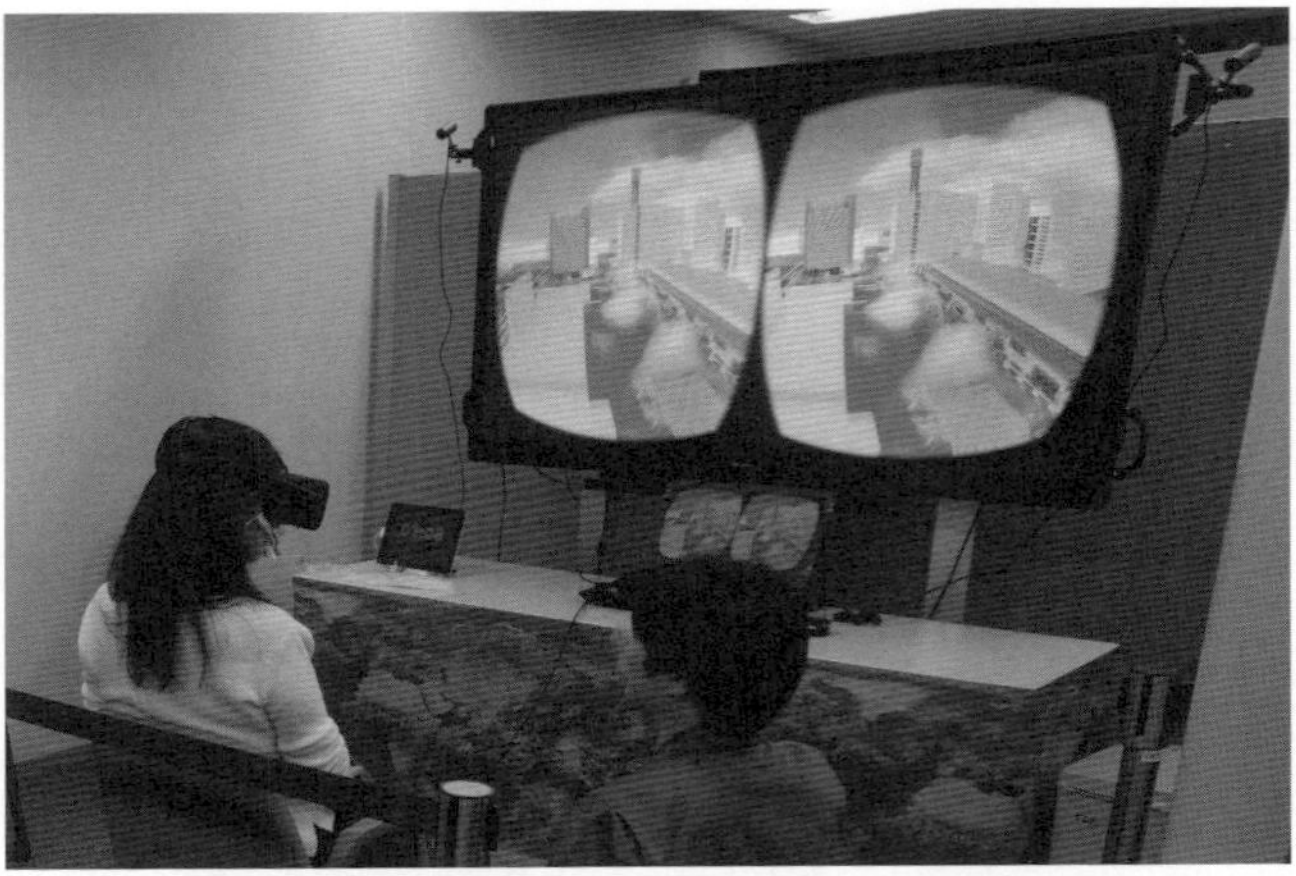

図 13-6　海洋研究開発機構横浜研究所施設一般公開において、一般の方がバーチャルリアリティを体験している場面。特別なコンピュータも不要で、難なく没入感の高い可視化画像を楽しめる

で購入可能なまでとなった（図13－5右上）。ここで示している数値シミュレーションの結果は、暑熱環境シミュレーションの結果ではあるが、前章までに紹介したように、トンネル工事を行った時の影響評価は、地下水量変化や気象変化も含めることが原理的には可能であり、今やそれらの結果を、本節で示したような可視化手法で手に取るように把握できる時代となった。

自治会長「ゲーム感覚でトンネル工事の影響が見られるのであれば、集会場に置けば多くの人に見に来てもらえるぞ。百均立体眼鏡を貸して家でも見てもらおう。これで、関心を持つ人が増えるのでないか」

住民Ａ「こりゃ、おもしれ～」

住　民Ｂ「ところで、トンネル工事の影響っていつも同じだろうか」
自治会長「そうだな。雨の強い時、弱い時で、大川の水量も変わるし、いつも同じことが起こるわけでもない」
住　民Ａ「副会長さんの会社では、山裾で風力発電機を回しているね」
自治会長「トンネルで、風向きが変わるって言うのかい？」

13・4　エビデンスベースド・ポリシーメイキング（EBPM）の活用のために

数値シミュレーションにより、原因（持ち込まれるトンネル工事という変化）が、どのような結果（原因がもたらす影響）をもたらすかを、科学的根拠（エビデンス）を持って示すことが可能となっている。その結果、エビデンスベースド・ポリシーメイキング（Evidence-Based Policy Making）「証拠に基づいた政策形成」がより現実的になっている。エビデンスとは、辞書によれば「証拠・根拠」という意味であるが、ここでは「科学的な数値シミュレーションの結果に基づく根拠」という意味で用いた。

とある町での話を進めよう。実際には工事を実行した後でなければ、どのような効果があり不具合が生じるかはわからない。しかしながら、数値シミュレーションを行うことで、工事を実際に行う前に、その効果と不具合について可能な限りの項目を示しそのエビデンスを伝えることは有用かつ必要であり、ステークホルダが納得してから工事を開始できる。ある人は、大川の水量変化や地下水位の変化に、別の人は見晴山の周りでの風力変化に、また別の人は、そこに住む生き物達（生態系）に興味があるであろう。川辺で商売をする人の関心は、また別のところにある。これらの多角的な視点に対し、それぞれが考える「くらしやすさ」に対して、数値シミュレーションの結果からエビデンスを提供する必要がある。

さらに、EBPMを進める中で、数値シミュレーションの結果を人々の関心事に合う形で提示するための加工も必要となる。例えば、同じ気温のデータでも、水辺を設けることで涼しさが増しお客さんが増えることにつながる視点（日中の最高気温など）や、生態系が豊かになる視点（昼と夜の気温差など）などに合わせて、視覚的な表示を行うことで直感的に理解しやすい形で情報を提供することが重要になる。そのための一手法がステークホルダによるエビデンスの創生である。

前節のバーチャルリアリティ・システムでは、エビデンスの創生をインタラクティブ（対話型）で行うための仕組みが入れてある。例えば、図13－5の下にある風の道筋を示す線は、利用者が自ら作図したものである。没入して視ている3次元の立体映像の中で、自身の関心のある場所に移動すれば、その場所での風の道が線画となって表示される。そのため、ステークホルダごとに異なる関心場所に対するエビデンスが、ステークホルダ自身によって生み出されるのである。また、場所による風力の差も、同じくインタラクティブに作成・表示される。さらに、異なる時刻による差を表示させることにより、雨量の多い日と少ない日の違いを確認できる。

バーチャルリアリティ制作者は、気温・風・水量など、各項目のデータを読み込む部分を担当して作成・表示できるようにすればよい。つまり、数値シミュレーションの結果の数値を余すところなく読み込めるようにし、表示可能な状態にすることで、エビデンス提示に対応している。

次に、エビデンスとなる数値シミュレーションの結果の数値そのものについて考えてみる。実際のところ、原因から得られる結果は、ある幅を持った値（平均値とそのまわりの広がり）として示されることが通常である。いわゆる「不確実性を伴う提示」である。その結果から、例えば「温暖化した時と、していない時で、降水量が20ミリ上乗せされます」「30年に一度が20年に一度に発生頻度が変わります」という情報が提示されるのである。このように、科学的モデルに基づいた結果であっても、別の要因によって数値結果に幅が生じ不確実性を伴う。第7章で書かれているバタフライ効果もその一例である。

別の理由としては、計算を始める時の気象条件（初期条件と呼ぶ）や、対象地区の周りの条件（境界条件と呼ぶ）が異なることに起因するものがある。対象となる地区は、世の中から時間的にも空間的にも切り出した範囲のみを取り扱うため、その外の条件の設定によって異なる結果がもたらされることは当然である。とある町での話に対して数値シミュレーションを行う場合、図13－1の範囲が興味の対象地区であるが、世界はその外側に広がっているのである。このことは、必ず意識しておかなければならない。これを逆手に取ると、都合の良い外部条件で都合の良い内部結果を出すことが可能となる。こうなると、たとえ科学的な結果に基づいていてもＥＢＰＭとしては不適格である。

また別の理由としては、数値シミュレーションの解像度に起因するものがある。第8章で述べたように、扱う現象によって解像度が異なる数値シミュレーションを行うため、その解像度よりも細かい現象が原因となる現象が発生すれば、当然、結果が異なってくる。また、科学的知見が足りないことに起因し、不確実性が増すこともある。そのような場合は、わからないことは分からないというエビデンスを示し、逆に、わからないことに起因する現象の発生確率を見積もり、他の不確実性と比べて大きいか小さいかを見積もることが行われる。

このように不確実性があることを述べると、エビデンスの信頼度に疑問が生じてしまうが、不確実だからといって数値シミュレーションを利用しない、利用してはならないということではなく、どの程度の発生確率で現象が起きるという説明を行うことで意味のあるＥＢＰＭが進めるのである。例えば、「30年に一度が20年に一度に発生頻度が変わります」というエビデンスをもとにまちづくりを進めるのである。現象の不確実性が付随したエビデンスの提示が現在の主流となっている。

では、とある町での仮話であるが、図13－7のエビデンスを見てみよう。原因（持ち込まれるトンネル工事という変化）が、どのような結果（大川の水量への影響）をもたらすかを、数値シ

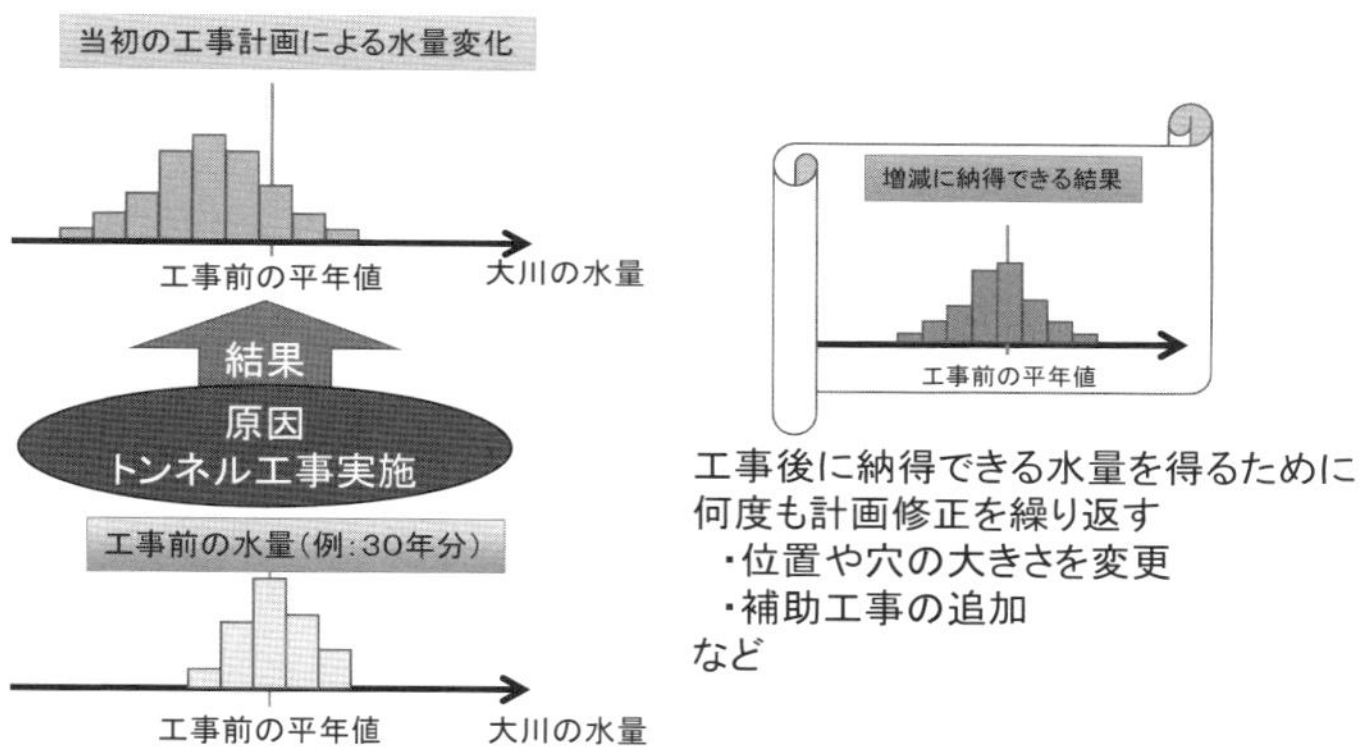

図 13-7　数値シミュレーションの結果から統計的なエビデンスが提示される例

ミュレーションの結果という形でエビデンスを示す例を挙げる。工事前の大川の水量は、雨の多い年（多雨年）と少ない年（少雨年）で水量が変化するが、平年の水量を中心に図左下部の棒グラフのような統計的な発生頻度分布が測定から知られているとする。一方、数値シミュレーションにおいても、見晴山の地下構造を調査し、外部条件も偏りのないよう設定することで、この水量分布が再現できるようにする。この数値シミュレーションを用いて、工事が、どのような水量変化をもたらすかを計算しその結果を示す（図左上）。

上記の不確実性を含むことから、計算結果は、図左上部の棒グラフのように幅を持った統計分布で示される。初期の水量分布に不確実性が加算され、分布が拡がっている。不確実性のため、エビデンスの信頼度に疑問が生じてしまうのかと思われるが、この場合、全体として水量が減る分布に変化することがエビデンスとして理解できるであろう。これをステークホルダに提示し、この結果に基づいてトンネル工事を実行するかどうかを決定する。ただし、1回のみの数値シミュレーションの結果で判断する必要はない。当初の工事計画位置では水量に問題が生じると判断される場合、計画変更し、再度数値シミュレーションを実行する。ステークホルダが問題ないと納得できる水量が得られる工事位置が見つかるまで、計画の変更と計算を繰り返すことが重要である。さらにエビデンスを数値シミュレーションの結果から提示していることのメリットは、地下構造の何が原因で水量変化が生じているかのメカニズムがわかることである。メカニズムがわかるため、計画変更も闇雲に行うことにはならず、効率よく再計画を立てられる。ここでは、水量のみのエビデンスを示したが、多様なステークホルダに応じてそれぞれのエビデンスの提示が必要である。

次は、合意形成の進め方となるが、手法論は、本稿の域を超えるため他の専門書にゆだねる。ただし、例えば皆で円卓会議を開いたときに、急に「では、多数決で決めましょう」となることはあまりなく、やはり話し合いをして、「皆これでよいですよね。満場一致でこのように決めましょう」という方法を目指していると思われる。議会ならば多数決もあり得るが、後者は、ある意味、日本的だとも考えられる。逆に、このような決定方法が用いられていることも考慮して、その円卓会議に伝える情報の在り方、見せ方を工夫し、街づくりに活かしていく情報展開技術方法を考える必要がある。

例えば、あっちを立てればこっちが立たずという計画変更となった場合の対応を考察する。前述のように、数値シミュレーションの結果から提示するエビデンスには、メカニズムがわかるメリットがある。ある計画（A）と（B）があり、水量の評価では（A）が望ましいが、風の評価では（B）が望ましいとなった場合を考える。そこでは、なぜ計画（B）で水量の評価が低くなるかのメカニズムがわかっているため、それを補う追加の策を講じるのも視野に入れ直すことが可能である。もちろん、予算などの制約条件もあるが、それらも入れた包括的な再計画も可能であることを、ここで述べておく。この考えを拡大すれば、フェイルセーフ対策にもなる。計画（B）を実施することに決定し、運用を開始した後でも、事前の水量評価の結果から起こり得る現象を予め捉えておくことができているため、少雨時など水量が減る外部要因が生じた場合の適応策を立てておくことができるのである。

このように、ＥＢＰＭの推進には、直接的な政策決定のみならず、事前行動計画にもつながる幅広いメリットがあり、そこに対する数値シミュレーションの貢献が大きいことがわかる。

自治会長「通勤者も農家も、みんなの関心を高めてもらって、いろんな者の意見を取りまとめられるとよいな」

13・5　エビデンス提示方法の今後

不確実性を伴うことは、避けられないであろうか。本章の最後に、これからのエビデンス提示方法について考察する。

古来の要素還元の考えをベースに考えてみる。言い換えると比較実験という考えである。同じ数値シミュレーションを同じ初期条件と境界条件のもとで実行するが、工事部分のみ変化させて、その変化の有無で生じる結果の差を比較して影響評価するのである。その際、できるだけ要素に分け、その特定部分だけを変化させた場合の差を比較することで、対象が分離されるという要素還元の考えである。自然界では、異なる複数要素の変化の相乗効果（非線形効果）のため、いつも成立するわけではないが、工事部分の規模に対する水量変化の度合いを、系統立てて示すことができるため、これまでの統計的な提示方法とは異なる。

また別の提示方法として、原因（持ち込まれる変化）と結果（原因がもたらす影響の評価）とを、より良く結びつけた提示として、ある特定の条件下における数値シミュレーションの結果を重視するのである。特定の条件下で得られる予測は、原因と結果を直接的に結びつけることができ、一貫した科学の言葉でストーリーを構築できる。もちろん、この得られた一つのストーリーは、可能性のある多数のストーリーの一つを述べたにすぎず、都合の良い結果を示しているという前述の課題は残るが、不確実性の伝搬がない。統計的な説明ではなく、科学的に構築された一貫したストーリーを持ったエビデンスを示すことにより、予測される結果をより具体的に認識でき、かつ、リスク意識を高める効果が期待される。極端現象に対して、例えば、大川の水が完全に干上がってしまうストーリーを、原因から結果までを、科学的に構築された一貫したストーリーで提示すれば、発生確率が低くとも、悪い条件が重なれば生じる現象であることが事前に認識できるのである。フェイルセーフの考えにつながるが、これも、メカニズムがわかる数値シミュレーションの特徴を生かしたエビデンスの提示方法である。

参考文献

[1]　産官学民の協働によるまちづくりに向けて～オープンデータの利活用のツールの在り方・そしてその表現～、可視化情報学会誌 38（150）特集記事（2017）

あとがき

所　眞理雄

本書は文部科学省と科学技術振興機構（ＪＳＴ）が推進する「センター・オブ・イノベーション（ＣＯＩ）プログラムの一つとして２０１２年に採択され、２０１３年より研究を開始した『世界の豊かな生活環境と地球規模の持続可能性に貢献するアクア・イノベーション拠点』のサテライト拠点として研究が進められている『「水」大循環をベースとした持続的な「水・人間環境」』プロジェクトの研究成果の主要な部分を、一般の読者にもわかるようにできるだけ読みやすい形でまとめたものである。

本研究プロジェクトの構想は国立研究開発法人海洋研究開発機構の高橋桂子氏によるもので、その主眼は「水」に関する様々な課題を整理し、そこに横たわる本質的課題を抽出し、統合的に解決し、社会に役立てたい、という望みの実現である。この、一見すると当然のようでもある問題提起は、「水」に関連する領域が多岐にわたり、それらは相互密接に関連しているにもかかわらず、研究分野が細分化され、担当する行政の仕事も縦割りとなっていることから、決して容易なことではないのだ。このような事情は我が国に固有のものということではなく、国際的にみても参考事例が少ない。したがって、本プロジェクトによって我が国の先進的な取り組みを世界に示すチャンスでもある。

そこで高橋氏は、彼女の専門分野であるシミュレーション技術を発展させ、陸・海・空・そして地中の「水」やそれに伴う「熱」「物質」などの移動を「科学的」に取り扱うことにより、説明可能な根拠をベースとして諸課題を統合的に解決し、社会に役立てるという具体的なシナリオを作成した。私はこの考えに共感し、研究の取りまとめに貢献することができればと考えて高橋研究リーダーをサポートするプロジェクトリーダーとして参画し、この構想に賛同する多くの研究者、行政関係者、企業を巻き込んだ形で、プロジェクトを進めている。本書の執筆者を見ても、関連領域の広さと相互関連の深さがご理解いただけると思う。彼らは常に新たな手法を考案し、また関連領域の研究者と議論を重ね、目標に向け、一歩一歩研究を進めている。彼らの強い情熱を感じていただければ幸いである。

本研究プロジェクトは２０１８年度末に第2期を終了し、２０１９年度よりその最終フェーズである第3期が開始される。新しい試みは思いがけない困難との遭遇でもあり、第3期においてもまだまだ新しい困難に直面すると考えている。そして、新たな挑戦を喜びと感じ、自然に優しい「水・人間環境」の構築へと進むことができれば、我々の本望である。読者の皆さまの引き続きのご支援・ご鞭撻をいただければ幸いである。

２０１８年12月

編者・著者一覧

所　眞理雄　株式会社オープンシステムサイエンス研究所代表取締役社長
高橋　桂子　国立研究開発法人海洋研究開発機構地球情報基盤センター長

（五十音順）
石川　幹子　学校法人中央大学理工学部人間総合理工学科教授
大西　領　国立研究開発法人海洋研究開発機構地球情報基盤センター主任研究員
木村　雄司　株式会社ハオ技術コンサルタント事務所取締役
小島　千昭　公立大学法人富山県立大学工学部電子・情報工学科講師
小西　裕喜　株式会社地圏環境テクノロジー
杉山　徹　国立研究開発法人海洋研究開発機構地球情報基盤センター技術研究員
登坂　博行　株式会社地圏環境テクノロジー代表取締役会長
梛野　良明　学校法人中央大学研究開発機構　機構教授（客員教授）
ナピィ・ナヴァラ　フィリピン大学建築学部研究プログラム・ディレクター
根岸　勇太　学校法人中央大学研究開発機構研究補助員

310

船橋　真俊　株式会社ソニーコンピュータサイエンス研究所リサーチャー
松田　景吾　国立研究開発法人海洋研究開発機構地球情報基盤センター研究員
（2019年1月現在）

編者紹介

所　眞理雄（ところ・まりお）

慶應義塾大学教授を経てソニー株式会社執行役員上席常務、チーフ・テクノロジー・オフィサー（CTO）を歴任。その間、1988年に株式会社ソニーコンピュータサイエンス研究所を創設。代表取締役社長、代表取締役会長を経て、2017年に退職。（株）オープンシステムサイエンス研究所代表取締役社長。一般社団法人ディペンダビリティ技術推進協会（DEOS協会）理事長。COI－S『「水」大循環をベースとした持続的な「水・人間環境」構築拠点』プロジェクトリーダー。著書（編著・共著含む）に『計算システム入門』（岩波書店、1986）、『オープンシステムサイエンス：原理解明の科学から問題解決の科学へ』（NTT出版、2009）、『天才・異才が飛び出すソニーの不思議な研究所』（日経BP社、2009）、『DEOS：変化しつづけるシステムのためのディペンダビリティ工学』（近代科学社、2014）、「Open Systems Dependability: Dependability Engi-neering for Ever-Changing Systems, 2nd Edition」（CRC Press, 2015）などがある。

高橋　桂子（たかはし・けいこ）

東京工業大学総合理工学研究科システム科学専攻博士後期課程修了、工学博士。花王株式会社文理科学研究所、ケンブリッジ大学コンピュータ研究所客員研究員、東京工業大学準客員研究員、NASDA（当時）招聘研究員を経て、2002年より独立行政法人海洋研究開発機構（当時）に所属。2014年より国立研究開発法人海洋研究開発機構地球情報基盤センター長。超大規模シミュレーションによる大気、海洋現象の予測研究および超並列計算の高速技術開発に従事。COI－S『「水」大循環をベースとした持続的な「水・人間環境」構築拠点』研究リーダー。計測自動制御学会理事、可視化情報学会副会長、日本流体力学会、日本応用数理学会等の元理事。第20・21・22期日本学術会議連携会員、第23期日本学術会議会員。

付録　第I巻『水大循環と暮らし—21世紀の水環境を創る』目次

水大循環と暮らしⅡ
流域水循環と持続可能な都市

二〇一九年三月一五日　発　行

編著者　所　眞理雄
　　　　高橋桂子

発行所　丸善プラネット株式会社
〒一〇一－〇〇五一
東京都千代田区神田神保町二－一七
電話（〇三）三五一二－八五一六
http://planet.maruzen.co.jp/

発売所　丸善出版株式会社
〒一〇一－〇〇五一
東京都千代田区神田神保町二－一七
電話（〇三）三五一二－三二五六
http://www.maruzen-publishing.co.jp/

組版　株式会社 明昌堂
印刷・製本　富士美術印刷株式会社
ISBN978-4-86345-413-2 C3051